无人机高机动条件下 SAR 成像

马彦恒　褚丽娜　李　根　侯建强　著

北京航空航天大学出版社

内 容 简 介

本书主要研究无人机平台在进行盘旋、爬升、俯冲、加速等机动动作情况下,机载合成孔径雷达(SAR)成像问题。本书除绪论外,主要内容分为三部分。第一部分为无人机载机动 SAR 成像方法,主要包括:任意轨迹的机动 SAR 成像模型、基于广义阵列的机动 SAR 成像目标区域获取方法、基于运动分离的机动 SAR 成像算法以及相位误差补偿方法等内容。第二部分为机动平台大斜视 SAR 成像及运动补偿方法,主要包括:机动平台大斜视 SAR 的回波模拟、成像参数空变性校正、稀疏采样数据下的非稀疏场景重建和空变运动误差补偿等内容。第三部分为无人机载高机动 SAR 成像系统,简要介绍了无人机载高机动 SAR 成像处理实验系统的组成及其在经典 SAR 成像实验、机动 SAR 频域成像实验和时域成像实验等相关算法验证和成像机理研究方面的应用。

本书读者对象为高等院校雷达、遥感遥测专业高年级学生或研究生,以及科研院所相关领域工程技术人员。

图书在版编目(CIP)数据

无人机高机动条件下 SAR 成像 / 马彦恒等著. -- 北京 : 北京航空航天大学出版社,2022.1

ISBN 978 - 7 - 5124 - 3694 - 7

Ⅰ. ①无… Ⅱ. ①马… Ⅲ. ①无人机－合成孔径雷达－雷达成像－图像处理－研究 Ⅳ. ①TN958

中国版本图书馆 CIP 数据核字(2022)第 011921 号

无人机高机动条件下 SAR 成像

马彦恒　褚丽娜　李　根　侯建强　著
策划编辑　陈守平　　责任编辑　王慕冰

*

北京航空航天大学出版社出版发行

北京市海淀区学院路 37 号(邮编 100191)　http://www.buaapress.com.cn
发行部电话:(010)82317024　传真:(010)82328026
读者信箱:goodtextbook@126.com　邮购电话:(010)82316936
北京富资园科技发展有限公司印装　各地书店经销

*

开本:787×1 092　1/16　印张:14.75　字数:387 千字
2022 年 5 月第 1 版　2024 年 5 月第 2 次印刷　印数:1 001～1 300 册
ISBN 978 - 7 - 5124 - 3694 - 7　定价:49.00 元

前　言

　　合成孔径雷达(Synthetic Aperture Radar,SAR)能够在云、雾、烟尘及夜晚等条件下获取感兴趣区域的二维高分辨微波图像,是一种极佳的战场环境侦察手段。传统的SAR成像系统采用"平台适应SAR"的模式,要求装载平台进行水平匀速直线运动。对无人机载SAR而言,战场生存能力是其完成作战任务的首要保障。为规避风险,无人机在执行战场侦察、精确打击等任务时需要进行机动,而"平台适应SAR"的这种工作模式,使SAR在无人机载机动情况下无法成像。近年来,随着硬件水平和信号处理技术的发展,雷达实时成像性能得到大幅度提高,SAR成像系统正在由"平台适应SAR"向"SAR适应平台"转变。机动平台大斜视SAR具有的高机动、提前观测和实时成像等特性,对提升无人机的战场侦察、精确打击与自身生存能力具有重要意义。

　　本书是在提炼和吸收作者多年研究成果的基础上撰写而成的,以高机动条件下无人机载机动SAR成像为研究背景,结合无人机载机动SAR的工程应用需求,从平台机动模式、平台稳定性误差的角度,探讨了无人机载机动SAR成像中的不同运动模型、目标区域获取方法以及相应的成像算法和运动误差补偿方法。针对机动平台大斜视SAR的典型应用场景,介绍了机动平台斜距模型及成像特性、机动平台大斜视SAR快速回波模拟、全采样数据下的机动平台SAR大斜视成像、机动平台大斜视SAR成像以及机动平台大斜视SAR的运动误差补偿等方面的内容。本书还简要介绍了依据上述研究成果设计的无人机载高机动SAR成像系统,对无人机载高机动SAR成像处理实验系统的组成及其在经典SAR成像实验、机动SAR频域成像实验和时域成像实验等相关算法验证和成像机理研究方面的应用进行了说明。

　　全书除绪论外还包括三部分内容,共分为11章。

　　第1章为绪论,主要介绍机动SAR的研究现状和发展趋势,分析了无人机载机动SAR成像研究的关键问题。

　　第一部分为无人机载机动SAR成像方法,由第2~5章构成。其中,第2章为无人机载机动SAR成像几何模型与分析。针对无人机载机动SAR成像,从三维空间坐标系的角度出发,详细分析了匀速直线运动、匀加速直线运动、俯冲运动、盘旋运动等运动模型,并对斜距方程的变化进行了解析。第3章为无人机载机动SAR成像目标区域获取方法。针对无人机载机动SAR轨迹灵活多变、成像区域不稳定的问题,提出了一种基于广义阵列的无人机载机动SAR成像目标区域获取方法。第4章为基于运动分离的无人机载机动SAR成像算法。基于对无人机载机动模型的详细分析,通过斜距方程转化和参数项分离,提出了基于运动信息分离的无人机载机动 SAR 三维坐标系成像算法。针对斜视成像和空变性问题进行了分析,提出了适用于斜视成像的改进算法,以及基于大场景中子图像划分和频域相位滤波校正的两种空变性问题解决方法。第 5 章为基于 MN‑MEA 算法的相位误差补偿处理。针对无人机载机动 SAR 成像中的相位误差补偿问题,结合子图像划分和最小熵理论,研究了基于迭代分块和相位误差初值模型的 MN‑MEA 相位误差补偿算法,进一步校正了残余空变性误差和运动误差,改善成像质量。

第二部分为机动平台大斜视 SAR 成像及运动补偿方法,由第 6~10 章构成。其中,第 6 章为机动平台大斜视 SAR 斜距模型及成像特性分析。针对常规双曲线模型无法适用的问题,基于数据录取参量,构建了一种能够精确描述地平面散射点斜距历程的机动 SAR 斜距模型,分析了机动 SAR 成像系统的多普勒带宽和分辨率等成像特性。第 7 章为机动平台大斜视 SAR 快速回波模拟方法。介绍了一种基于距离向逆处理和子孔径 Keystone 变换的曲线轨迹大斜视 SAR 回波模拟方法。该方法通过子孔径 Keystone 变换实现大场景空变 RCM 的校正,并通过距离向逆处理实现快速的回波模拟,实现了机动平台大斜视条件下的大场景快速、高精度回波模拟。第 8 章为全采样数据下的机动平台大斜视 SAR 成像。为实现子孔径的大场景快速成像,在对空变的 RCM 进行线性近似的基础上,提出了一种基于 Keystone 变换和方位子区域 Deramp 处理的成像方法,实现大场景的高分辨成像。第 9 章为稀疏采样数据下的机动平台大斜视 SAR 成像。提出了一种基于时频域相位滤波的机动平台大斜视 SAR 频域成像算子,并采用 CAMP 算法对成像场景进行快速、高精度重建;为进一步解决 CAMP 算法重建非稀疏场景时弱散射点信息损失较大的问题,提出了一种基于幅度全变分正则化的 CS‑SAR 成像方法,该方法利用了 SAR 场景幅度在梯度域稀疏的先验信息,有效地重建了非稀疏场景。第 10 章为机动平台大斜视 SAR 的运动误差补偿。针对非空变的运动误差补偿,提出了一种基于近似观测和最小熵约束的改进稀疏自聚焦方法。通过在傅里叶变换域引入相位误差,同时采用最小熵约束提高误差相位的最大似然估计精度,有效地减少了迭代次数并避免迭代陷入局部最优解;对于二维空变的相位误差,提出了一种基于二维空变相位误差估计的稀疏自聚焦方法,该方法采用稀疏自聚焦模型估计多个子区域的精确相位误差曲线,基于最小二乘法估计空变的运动误差参数,通过对近似观测算子进行修正实现空变运动误差的补偿。

第三部分为无人机载高机动 SAR 成像系统,由第 11 章构成。该章简要介绍了无人机载高机动 SAR 成像处理实验系统的硬件、软件组成。硬件部分包括滑轨成像系统和八旋翼成像系统;软件部分包括回波模拟软件、信号处理软件,并对软件的使用方法进行了说明。

本书由马彦恒、褚丽娜、李根、侯建强合作完成,在撰写过程中参考了许多相关文献,在此向各位作者一并表示诚挚的谢意!在本书的撰写过程中,郑南宁院士、樊邦奎院士提供了大量的帮助、指导,在此表示衷心的感谢!鉴于作者知识水平有限,书中不足之处在所难免,殷切希望读者指正!

作　者

2021 年 11 月

目　　录

第一部分　无人机载机动 SAR 成像方法

第二部分　机动平台大斜视 SAR 成像及运动补偿方法

第三部分 无人机载高机动 SAR 成像系统

第1章　绪　论

1.1　研究背景及意义

现代战场环境常被烟雾和夜幕所笼罩,极大地增加了对重点目标的侦察难度。合成孔径雷达(Synthetic Aperture Radar,SAR)能够在云、雾、烟尘及夜晚等条件下获取感兴趣区域的二维高分辨率微波图像,是一种极佳的战场环境侦察手段。无人机载 SAR 成像系统能够充分利用无人机"零伤亡"和机动灵活的特性,在军事和民用两方面均发挥着重要的作用[1]。

传统 SAR 工作时,一般要求装载平台做匀速直线运动。对无人机载 SAR 而言,战场生存能力是其完成任务的一个重要保障。因此,在战场对抗环境下,无人机为规避危险、完成任务,往往需要做一些机动动作,如加速、爬升、俯冲、盘旋等。如何实现机动条件下的 SAR 成像,是一个亟待解决的问题。这一问题可以归结为 SAR 成像由"平台适应型"向"适应平台型"[2]的转变。当 SAR 工作在大斜视模式时,可以对重点区域进行远距离提前探测,能够有效提高 SAR 系统的探测和生存能力[3-5]。开展机动模式下的无人机载 SAR 大斜视成像系统研究对大幅提升无人机的战场侦察、精确打击与自身生存能力,具有十分重要的军事应用价值和理论研究意义。

本书针对全采样和稀疏采样模式下的机动平台大斜视 SAR 成像问题开展研究,对无人机载 SAR 由"平台适应 SAR"向"SAR 适应平台"转变进行理论探索。

1.2　SAR 的发展概述

1.2.1　SAR 成像系统的发展概述

SAR 成像发展路线如图 1-1 所示。1951 年,美国 Goodyear 公司首次提出利用频率分析方法改善雷达角分辨率的思想[6]。1953 年,伊利亚诺大学的 C. W. Sherwin 等人首次提出了"合成孔径"概念并采用非聚焦的方法获取了第一张 SAR 图像[7],如图 1-2 所示。

随着对 SAR 成像原理的深入理解,人们意识到 SAR 有聚焦和非聚焦两种工作模式。1958 年,美国密歇根大学雷达和光学实验室研制的 SAR 系统获得了第一张全聚焦 SAR 图像[8]。由于卫星飞行高度高、测绘带宽,能够大面积成像,Greenberg 于 1967 年首次提出在卫星上安装 SAR 的设想。1978 年 5 月,美国宇航局成功地发射了全球第一颗装载了 L 波段空间 SAR 的 SEASAT - A 卫星,如图 1-3 所示,证明了星载 SAR 在遥感观测方面的出色能力[9]。在此之后,苏联、德国、丹麦、日本和加拿大等国家先后发射了多颗 SAR 卫星[10]。

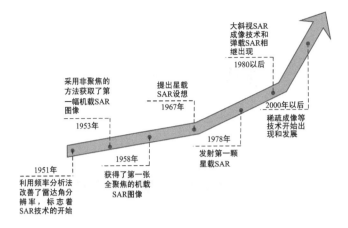

图 1 - 1　SAR 成像发展路线

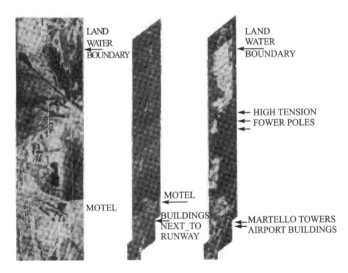

图 1 - 2　1953 年伊利亚诺大学获得的首幅机载 SAR 图像

(a) SEASAT-A卫星

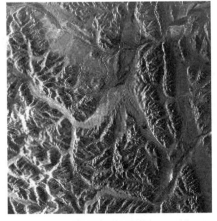

(b) 地面SAR图像

图 1 - 3　SEASAT - A 卫星及其获取的地面 SAR 图像(图片引自 www. asf. alaska. edu 网站)

近几十年,SAR 的研究与应用得到了迅速发展,已从单平台、低分辨率、单极化、单一工作模式向多平台、高分辨率、多极化、多工作模式发展[4]。最初的 SAR 平台主要是机载、星载平台,随着技术的发展,出现了弹载 SAR[11-12]、车载 SAR[13-14]、无人机载 SAR[15-16] 和临近空间平台 SAR[17-18] 等多种新平台 SAR。工作模式由最初的条带式和聚束式发展出滑动聚束式和循序扫描地形观测(Terrain Observation by Progressive Scans,TOPS)等新模式,工作方式由单波段、单极化发展为多波段、多极化[19],由单基地发展为双基地和多基地,由正侧视发展为前斜视,工作体制由单一 SAR 成像发展为极化 SAR[20]、干涉 SAR[21]、层析 SAR[22-23]、圆迹 SAR[24-25] 等,分辨率逐渐由低分辨发展到高分辨,由二维发展到三维。

1.2.2 机动 SAR 的研究现状

早期 SAR 成像要求平台做匀速直线运动[26],不仅需要运动平台具有较高的稳定性,而且需要平台配备高精度的运动测量设备。这是一种典型的"平台适应 SAR"的成像模式。随着 SAR 应用环境多样性、应用平台多样性的发展,以及硬件系统运算速度和信号处理技术的发展,SAR 逐渐由被动式的"平台适应型"向主动式的"适应平台型"发展。

目前,机动 SAR 的研究主要集中在多模式、多波段、高分辨、多维度等方面。按应用平台分,机动 SAR 可以分为弹载机动 SAR、机载机动 SAR、双/多基 SAR 以及临近空间机动 SAR 和星载机动 SAR 等。

1. 弹载机动 SAR

弹载平台要实现对目标区域的打击,需要经过爬升、平飞、规避与俯冲等多个阶段的运动,尤其是在平飞、规避和俯冲阶段,都需要 SAR 平台对目标区域进行匹配和监测。SAR 在弹载平台上的应用属于典型的机动 SAR,包含了 SAR 在三维空间内偏离理想轨迹的各种特性。

美国雷声公司的 X 波段和 Ka 波段高速机动平台 SAR 系统分辨率分别达到了 15 m × 15 m 和 3 m × 3 m[27]。Goodyear 公司[28] 用于空地导弹上的 SAR 能够进行目标价值判别。洛拉尔公司的高速机动 SAR 系统可向侧向旋转或向前方直视,能够实现常规地形规避[29]。美国相关单位还进行了动态战术导弹 SAR 测试床[30] 的研究。此外,"潘兴Ⅱ"导弹就采用了雷达地形匹配制导,是目前命中精度最高的地对地弹道导弹之一。美国还研制了宽域搜索(WAS)的高速机动平台 SAR 系统[31],该系统也可以与激光雷达一起构成多模式导引头,用于末段制导。

俄罗斯研制的"白杨-M"[32] 可以进行突防机动,也需要合成孔径雷达的机动成像配合地形匹配技术打击目标,其命中精度约 100 m。

法国研制的 94 GHz 和 35 GHz 的成像雷达传感器的地图匹配制导系统[33],也是在弹载平台上的典型应用,可以探测目标并选择攻击。

德国 FGAN 研制了 Ka 波段和 W 波段 SAR 成像雷达[34],能够实现空对地高速机动平台 SAR 成像,并进行了实测试验。

以色列的"杰里科-2"弹道导弹参考并应用"潘兴Ⅱ"导弹的末端制导技术,带有雷达成像终端制导系统,能够快速重新输入目标数据,可在多个目标中进行选择性打击[35]。

瑞典与德国联合开发的 RBS-15 MK3[36-37] 反舰导弹 SAR 导引头配合红外模式能够实现全天候作战。

SAR 能够发现隐藏和伪装的军事目标,是导弹实现精确打击的有力手段,其在弹载平台上的应用是典型的机动成像过程,具有广阔的发展前景。

2. 机载机动 SAR

弹载 SAR 的机动成像过程是结合弹载平台的弹道轨迹与战术动作完成的,主要体现在非匀速平飞、俯冲和规避动作过程中,以大前斜视成像为主,成像时间较短。机载 SAR 成像过程相对于弹载 SAR 而言,机动曲线形式更为多样,成像时间更长,主要分为基于扰动误差的机载 SAR、沿航向的非匀速机载 SAR 和曲线 SAR(Curvilinear Synthetic Aperture Radar,CLSAR)。

基于扰动误差的机载 SAR 主要是由于气流扰动和测量误差引起的机载平台偏离理想航迹运动,属于小误差的理想航迹不稳定性机动。沿航向的非匀速机载 SAR 属于一种非匀速平飞的机动模式,主要考虑方位向非匀速运动带来的空变性。而 CLSAR 的运动情况更为复杂,是机载机动 SAR 的一种典型情况。

CLSAR 的思想是 1994 年由美国海军地面作战中心的 Kenneth Knaell 博士提出来并论证的[38]。其基本原理是利用聚束 SAR 的模式,使雷达平台通过曲线航迹,在空间内做方位-高度曲线机动,并对回波信号进行方位、高度等效孔径合成,从而获得方位向和高度向的二维分辨能力,其距离向的高分辨率是通过发射大带宽信号,并对回波信号进行脉冲压缩实现的。

目前机载 CLSAR 的研究,根据孔径形状(曲线轨迹)可以分为圆迹 SAR、抛物线 SAR、半抛物 SAR 等,如图 1-4 所示,(a)、(b)、(c)分别是圆迹 SAR、抛物线 SAR、半抛物 SAR 运动轨迹俯视图,其中半抛物和抛物 SAR 属于圆迹 SAR 的一部分。

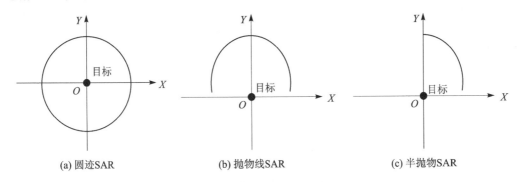

(a) 圆迹SAR　　　　　　　(b) 抛物线SAR　　　　　　　(c) 半抛物SAR

图 1-4　三种孔径形状的曲线 SAR

CLSAR 的思想被提出不久,美国海军就利用直升机平台对曲线 SAR 的成像机理进行外场试验[39],佛罗伦萨大学的 Li Jian 等学者提出用 Relax 现代谱估计方法来进行 CLSAR 的三维特征提取[40]。国内关于 CLSAR 的研究起始于 2000 年。通过十几年的研究取得了一些成果,但是 CLSAR 技术依然尚未成熟,在成像模式上,主要集中于圆迹 SAR[41-43] 的研究上。

3. 双基机动 SAR

双/多基 SAR[44-47] 的发射和接收装置分别处于不同的载体平台中,具备更多优势:成像区域广泛,可以多角度观测;隐蔽性好,抗干扰能力强;节约运动平台载荷资源和频率资源;双基配置灵活等。

早在 1977 年,美国 Xonics 公司就对前视双基 SAR 进行了仿真实验,该实验能够发现树林中缓慢移动的坦克,取得了较好的仿真效果;1983 年,在美国密西根进行了机载双基实验;1984 年,美国"挑战者"号航天飞机与 CV-990 飞机构成实验系统;1992 年,由 ERS-1 号卫星与飞机结合搭建了"星-机"双基系统;1994 年由 SIR-C 雷达与飞机构建成了双基系统,将分辨率提升到了 12 m;2007 年,德国相关研究机构实现了 TerraSAR-X 卫星与 DO228 型飞机的双基实验,并获取了第一幅民用双基 SAR 图像[45]。

国外学者将双基 SAR 分为了三个等级[45]:第一个等级是将传统的单基 SAR,等效为双基 SAR 的特例;第二个等级为移不变双基 SAR,也就是双基均做匀直平飞运动,运动参数可以相同,也可以不同;第三个等级为移变双基 SAR,双基中存在非匀直平飞运动。

下面结合第二个、第三个等级的情况,对双基 SAR 进行进一步划分。根据运动平台的不同,可分为"机-机"双基、"空(机)-地"双基、"星-机"双基、"星-星"双基、"弹-机"双基、"弹-地"双基、"弹-弹"双基等;根据运动形式的不同,可分为一基固定一基运动(匀直运动属于第二个等级、非匀直运动属于第三个等级)、双基匀直平飞(属于第二个等级)、一基匀直平飞一基非匀直运动(属于第三个等级)、双基非匀直运动(属于第三个等级)等。

其中,一基固定一基运动常见于"空(机)-地"双基地 SAR 成像中,可以是发射机固定、接收机运动;也可以是接收机固定、发射机运动。前一种情况,发射机主要隐蔽固定于场景附近地势较高的山坡[46],有利于提高运动平台的电磁隐蔽性,保障其完成攻击和侦察任务。后者主要用于节约运动平台的载荷资源,有利于多传感器的复合使用和对雷达低空稳定区的监测。双基匀直平飞主要见于"机-机"双基和"星-机"双基中,可以解决单基 SAR 前视时,距离与方位同向,无法二维成像的问题[46]。一基匀直平飞一基非匀直运动常见于"弹-机"双基 SAR 成像中,主要结合机载平台的运动特性和导弹的运动特性完成双基成像,可以满足无人机/有人机挂弹遂行任务时,弹载平台对前视成像的要求。双基非匀直运动则适合于"双弹伴飞"遂行任务、双弹前视成像,有利于改善和优化提高弹载平台的成像时间和双弹平台的弹药当量载荷,以及双弹相互掩护能力、任务完成能力。

从工作模式上,双基 SAR 还可以分为合作式双基 SAR 和非合作式双基 SAR。合作式双基 SAR 主要是指接收和发射的波束需要严格控制,以确保发射机和接收机的时间同步、空间同步等。非合作式双基 SAR 主要是指发射束和接收波束中有一方不改变,只改变另一方的情况,常见于"星-机"和"空(机)-地"双基 SAR 中[45]。

此外,还有多基星载 SAR[48],它能够遂行多种任务:二维/三维成像、地面运动目标检测、干涉测高等。多基星载 SAR 的机动模型更为复杂,各星两两结合就可以等效为双基 SAR。

4. 临近空间机动 SAR 和星载机动 SAR

临近空间机动 SAR[49-51] 主要指在临近空间中以无人机、飞艇等作为载体的合成孔径雷达,具有超高空长航时、生存能力强的特点,且以慢速平台为主。但是,临近空间 SAR 受气流影响大,平台不稳定,波束指向存在偏差,运动模型不仅存在三维空间速度变化,还存在一定程度的横滚、俯仰和侧滑变化,其中尤以螺旋前进模型为代表。

星载机动 SAR 有"8"字形卫星轨迹,它是通过大倾角圆形同步轨道形成的;还有地球同步轨道圆迹 SAR[52],通过在静止轨道上设计较小的偏心率和倾角,形成近圆的卫星轨迹,这种模式使 SAR 载荷的凝视成像成为可能,兼具二维和三维分辨率的特性。

1.2.3　机动 SAR 运动模式分析

传统 SAR 一般要求装载平台做匀速直线运动,但由于气流、气旋和控制误差、测量误差等因素的影响,也不是理想的匀速直线轨迹,一般采用运动误差补偿的方法对成像效果进行优化。文献[53]采用的就是匀速模型与高斯误差组成的沿航向随机扰动模型。

机动 SAR 的运动则主要是指由于平台特殊构型(双/多基 SAR)、平台特性(弹载 SAR 寻的、攻击)、特殊的动作(规避)、特殊目的(三维成像等)等因素,装载平台主动进行的非匀直平飞运动。机动模型主要包括:变速直线运动(匀加速直线运动、变加速直线运动,又叫非匀速平飞运动)、俯冲运动(恒加速俯冲、变加速俯冲)、规避运动、空间螺旋前进匀加速曲线运动、圆周运动和"8"字形运动等。其中,前三种运动模式主要集中于弹载 SAR 的平飞段、俯冲段和规避动作,以及机载 SAR 的非匀直运动中;空间螺旋前进加速曲线运动主要是针对临近空间慢速平台 SAR 的成像过程;圆周运动主要用于机载平台对特殊区域的重点监视或三维成像;"8"字形运动成像则主要集中于星载 SAR 成像的特殊运动。

传统 SAR 的距离方程为理想二阶方程,其多普勒参数和二维频谱求解简单,采用传统算法就可以得到精度较高的成像效果。机动 SAR 的距离方程不再是理想二阶方程。方位向的非均匀变化,高度和距离向的不稳定性,横滚、俯仰和侧滑等角度的变化,使得机动 SAR 回波呈现方位空变性变化,多普勒参数和二维频谱求解存在高阶项,二维耦合严重,造成成像困难。

双/多基 SAR 的机动模型与单基不同,在需要考虑空间同步、时间同步和频率同步的基础上,还引进了"双根号"距离方程,使得二维频谱和相位关系求解更为复杂。尤其是大斜视、前视双基 SAR,会带来更大的方位空变性。

1.2.4　机动 SAR 成像算法研究现状

机动 SAR 的机动模型呈现多样化,从相对理想轨迹的三维空间运动偏离进行分析可知:变速直线运动属于只存在沿航向的偏离;俯冲是高度向和沿航向的二维偏离;规避动作和空间螺旋前进属于三维偏离运动。其中,三维偏离运动属于典型的机动,更具代表性。沿航向的非匀速使得方位向采样不均匀,带来方位向的空变性。垂直航向和高度向的变化主要造成的是非线性距离徙动。

机动 SAR 成像最大的问题就是由于偏离理想航迹和非匀速运动造成的图像散焦[54]。高速机动平台 SAR 成像算法的相关研究,始于 1990 年在导弹平台中的应用研究[45]。针对机动 SAR 成像问题,一般采用时域后向投影(Back-Projection,BP)类算法、运动补偿、子孔径类算法和改进的频域类算法解决。此外,针对非均匀采样问题,还有均匀重构和非均匀傅里叶变换等方法。下面主要从 BP 算法、运动补偿、子孔径类算法、均匀重构算法、非均匀傅里叶变换算法,以及改进的频域算法的角度分析机动 SAR 成像问题。

1. BP 算法[49,55-56]

BP 算法通过计算事先划分好的成像网格内像素点到不同方位上平台的距离,与距离压缩后的方位向回波进行距离匹配,将匹配到的回波信号反演到成像网格的像素点上,然后再通过方位校正进行成像。BP 算法是一种理论上可用于任何轨迹的时域成像算法[57]。文献[49]提出了基于相位跟踪算法的 BP 成像算法,在运动测量误差较大的情况下改善了成像质量,但该方法依赖于对强散射点的估计。叶晓明等人[58-60]针对近前视模式下的成像提出了一种适于并行处理的改进 BP 算法,提高了高机动平台下成像速度。

BP 算法成像有三个主要问题:一是计算量太大。BP 算法需要计算每一个像素点的时间延迟,还需要对每一个像素点进行方位补偿,然后再时域合成,运算量较大。二是复杂轨迹下,改进型 BP 算法子孔径选择困难。为提高 BP 算法的运算速度,很多学者通过子孔径划分提出了改进型的 BP 算法[61-65],如 FFBP、SIFFBP 等。对于运动较为复杂的机动 SAR 成像而言,子孔径划分的合理、高效是十分重要的。不同子孔径下的距离向匹配、插值和方位向插值是不一致的。针对复杂轨迹的机动 SAR 成像,需要选择更为合理、高效的子孔径划分策略,以提高成效的效率和质量。三是复杂运动轨迹下成像区域内像素点斜距离空变性大,距离向插值更为复杂。

2. 运动补偿类算法[66-67]

运动误差补偿是解决无人机载 SAR 偏离理想航迹成像的有效手段,也是改善无人机载 SAR 成像质量的关键。一般地,解决非匀速平台 SAR 成像主要有两种思路[4]:一是实时调整雷达参数;二是运动补偿。实时调整雷达参数势必增加平台硬件复杂度和成本。运动补偿一般也分为两类[68-69]:一类是基于传感器的运动补偿;另一类是基于回波的运动补偿。前者主要用来调整脉冲重复频率,会增加系统复杂度,不是优选项。后者基于回波的运动误差补偿方法较为常用,可以分为参数化方法和非参数化方法。参数化方法是通过提取具体的运动误差参数模型下的相位信息实现补偿的。非参数化方法则是依据图像信息,进行进一步图像聚焦,有依托于场景孤立散射点信息的补偿,也有基于图像熵信息的补偿。Moreira A. 和 Fornaro G. 分别于 1994 年和 1999 年提出了两种运动补偿方法[70-71],都忽略了方位向的空变性问题,且主要针对场景中心的运动误差补偿。2007 年,西安电子科技大学的郑晓双[72]在已知运动误差的情况下,实现了宽波束频域算法运动补偿。

文献[73]通过计算偏离理想航迹的差值进行补偿,该方法主要适合于速度误差较小时的补偿。文献[74]研究了基于扩展线性调频变标算法,提出将不同俯冲模型等效成正侧视的成像,该模式对场景中心处目标的效果较好,对边缘目标较差。文献[75]提出了一种稀疏孔径下的运动补偿和快速超分辨成像方法,将运动补偿问题转换为距离频域内的多参数估计问题,基于黄金分割法实现参数的快速估计后同时实现包络对齐和相位校正,从而完成运动补偿。同时指出,稀疏孔径下,方位超分辨成像关键在于高精度的运动误差补偿。

运动补偿类算法的主要问题是:复杂运动条件下的大机动成像,需要估计的参数较多,方位向的空变性、场景边缘处目标点的运动补偿以及稀疏孔径下的运动补偿比较困难。

3. 子孔径类算法[76-81]

早期,针对高速机动平台 SAR 成像处理,主要是通过截取和划分子孔径,简化轨迹的复杂度,在划分后的子孔径内做近似处理,然后成像。通常,子孔径成像处理流程简单,易于实现[46],针对弹载 SAR 短时、高速机动的实际情况,采用子孔径成像更具优势。文献[82]针对方位聚焦深度问题以及子孔径特性提出一种频域相位滤波(Frequency Domain Phase Flitering Algorithm,FPFA)子孔径成像算法,在无近似瞬时斜距模型下,在时域内完成距离徙动的校正,而校正弯曲则是在频域内实现的,同时,引入相位滤波因子,解决多普勒调频的校正,以及方位高次项的空变性问题,并结合谱分析技术实现方位聚焦。西安电子科技大学的周鹏、李亚超等人[83]针对扫描模式的高速机动平台 SAR 信号,利用子孔径成像,实现了三维运动下的几何校正。文献[84]在分辨率要求不高的条件下,通过子孔径处理,实现了对高速机动飞行器侧视 SAR 成像。大斜视子孔径[85-86]引入线性距离徙动因子能够降低距离方位耦合。西安电子科技大学的俞根苗[87-88]通过对分辨率和加速度的分析,简化子孔径成像处理,解决了高速机动平台下侧视 SAR 成像问题。

子孔径类算法的主要问题是:利用子孔径成像时,没有充分利用整体回波信号的积累特性,造成方位向的分辨率有所下降,不利于高分辨成像。

4. 均匀重构算法

针对机动 SAR 非均匀采样的问题,一些学者结合压缩感知理论[89],考虑从稀疏重构的角度重构均匀采样数据,提高图像质量。

2010 年,刘光炎等人[90]通过压缩感知算法实现多通道 SAR 成像,采用频谱重构重建信号频谱,解决了非均匀采样频谱混叠等问题。文献[91]通过压缩感知实现数据重构和图像恢复,以及运动目标速度估计。彭岁阳和胡卫东[92]基于非均匀采样数据提出了重构标准均匀采样数据的算法思想。文献[93]提出一种稀疏降采样斜视 SAR 数据的成像方法,将方位向脉压建模为典型的压缩感知模型,用平滑算法重构出二维 SAR 场景。但该方法的主要目的是降低回波数据量,并未对非均匀采样进行详细分析和重构。在文献[94]中将非线性调频变标算法等效为一个算子,采用阈值迭代算法重构得到降采样数据的成像结果,但存在计算复杂等矛盾。文献[73]针对非匀速运动 SAR 成像,将回波等效为时间非等间隔采样模型,在方位向利用压缩感知实现压缩,得到了旁瓣较低的成像效果。

此外,文献[54]针对变速直线运动的非均匀采样问题,提出还可利用内插阵列变换重构均匀采样的数据,非均匀采样数据与均匀采样数据统一于白噪声协方差矩阵。该方法与压缩感知理论类似,但是内插变换不关注稀疏数据的获取,只关注任意阵列到均匀线性阵列(Uniformity Linear Array,ULA)的标准变换。该方法计算量大,还需要加强斑点噪声的抑制。

均匀重构类算法的主要问题是:通过内插变换实现均匀重构,运算量大,且插值精度直接影响成像质量;通过压缩感知理论实现数据重构,主要适用于稀疏场景成像,难以适用于复杂的大场景成像。

5. 非均匀傅里叶变换算法

沿航向的非匀速运动,会造成方位向的非均匀采样,引起方位向空变性。但是,采样在时间上是均匀的,通过计算等效匀速速度,可以将"非匀速等时间间隔"采样等效为"匀速非等时间间隔"采样,这样得到的成像模型与理想匀直 SAR 一样,只是非等间隔时间采样,需要做非均匀傅里叶变换(Non-Uniform Fast Fourier Transform,NUFFT)处理。

杨凤凤等人实现了分布式小卫星 SAR 的非均匀采样信号无模糊成像[95];井伟等人提出了方位向 NUFFT 积分 FS 成像算法[96]。文献[97-99]提出了通过在过采样的 FFT 中进行内插来计算 NUFFT 的方法。该方法的成像效果与内插精度有关,同时会引入内插误差。文献[45]和文献[100-102]都提出采用基于余弦因子的 NUFFT 方法处理沿方位向非匀速运动,可以抑制成像主瓣展宽和旁瓣升高问题。文献[53]直接对方位向的非均匀数据进行 NUFFT,能够在沿航向存在较大速度误差下以很高的精度定位目标的真实位置,去除图像几何形变,对沿航向速度误差具有很强的鲁棒性。文献[103-104]还利用距离时域的 NUFFT 实现了匀直

SAR 成像中的二维解耦,但是并没有考虑机动 SAR 的情况。

非均匀傅里叶变换算法的主要问题在于:只能应用于沿航迹方向非理想运动的场合,难以解决非航向的机动成像。

6. 频域算法

频域处理算法是 SAR 成像最常用也最成熟的方法。该方法在机动 SAR 成像中的应用主要是结合级数反演[105-107]理论与泰勒近似展开,近似求解复杂运动方程和高阶二维频谱,然后结合对距离多普勒算法、线性调频变标算法、波数域算法等的改进,实现对机动回波信号的相位校正与成像处理。其主要可分为以下几类:

一是利用级数反演法求解二维频谱,然后通过二阶、三阶的相位校正解决距离徙动和二次距离压缩问题,从而实现机动条件下的 SAR 成像。针对高机动平台 SAR 下降段成像,文献[84]和文献[108]结合"级数反演"的思想,获得信号的高精度二维频谱表达式,提出了俯冲加速高机动平台 SAR 成像算法;文献[76]针对弹载 SAR 提出一种基于级数反演法的 Chirp - Z 成像算法,利用 Chirp - Z 变换校正空变的距离徙动,成像的精度较高,扩展性和适用性较强。文献[47]利用级数反演法求解高精度二维频谱,通过多项式高阶拟合的方法精确补偿空变相位,实现了高效的频域成像算法。

二是在时域距离徙动校正的基础上,结合距离多普勒算法和改进的线性调频变标算法,实现机动 SAR 成像。彭岁阳[54]针对 SAR 大斜视成像,利用改进的线性调频变标算法成像,主要利用在时域内实现徙动校正降低处理难度,并通过分数阶傅里叶变换完成参数估计;利用内插阵列变换思想,实现方位信号均匀重构,得到了聚焦图像。文献[109-111]都是利用在时域内实现距离徙动校正,在频域内实现距离弯曲校正,同时引入相位滤波因子,以解决多普勒调频的校正及方位高次项的空变性问题,并结合谱分析技术实现方位聚焦。肖忠源等人[112-113]针对大斜视成像,在校正距离徙动的基础上利用非线性变标算法解决方位空变问题,增大了方位向的聚焦深度。

文献[54]的算法忽略了三次以上相位的影响,与非线性变标算法相比成像效果略差,但由于非线性变标算法需要估计的参数较多,也更复杂,因此文中算法也更加简洁、快速。

三是结合运动模型和回波特点,对传统算法进行改进。文献[114]提出改进的线性调频变标成像算法,该算法采用谱选择技术解决方位向非均匀采样的问题,但在校正距离徙动时采用插值处理,使得运算量增加,且成像精度依赖于插值精度。秦玉亮等人[115-116]针对横向规避高速机动平台的 SAR 成像问题,提出了一种回波近似后改进的距离多普勒成像算法,成像效果较好。但该算法也依托于对二维频谱的求解,依赖于对回波模型的精确近似。孙兵等人[117]研究了俯冲模型下的 SAR 成像问题,提出了一种扩展线性变标成像算法,聚焦效果良好。房丽丽[118]详细分析了 SAR 平台的二维加速俯冲运动,并没有考虑横向规避,建立方位向匹配函数和相位误差补偿函数。文献[117]和文献[118]在航迹倾角较大的情况下,边缘点成像效果较差。

文献[81]针对大斜视机动 SAR 成像,提出了一种改进的波数域成像算法,分析了有加速度的斜距模型;针对其方位空变性设计了补偿函数,同时补偿加速度引起的相位调制,再利用传统波数域算法实现成像。该文献中主要考虑的是加速度二阶相位的影响,但对于机载机动 SAR 的长时间成像,则还需要考虑高阶相位。

此外,陈勇等人[119]基于 FrFT 原理研究高机动 SAR 成像问题,通过局部最优处理估计信号调频,在最优阶次下实现距离向和方位向的 FrFT,有效地解决了信号多普勒参数随斜距变化大及传统成像算法分辨率低的问题。文中的成像时间较短,速度和加速度变化并不大,且局部最优处理对回波数据中每个距离单元进行处理,数据计算量大。

频域算法的最大问题在于:复杂运动下的高阶频谱求解困难,高阶级数反演子项式过多,难以计算。先进行时域距离徙动校正则会忽略方位聚焦深度的问题。波数域算法和极坐标格式算法利用插值实现,增加了运算量,不适合于高速、大机动、成像时间短的大机动平台的实时成像。

总之,针对机动 SAR 成像算法的研究很多,而且越来越成熟。但这些算法仍难以快速、高效地实现复杂轨迹下无人机载机动 SAR 成像。针对无人机载机动 SAR 成像,还需要进一步详细分析不同机动条件下的成像模型,研究不同机动状态下的成像算法。

1.2.5　机动 SAR 的发展趋势

根据前面对机动 SAR 应用平台、运动模式和成像算法的分析可知:机动 SAR 应用平台广泛,机动形式多样,成像算法复杂。机动 SAR 的发展也将围绕这些内容展开。本小节从平台特性及其发展需求角度分析机动 SAR 的发展趋势。

1. 无人机载机动 SAR 的发展

SAR 在机动战术飞机上的应用可以追溯到 1982 年 John N. Damoulakis 等人对机动战术飞机上的 SAR 运动补偿系统的分析[120]。近些年来,无人机的发展受到了越来越多的关注,无人机的成熟发展对 SAR 也提出了越来越高的要求。例如:无人机小型化、轻型化的发展,要求 SAR 向轻型化、小型化方向发展,以适应无人机的载荷要求;无人机的多任务特性和战场生存能力,要求 SAR 的成像模型和成像算法向更适应灵活多变的无人机机动轨迹的方向发展;无人机的惯导和定位精度不高、易受气流扰动的特性,要求机动 SAR 运动误差补偿算法向着精度更高、适应性更强的方向发展。

因此,在无人机载机动 SAR 的发展中,轻小型的硬件设备、适应性强的成像模型和成像算法、精度更高的运动误差补偿都是当前研究的热点问题。

当前,市场上已经出现了消费级无人机载 SAR 的产品,如可用在消费级四旋翼无人机上的 PaulsOn 410 超宽带雷达,简称 P410 雷达,如图 1-5 所示。其几何尺寸只有 7.6 cm×8 cm×1.6 cm,可使用电池供电,发射脉冲重复频率为 10 MHz 的短脉冲;其频带宽度为 3.1~5.3 GHz,中心频率为 4.3 GHz,可以通过 USB 接口进行控制和信息传输;整个系统包括一个 P410 雷达、一台树

图 1-5　P410 雷达

莓派微型计算机、Wi-Fi 通信模块和螺旋天线,整个系统(包括线缆和电池)总质量不超过 300 g,如图 1-6 所示。它可以将天线指向地面,从而实现对侧下方的目标进行成像,也可以固定在汽车上进行成像,其成本低、便携性好。

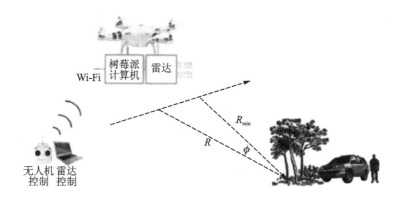

图1-6 P410 SAR系统

2. 双/多基SAR的发展

双/多基SAR的发射和接收装置分别处于不同的载体平台中,具备更多优势:成像区域广泛,可以多角度观测;隐蔽性好,抗干扰能力强;节约运动平台载荷资源和频率资源;双基配置灵活等。双基机动SAR的形式多样,可以形成"机-机""空(机)-地""星-机""星-星""弹-机""弹-地""弹-弹"等双基成像体制。双基SAR在对地探测、无人机协同作战等方面具有潜在的体制优势[47]。

同时,在无/有人机挂弹遂行任务、"双弹伴飞"遂行任务中,双基机动SAR通过"机-弹""弹-弹"结合,可以提高攻击平台和侦察平台的战场生存能力和载荷能力,有效地保障其快速遂行打击和侦察任务。秦玉亮[121]在其博士论文的总结与展望中指出,机弹协同双基SAR成像是未来的重要发展方向。除此之外,有关一基固定一基飞行模式[122]及双基斜飞模式[123-124]也是当前双/多基机动SAR研究的热点问题。

3. 高分辨机动SAR成像

在2012年的相关报道中,SAR的超高分辨就已经可以达到0.05 m的精度[125-126]。对于成像后的SAR影像而言,成像分辨率成为评价雷达系统的重要指标。高分辨就是要获取更详细的目标信息,使其逐步达到目标识别和检测的要求。在"十二五"期间,我国就制定了"高分辨对地观测系统"等重大专项。机动SAR平台运动轨迹复杂多样,不仅存在非均匀采样的问题,还存在高阶频谱相位的问题,运动补偿更复杂,成像要求更高。因此,如何获得高分辨、高质量SAR图像就成为SAR成像领域的研究热点[127]。

4. 机动平台大斜视SAR成像

在SAR的众多工作模式中,大斜视SAR因能提前探测目标而具有极其重要的军事应用价值。如图1-7所示,大斜视SAR是指雷达波束指向角远远偏离平台飞行方向的法线方向,斜视角(波束照射方向与雷达航迹法线方向的夹角)可达50°以上。大斜视SAR最主要的优势是可以提前探测目标,使雷达平台具有较长的机动时间,机动平台大斜视成像能够极大地提高SAR系统的战场生存能力[128]。

随着飞机平台的高速发展,具有高机动能力的美国F-35、F-22以及俄罗斯的T-50等先进五代机列装[8,129],增强了对机动平台大斜视SAR成像系统的需求。除此之外,机动平台

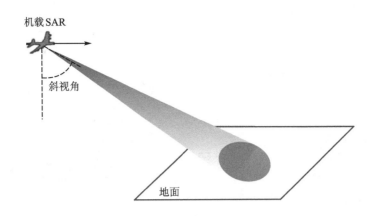

图 1-7 机载大斜视 SAR 成像示意图

大斜视成像系统对于弹载 SAR 制导同样具有重要的应用价值[28]。由于机动平台 SAR 成像的军事敏感性,各国在导弹、战机等平台上的 SAR 系统性能参数、工作方式等方面保密程度较高。从部分公开的文献可知:美国雷声公司研制的 Ka 波段 SAR 导引头成像分辨率可达3 m×3 m,能够实现对海面舰船目标成像与打击部位选择等功能;美国 Sandia 实验室研制的小型 SAR 系统可用于机动平台实现高分辨成像;德国 EADS 公司研制了工作频率为 Ka 波段(35 GHz)的 MMW-SAR 导引头,实现了末制导阶段对静止军事目标的识别与定位,也可用于地形匹配制导;瑞典 SaabBofors 公司和德国 BGT 公司共同研制了 RBS15-MK3 导弹雷达导引头,该导弹采用 SAR 成像技术获取距离和方位的高分辨率,实现了对目标的成像、检测识别和筛选[130]。部分国外机动 SAR 成像结果如图 1-8 所示。

近年来,在新型飞机、无人机、导弹等机动平台不断发展的推动下,国内的中国科学院电子学研究所、国防科学技术大学、北京理工大学和西安电子科技大学等多所大学和多家单位都开展了关于机动平台大斜视 SAR 的研究工作[31,80],并取得了丰富的研究成果,图 1-9 所示为国内某研究所研制的可用于机动平台的 SAR 处理器与实时成像结果。但国内机动平台 SAR 系统相比于国外起步较晚,技术水平与国外仍有一定差距,相关的成像技术还有待进一步发展。

(1) 机动平台大斜视 SAR 成像算法

与常规 SAR 相比,机动平台大斜视 SAR 在系统灵活性和功能多样化等方面具有更大的潜力和应用范围,但是相关的频域成像理论和方法仍处在起步阶段,现有的一些分析和处理方法一般只针对某个特例情形。

对于常规的大斜视 SAR 成像,斜视角的存在将产生严重的距离-方位耦合,传统的 RDA 和 CSA 等频域成像算法均无法用于大斜视成像。方位时域的线性距离徙动校正(Linear Range Cell Migration Correction,LRCMC)可以有效地去除距离和方位耦合,但会导致多普勒参数存在方位向空变,极大地限制了场景的聚焦深度,这也是大斜视成像算法需要重点解决的问题。在 LRCMC 的基础上,文献[133]提出了一种基于 ANCS 的大斜视 SAR 成像算法,校正了多普勒调频的方位空变性,实现了大场景成像;文献[106]提出了改进的高分辨大斜视 SAR 成像算法,在文献[133]的基础上校正了距离依赖斜视角导致的 RCM 轨迹距离向空变,进一步扩展了成像场景的聚焦深度。

对于机动平台大斜视 SAR 成像,常规 SAR 的二维频谱解析式不再适用,文献[134]利用级数反演法推导了双基构型下的回波信号二维频谱,文献[135]提出了一种高精度的等效斜距

(a) 美国Sandia 实验室公布的对地对海SAR成像结果图(图片引自https://www.sandia.gov网站)

(b) 德国MMW-SAR导引头实时扫描模式成像[131]

图 1-8 国外机载机动 SAR 成像结果

(a) 成像处理器   (b) 成像结果

图 1-9 国内某所研制的 SAR 处理器与成像结果[132]

模型,推导了更精确的回波信号二维频谱,但这两种方法均没有考虑成像参数的空变性,限制了场景的聚焦深度;文献[134]和[136]在文献[106]的基础上提出了曲线轨迹下的全孔径成像算法,同时在进行方位压缩时考虑了方位向空变,改善了方位向聚焦深度;文献[110]提出了基于频域相位滤波的大斜视 SAR 俯冲段子孔径成像算法,该方法忽略了 RCM 的空变性,在方位频域引入高阶的滤波函数校正了多普勒调频的一阶和二阶方位空变性,实现了机动平台大斜视 SAR 的子孔径快速成像;文献[137]通过分析多普勒域的 RCM 特性,引入时域二次调频函数补偿了线性距离徙动(Linear Range Cell Migration,LRCM)的方位空变性,并采用 ANCS 方法校正多普勒参数的空变性;文献[41]通过引入时域高阶扰动函数校正了二阶和三阶距离弯曲的一阶方位空变性,并采用 ANCS 方法补偿了多普勒参数的方位空变性。

对于机动平台大斜视 SAR 成像,三维加速度矢量和大斜视角使成像参数具有复杂的距离和方位二维空变,时域扰动和 ANCS 是普遍采用的 RCM 轨迹和多普勒参数空变校正方法,但其空变校正能力有限,限制了场景的聚焦深度,机动平台大斜视 SAR 的大场景成像方法还有待进一步研究。

(2) 全采样数据 SAR 成像方法

常规的 SAR 成像方法均是基于全采样数据设计的。经过几十年的发展,已经出现了多种 SAR 成像处理算法,经典的算法有距离-多普勒算法(Range - Doppler Algorithm,RDA)[138]、线性调频变标算法(Chirp Scaling Algorithm,CSA)[139]、$w - k$ 算法[140]和后向投影(Back Projection,BP)算法[141]等。

RDA 是 1976—1978 年为处理 SEASAT - SAR 数据而提出的[142],该算法于 1978 年处理出了第一幅机载 SAR 图像。RDA 的主要特点是在距离多普勒域实现距离依赖的距离徙动校正(Range Cell Migration Correction,RCMC)和方位压缩,但 RCMC 中的插值运算降低了算法效率。为提高 RCMC 的处理效率,1993 年 CSA 被提出,该方法通过相位相乘替代时域插值来完成距离依赖的 RCMC,避免了插值运算,极大地提高了算法效率。在 CSA 中,信号从二维频域变换到距离多普勒域所做的近似处理在宽波束和大斜视角下是不成立的。为此,基于二维频域 Stolt 插值的 $w - k$ 算法被提出,该方法在推导过程中无近似处理,具备宽孔径和大斜视角数据的处理能力。BP 算法是一种纯时域算法,该算法的主要优势是可以对任意轨迹和任意成像模式的 SAR 数据成像,但巨大的运算量限制了其实际应用。

在以上的 SAR 成像算法中,除 BP 算法外,均要求平台进行水平匀速直线运动。近年来,随着信号处理技术的发展,适用于机动飞行模式的曲线轨迹 SAR 成像算法得到了迅速发展,其中时域算法、波数域算法和频域算法是三类主流成像算法。以 BP 算法为代表的时域算法理论上可以适用于任何曲线轨迹,但逐点的插值和相干积累操作使其具有庞大的运算量,作为改进的 BP 成像算法,快速后向投影(Fast Back Projection,FBP)[143]和快速分解后向投影(Fast Factorized Back Projection,FFBP)[144-146]算法通过拆分 BP 积分,逐级合成,大幅减少了插值运算次数,但插值精度的制约使得这些改进算法依然具有较高的运算量,同时曲线的运动轨迹增大了 FFBP 算法孔径划分的难度。除此之外,BP 类算法通过时域插值的方法获取聚焦后的 SAR 图像,图像与散射点相位历程之间不存在傅里叶变换关系,增大了运动补偿的难度;波数域算法是一种高精度的 SAR 成像算法,被广泛用于常规的大斜视 SAR 高分辨成像[147],波数域算法需要获取目标斜距与二维频谱的线性关系,但当平台在三维空间进行机动时,回波信号的二维频谱具有复杂的距离和方位空变性,斜距与二维频谱的线性关系难以获得,通过对斜距模型进行一些近似处理[148-149],可以得到目标斜距与二维频谱的线性关系,但这种近似处理限制了场景的聚焦深度(即有效的成像范围),同时二维频谱的插值运算也降低了算法效率;频域成像算法无需插值运算,具有极高的运算效率,方位非线性变标(Azimuth Non - linear Chirp Scaling,ANCS)方法的提出[80,150-152],为频域算法校正成像参数的方位空变性提供了有效的解决方式,但其空变校正能力有限,同样限制了大机动条件下的场景聚焦深度。本小节重点关注和研究了机动平台大斜视 SAR 的大场景频域成像算法,主要包括斜距模型的构建和成像算法的设计。

(3) 稀疏采样数据 SAR 成像方法

基于稀疏采样数据的 SAR 成像方法能够极大程度地减少回波数据采样率和数据存储量,增强系统的抗干扰能力,并使机载雷达系统能够同时工作在 SAR 成像模式、MTI 与数据通信等模式下,CS 理论为稀疏采样数据下的 SAR 成像指明了方向。

CS 理论表明,当测量矩阵满足等距约束性质(Restricted Isometry Property,RIP)时,可以利用少量的采样点高概率地重构原始稀疏信号[153]。因此,当成像场景是稀疏或可压缩时,可以利用少量的稀疏采样回波数据获取成像场景高分辨二维像。2007 年美国 Rice 大学的 Baraniuk 首次提出将 CS 理论应用于雷达成像[154]。在此基础上,文献[155]分析并仿真验证了在稀疏约束情况下,对小场景利用 CS 技术成像的可行性;文献[156]对 CS 在成像雷达中可能面临的问题和应用前景进行了详细论述;文献[157]研究了 CS 理论在探地雷达中的应用,该方法根据 SAR 回波信号的录取方式,在时域直接构造稀疏表示矩阵,构造过程需要将二维的成像场景和回波信号重排成一维向量,使得信号的稀疏表示矩阵维度扩大,进而导致所需内存空间陡增,并且后续计算负担极大,因此不适用于大场景的成像处理。为降低测量矩阵的规模,文献[158]提出了一种二维压缩感知成像方法,该方法认为 SAR 回波数据是距离方位解耦的,没有进行 RCMC,仅能适用于低分辨的成像模式。文献[159]将时域测量矩阵分解为两个一维测量矩阵,分别对成像场景的距离像和方位像进行重建,提高了成像效率,但降低了成像场景的稀疏度。

有不少学者将传统 SAR 成像算法与 CS 理论结合[160-162],形成一些 CS - SAR 成像算法,在有效降低所需数据量的同时,取得了比传统成像质量更好的效果。国防科学技术大学杨俊刚等人在文献[160]中提出的分段重构 CS - SAR 成像算法实质上是传统 BP 算法与 CS 技术结合的产物,该方法同样需要将二维场景拉成一维向量,依然存在测量矩阵规模较大,仅能对小场景进行成像的问题。近年来,中国科学院电子所吴一戎院士团队提出了基于近似观测算子的快速 CS - SAR 成像算法[161],该方法基于传统 MF 成像算法构造近似观测算子,采用迭代阈值法(Iterative Thresholding Algorithm,ITA)直接对二维场景进行稀疏重建,避免将二维场景和回波拉成一维向量,极大地降低了测量矩阵的维度,提高了成像效率。在此基础上,以 BP 算法[163]、CSA[164]、扩展 CSA[165]为近似观测算子的 CS - SAR 成像方法被相继提出,并被广泛应用于常规的机载和星载 SAR 成像。基于近似观测的 CS - SAR 成像,将 MF 成像算法和 CS 成像模型结合在一起,有效地解决了传统 CS - SAR 成像方法存在的内存占用高和运算量大的问题,已成为 CS - SAR 成像的主流研究方向。

CS - SAR 成像通常要求成像场景是直接稀疏的,这对于具有复杂地形和地物信息的战场侦察是不适用的。由于 SAR 场景图像为复信号,且场景相位近似为随机分布,常用的离散余弦变换(Discrete Cosine Transform,DCT)、离散小波变换(Discrete Wavelet Transformation,DWT)和全变分等光学图像变换方法无法用于复数 SAR 图像的稀疏表示。文献[165]基于复近似信息传递(Complex Approximated Message Passing,CAMP)算法提出了一种能用于非稀疏场景成像的 CS - SAR 算法,但该方法仅在全采样数据下有较好的成像结果。文献[166]将弹性网络正则化模型应用到压缩成像中,该方法叠加了 L1 范数正则化和 L2 范数正则化,可以实现对非稀疏场景的成像,但没有从根本上解决成像场景的稀疏表示问题,在欠采样的情况下,成像效果较差。文献[135]将低秩稀疏分解模型应用到场景的幅度稀疏表示中,将非稀疏场景分为背景部分和稀疏部分,并对场景的幅度和相位进行交替优化,该算法需要依次迭代求解 5 个变量,重建复杂度较高,且同样没有解决成像场景的稀疏表示问题。

现有的 CS-SAR 成像算法主要针对的是常规机载和星载 SAR 的稀疏场景成像,在机动平台大斜视 SAR 成像中,严重的距离方位耦合和成像参数空变使现有的 CS-SAR 成像方法无法有效地适用,能够用于非稀疏场景成像的机动平台大斜视 CS-SAR 成像方法还有待研究。

5. 其他机动 SAR 成像

大斜视、非匀速直线运动 SAR 成像算法一直是弹载 SAR 领域最核心的内容之一,也是机动 SAR 成像的重要方向之一。大斜视 SAR 成像存在严重的距离方位耦合,机动 SAR 给大斜视带来了更大的方位空变和距离徙动,其二维频谱更为复杂,多普勒中心空变量更大,图像散焦更加严重,更不适合于大宽幅、长孔径成像。因此,为保证攻击平台获取更多的目标提前信息,研究大斜视/前视、大宽幅和长孔径 SAR 也是机动 SAR 发展的重要方向之一。

此外,机动 SAR 在三维成像能力、新体制和硬件等方向的发展也值得关注。结合圆迹 SAR 和曲线 SAR 的发展,提高机动 SAR 的三维分辨能力,能够增加高度维对目标的分辨能力,也是目标识别与检测的发展趋势。新体制和硬件的发展,能够提高机动 SAR 的适应能力和成像效果。

从作战要求角度考虑,战场生存能力、信息获取能力、信息获取质量、信息获取维度和信息智能化处理,是机动 SAR 发展的必然方向。从技术需求看,战场生存能力对机动 SAR 应用的发展提出了快速、实时以及多作战模式、灵活机动的要求,对机动 SAR 硬件平台提出了隐蔽性、小型化、轻型化、无人化的发展要求;信息获取能力则要求机动 SAR 向着大宽幅、大场景和抗干扰的方向发展;信息获取质量则要求 SAR 向着高分辨、超分辨的方向发展;信息获取维度则要求机动 SAR 向着多角度以及三维成像的方向发展;信息智能化处理则是对 SAR 图像的目标分类、目标识别以及 SAR 图像与光学图像、智能信息融合发展提出的要求。

1.3 本书的主要研究内容

本书结合无人机载机动 SAR 的工程应用需求,从平台机动模式、平台稳定性误差的角度,研究无人机载机动 SAR 成像中的不同运动模型、目标区域获取方法以及相应的成像算法和运动误差补偿方法,主要内容如下:

1.3.1 无人机载机动 SAR 成像的关键问题分析

该部分内容共分为 4 章,即第 2~5 章,主要内容包括无人机载机动 SAR 成像几何模型分析、无人机载机动 SAR 成像目标区域获取方法、基于运动分离的无人机载机动 SAR 成像算法以及基于 MN-EMA 算法的相位误差补偿处理等。

在战场对抗环境下,无人机平台往往需要规避危险而进行盘旋、爬升、俯冲、加速等机动动作,这些机动动作造成无人机载 SAR 机动模式灵活、成像模式多样。在这种情况下,无人机载机动 SAR 成像主要面临三个关键问题:

一是无人机载 SAR 机动模型下的目标区域获取问题。灵活多变的机动模式和随机应变的规避动作,使得无人机载 SAR 的波束控制更加困难、成像区域更加不稳定。因此,如何在灵活多变的机动模式下实现目标区域的获取,是实现无人机载机动 SAR 战场应用的关键问题之一。

二是无人机载机动 SAR 复杂机动模式的成像问题。复杂的战场环境、不同的任务要求以及战场生存能力,使得无人机载 SAR 不再局限于传统的匀速直线平飞运动。传统的成像模型和成像算法也不再适用。因此,有必要分析无人机载 SAR 机动模型,并研究无人机载 SAR 在平台机动情况下的成像问题。

三是无人机平台不稳定造成的运动误差补偿问题。由于轻型化的发展,使得无人机平台不能安装复杂、笨重的高精度惯导和定位系统,同时,小型化无人机本身也更容易受到气流的扰动,使得无人机平台在飞行过程中更加不稳定,造成运动误差,进而使得无人机载机动 SAR 成像质量下降。因此,有必要研究无人机载机动 SAR 成像的运动误差补偿问题。

1.3.2　机动平台大斜视 SAR 成像和运动补偿方法

综合考虑成像及运动补偿算法的设计和验证,归纳总结机动平台大斜视 SAR 成像主要存在斜距模型、机动平台下的快速回波模拟、成像参数空变校正、稀疏采样条件下的非稀疏场景重建和空变运动误差估计与补偿等关键难点问题。该部分内容共分为 5 章,即第 6~10 章,主要内容包括机动平台大斜视 SAR 斜距模型及成像特性分析、机动平台大斜视 SAR 快速回波模拟方法、全采样数据下的机动平台 SAR 大斜视成像、稀疏采样数据下的机动平台大斜视 SAR 成像以及机动平台大斜视 SAR 的运动误差补偿等。

1.3.3　无人机载高机动 SAR 成像系统

该部分内容即第 11 章,该成像系统用于实现经典 SAR 成像实验、机动 SAR 频域成像实验和时域成像实验等,辅助完成相关算法验证和成像机理研究。系统包含硬件和软件两部分:硬件系统包括滑轨成像系统和八旋翼成像系统;软件系统是将书中的研究成果进行集成,可以通过界面设置成像条件,实现回波信号仿真、原始数据回访、成像处理分析等功能,为开展相关研究提供系统分析平台。

参考文献

[1] 王岩飞,刘畅,詹学丽,等.无人机载合成孔径雷达系统技术与应用[J].雷达学报,2016,5(4):333-349.

[2] Hou Jianqiang,Ma Yanheng,Li Gen. A third-order range separation imaging algorithm for manoeuvring platform SAR [J]. Remote Sensing Letters, 2019,10(8):786-95.

[3] 皮亦鸣,杨建宇,付毓生,等.合成孔径雷达成像原理[M].成都:电子科技大学出版社,2007.

[4] 李英贺.大前斜视 SAR 成像技术研究[D].北京:北京理工大学,2016.

[5] 王井增.机载大斜视 SAR 成像方法研究[D].成都:电子科技大学,2019.

[6] Brown W M. Synthetic Aperture Radar[J]. Encyclopedia of Physical Science & Technology, 1967,AES-3(2):217-229.

[7] Sherwin C W，Ruina J P，Rawcliffe R D. Some Early Developments in Synthetic Aperture Radar Systems[J]. Ire Transactions on Military Electronics，1962，6(2)：111-115.

[8] 龚汉华. SAR 成像技术与 SAR 图像可视化增强研究[D].北京:中国科学院大学，2007.

[9] Cumming I，Bennett J. Digital processing of SEASAT SAR data[C]//ICASSP'79. IEEE International Conference on Acoustics，Speech，and Signal Processing. IEEE，1979，4：710-718.

[10] 李春升,杨威,王鹏波.星载 SAR 成像处理算法综述[J].雷达学报，2013，2(1)：111-122.

[11] 郭媛,索志勇,王婷婷,等.弹载 SAR 系统参数优化设计方法[J].系统工程与电子技术，2020，42(7)：1478-1483.

[12] Li Xinrui，Zhou Song，Yang Lei. A New Fast Factorized Back-Projection Algorithm with Reduced Topography Sensibility for Missile-Borne SAR Focusing with Diving Movement[J]. Remote Sensing，2020，12：2616.

[13] 单文秋.车载毫米波雷达前视成像系统研究[D].内蒙古:内蒙古工业大学，2018.

[14] 戴国梦,潘斌,罗天文,等.基于尺度空间的角反射器车载 SAR 影像坐标定位[J].测绘通报，2020，(4)：1-5.

[15] 常文胜,陶海红,胡学成,等.随机变 PRF 和脉宽的无人机噪声 SAR 体制研究[J].现代雷达，2020，42(6)：7-14,29.

[16] 马彦恒,侯建强,张炜民,等.基于 MN－MEA 算法的无人机载 SAR 相位误差补偿处理[J].系统工程与电子技术，2020，42(9)：1945-1952.

[17] 左伟华,皮亦鸣,闵锐.临近空间慢速平台 SAR 快速成像模式研究及算法研究[J].信号处理，2014，30(7)：789-796.

[18] 魏雪云,郑威,王彪.临近空间 SAR 几何定位(英文)[J].现代雷达，2016，38(1)：22-27,30.

[19] 郭华东,张露.雷达遥感六十年:四个阶段的发展[J].遥感学报，2019，23(6)：1023-1035.

[20] Yamaguchi Yoshio. Polarimetric SARImaging：Theory and Applications[M]. Boca Raton：CRC Press，2020.

[21] You Yanan，Wang Rui，Zhou Wenli. An Optimized Filtering Method of Massive Interferometric SAR Data for Urban Areas by Online Tensor Decomposition[J]. Remote Sensing，2020，12(16)：2582.

[22] 丁泽刚,刘旻昆,王岩,等.基于压缩感知的地基 MIMO SAR 近场层析成像研究[J].信号处理，2019，35(5)：729-740.

[23] 杨牡丹,魏中浩,徐志林,等.一种基于层次稀疏的全极化 SAR 层析成像方法[J].中国科学院大学学报，2020，37(4)：525-531.

[24] 韩冬,周良将,焦泽坤,等.基于改进三维后向投影的多圈圆迹 SAR 相干三维成像方法[J].电子与信息学报，2021，43(1)：131-137.

[25] 张健丰,付耀文,张文鹏,等.圆迹合成孔径雷达成像技术综述[J].系统工程与电子技术，2020，42(12)：2716-2734.

[26] 张群英,江兆凤,李超,等.太赫兹合成孔径雷达成像运动补偿算法[J].电子与信息学报，

2017,39(1):129-137.

[27] 黄世奇,禹春来,刘代志,等.成像精确制导技术分析与研究[J].导弹与航天运载技术,2005,5(1):20-25.

[28] 陈国范,胡仕友,周国军.合成孔径在弹上导引头的应用[J].飞航导弹,1995,7(1):43-47.

[29] 张纯学.国外飞航导弹导引头中采用的新技术[J].飞航导弹,2000,5(1):11-16.

[30] Smith B J, Garner W, Cannon R. Precision dynamic SAR testbed for tactical missiles [M]. IEEE Aerospace Conference Proceedings Big Sky. MT, United States. 2004: 2220-2223.

[31] 尹德成.弹载合成孔径雷达制导技术发展综述[J].现代雷达,2009,31(11):20-24.

[32] 杨磊,徐刚,唐禹,等.包络相位联合自聚焦高分辨 SAR 运动补偿[J].系统工程与电子技术,2012,34(10):2010-2017.

[33] 黄世奇,郑健,刘代志,等.SAR/红外双模成像制导系统研究与设计[J].飞航导弹,2004,6(1):38-43.

[34] 周鹏.弹载 SAR 多种工作模式的成像算法研究[D].西安:西安电子科技大学,2011.

[35] 田立俊.高分宽幅 SAR 动目标成像方法研究[D].成都:电子科技大学,2017.

[36] 欧阳慧.RBS-15 导弹家族的演进过程[J].制导与引信,2011,32(2):24-28.

[37] 刘江平.瑞典海军新锐——RBS-15MK3 反舰导弹[J].Ocean World,2010:46-48.

[38] KNAELL K. Three-dimensional SAR from curvilinear apertures [J]. SPIE Optical Engineering,1994,2230(1):120-134.

[39] KNAELL K. Three-dimensional SAR from curvilinear apertures [M]. IEEE National Radar Conference. Ann Arbor. 1996:220-225.

[40] 张子善.曲线合成孔径雷达三维成像相关技术研究[D].长沙:国防科技大学,2009.

[41] Ponce O, Prats P, Rodriguez-Cassola M, et al. Processing of circular SAR trajectories with fast factorized back-projection [M]. International Geoscience and Remote Sensing Symposium. vancouver,2011:3692-3695.

[42] Palm S, Oriot H M, Cantalloube H M. Radar grammetric DEM extraction over urban area using circular SAR imagery [J]. IEEE Transactions on Geoscience and Remote Sensing,2012,50(11):4720-4725.

[43] Frolind P O, Gustavsson A, Lundberg M, et al. Circularaperture VHF-band synthetic aperture radar for detection of vehicles in forest concealment [J]. IEEE Transactions on Geoscience and Remote Sensing,2012,50(4):1329-1339.

[44] 张军,胡卫东,彭岁阳,等.非匀速平飞模式下双基地 SAR 成像分析[J].电子与信息学报,2010,32(11):2648-2654.

[45] 孙峥.星机双基 SAR 成像算法研究[D].成都:电子科技大学,2012.

[46] 周松.高速机动平台 SAR 成像算法及运动补偿研究[D].西安:西安电子科技大学,2013.

[47] 孟自强.双基前视高机动平台 SAR 系统特性及成像算法研究[D].西安:西安电子科技大学,2016.

[48] 张昊男.多基星载 SAR 构型分析与应用[D].哈尔滨:哈尔滨工业大学,2017.

[49] 刘雨雨.复杂运动平台 SAR 成像技术研究[D].成都:电子科技大学,2016.

[50] 张凯华,蒋祎,廖俊.临近空间慢速飞行器载荷概述[J].航天返回与遥感,2017,38(6): 1-10.

[51] 杨海光,易青颖,李中余,等.临近空间慢速平台 SAR 地面动目标检测与成像[J].电子科技大学学报,2014,43(6):838-844.

[52] 洪文,林赟,谭维贤,等.地球同步轨道圆迹 SAR 研究[J].雷达学报,2015,4(3):241-253.

[53] 邢涛,李军,王冠勇,等.基于非均匀快速傅里叶变换的 SAR 方位向运动补偿算法[J].电子与信息学报,2014,36(5):1023-1029.

[54] 彭岁阳.弹载合成孔径雷达成像关键技术研究[D].长沙:国防科技大学,2011.

[55] 刘斌.机载 SAR BP 算法成像的运动补偿及 GPU 并行化实现研究[D].成都:电子科技大学,2013.

[56] 班阳阳.基于后向投影的 SAR 成像算法与 GPU 加速研究[D].南京:南京航空航天大学,2014.

[57] Munson D C, O'brien J D, Jenkins W K. A Tomographic Formulation of Spotlight Mode Synthetic Aperture Radar [J]. Proceedings of the IEEE, 1983, 72(8): 917-925.

[58] 叶晓明,张国峰,胡晓光,等.近前视弹载 SAR 的改进后向投影成像算法[J].北京航空航天大学学报,2015,41(3):492-501.

[59] Ye Xiaoming, Zhang Guofeng, Hu Xiaoguang, et al. Improved SPECAN imaging algorithm for missile-borne SAR with squint angle [C]// 11th IEEE International Conference on Control & Automation (ICCA). Taichung. 2014: 107-111.

[60] 叶晓明,张国峰,胡晓光.引入坐标映射原理的弹载 SAR 图像几何校正算法[J].计算机辅助设计与图形学学报,2015,27(2):201-207.

[61] Yegulalp A F. Fast back-projection algorithm for synthetic aperture radar [C]// The Record of the 1999 IEEE Radar Conference. Waltham. 1999: 60-65.

[62] Ulander L M H, Hellsten H, Stenstrom G. Synthetic-aperture radar processing using fast factorized back-projection [J]. IEEE Transactions on Aerospace and Electronic Systems, 2003, 39(3): 760-776.

[63] 林世斌,李悦丽,严少石,等.基于最优区域划分的子块快速因子分解后向投影算法[J].信号处理,2012,28(8):1187-1193.

[64] 唐江文,邓云凯,王宇,等.Bulk-FFBP:基于距离向整体处理的快速分解后向投影算法[J].电子与信息学报,2017,39(2):405-411.

[65] Yang Lei, Zhao Lifan, Zhou Song, et al. Spectrum-Oriented FFBP Algorithm in Quasi-Polar Grid for SAR Imaging on Maneuvering Platform [J]. IEEE Geoscience and Remote Sensing Letters, 2017, 14(5): 724-728.

[66] Mei Haiwen, Meng Ziqiang, Liu Mengqi, et al. Thorough Understanding Property of Bistatic Forward-Looking High-Speed Maneuvering-Platform SAR [J]. IEEE Transactions on Aerospace and Electronic Systems, 2017, 53(4): 1826-1845.

[67] Yuan Yue, Chen Si, Zhao Huichang. An Improved RD Algorithm for Maneuvering Bistatic Forward-Looking SAR Imaging With a Fixed Transmitter [J]. Sensors, 2017, 17(1): 1152.

[68] Macedo K A C, Scheiber R. Precise topography- and aperture-dependent motion com-

pensation for airborne SAR [J]. IEEE Geoscience & Remote Sensing Letters，2005，2 (2)：172-176.

[69] Buckreuss S. Motion compensation for airborne SAR based on inertial data，RDM and GPS [C]// IGARSS '94 Surface and Atmospheric Remote Sensing：Technologies，Data Analysis and Interpretation，International. 1994：1971-1973.

[70] Moreira A，Huang Yonghong. Airborne SAR processing of highly squinted data using a chirp scaling approach with integrated motion compensation [J]. IEEE Transactions on Geoscience & Remote Sensing，1994，32(5)：1029-1040.

[71] Fornaro G，Sansosti E. Motion compensation in Scaled-FT SAR processing algorithms [C]// IGARSS'99 Proceedings IEEE 1999 International. 1999：1755-1757.

[72] 郑晓双. 机载合成孔径雷达运动补偿技术研究[D]. 北京：中国科学院研究生院，2007.

[73] 陈春霞. 非匀速平台 SAR 运动目标成像与检测方法研究[D].秦皇岛：燕山大学，2015.

[74] 周鹏,熊涛,周松,等.一种新的弹载 SAR 高分辨成像方法[J].电子与信息学报,2011,33 (3):622-627.

[75] 李少东,陈文峰,杨军,等.稀疏孔径下的运动补偿及快速超分辨成像方法[J].电子学报, 2017,45(2):291-299.

[76] 梅治浩. 弹载 SAR 大斜视角成像方法研究[D].成都：电子科技大学,2014.

[77] 曾乐天.机载高分辨聚束 SAR 成像及运动补偿算法研究[D].西安：西安电子科技大学,2016.

[78] 曾乐天,梁毅,李震宇,等.一种加速时域成像算法及其自聚焦方法[J].西安电子科技大学学报(自然科学版),2017,44(1):1-5,70.

[79] 贾高伟,常文革.圆周 SAR 子孔径频域成像处理方法研究[J].电子学报,2016,44(3): 497- 504.

[80] Li Zhenyu，Xing Mengdao，Liang Yi，et al. A Frequency-Domain Imaging Algorithm for Highly Squinted SAR Mounted on Maneuvering Platforms With Nonlinear Trajectory [J]. IEEE Transactions on Geoscience and Remote Sensing，2016，54 (7)： 4023-4038.

[81] 董祺,杨泽民,李震宇,等.基于方位空变斜距模型的大斜视机动平台波数域 SAR 成像算法[J].电子与信息学报,2016,38(12):3166-3173.

[82] 李震宇,梁毅,邢孟道,等.弹载合成孔径雷达大斜视子孔径频域相位滤波成像算法[J]. 电子与信息学报,2015,37(4):953-960.

[83] 周鹏,李亚超,邢孟道,等.弹载扫描 SAR 宽测绘带模式成像方法研究[J].西安电子科技大学学报(自然科学版),2011,38(1):96-103.

[84] 俞根苗,尚勇,邓海涛,等.弹载侧视合成孔径雷达信号分析及成像研究[J].电子学报, 2005,33(5):778-782.

[85] Sun Xiaobing，Yeo T S，Zhang Chengbo，et al. Time-varying step-transform algorithm for high squint SAR imaging [J]. IEEE Transactions on Geoscience end Remote Sensing，1999，37(6)：2668-2677.

[86] Yeo T S，Tan N L，Zhang Chengbo，et al. A new sub-aperture approach to high squint SAR processing [J]. IEEE Transactions on Geoscience end Remote Sensing，2001，39

(5):954-968.

[87] 俞根苗,邓海涛,吴顺君.弹载 SAR 图像几何失真校正方法[J].西安电子科技大学学报（自然科学版）,2006,33(3):387-389.

[88] 俞根苗,邓海涛,张长耀,等.弹载侧视 SAR 成像及几何校正研究[J].系统工程与电子技术,2006,28(7):997-1001.

[89] 赵玉娟.压缩感知和矩阵填充及其在信号处理中应用的研究[D].南京:南京邮电大学,2015.

[90] 刘光炎,孟喆,胡学成.非均匀采样 SAR 信号的不模糊重构与成像[J].电子科技大学学报,2010,39(6):850-858.

[91] Khwaja A S, Ma Jianwei. Applications of Compressed Sensing for SAR Moving-Target Velocity Estimation and Image Compression [J]. IEEE Transactions on Instrumentation and Measurement, 2011, 60(8): 2848-2860.

[92] 彭岁阳,胡卫东.一种基于内插阵列变换的变 SAR 成像算法[J].信号处理,2009,25(11):1742-1747.

[93] 陈一畅,胡静.斜视合成孔径雷达的稀疏降采样数据成像方法[J].吉首大学学报（自然科学版）,2016,37(6):34-37.

[94] 顾福飞,张群,杨秋,等.基于 NCS 算子的大斜视 SAR 压缩感知成像方法[J].雷达学报,2016,5(1):16-24.

[95] 杨凤凤,王敏,梁甸农.基于非均匀采样的小卫星多通道 SAR 无模糊成像[J].电子学报,2007,35(9):1754-1756.

[96] 井伟,张磊,邢孟道,等.非匀速平台 SAR 成像算法研究[J].西安电子科技大学学报（自然科学版）,2008,35(4):605-608.

[97] Zadeh L A. A simple view of the Dempster-Shafer theory of evidence and its implication for the rule of combination [J]. AIMag, 1986, 7(2): 85-90.

[98] 魏雪云,廖惜春.一种有效的加权冲突证据组合方法[J].空军工程大学学报（自然科学版）,2008,9(6):56-58.

[99] 甘露,魏平,李万春.一种计算非均匀傅里叶变换的新方法[J].现代雷达,2008,30(12):52-54,58.

[100] 赵子龙.基于非均匀快速傅里叶变换的综合孔径圆环阵反演方法研究[D].武汉:华中科技大学,2016.

[101] 杨海光.临近空间 SAR 成像理论与成像方法研究[D].成都:电子科技大学,2014.

[102] 田甲申.圆周 SAR 成像算法及相关技术研究[D].成都:电子科技大学,2013.

[103] 邢涛,胡庆荣,李军,等.基于非均匀 FFT 的超宽带合成孔径雷达高效成像算法[J].系统工程与电子技术,2015,37(2):291-296.

[104] 邢涛,胡庆荣,李军,等.基于坐标变换的合成孔径雷达高精度成像算法[J].电波科学学报,2016,31(2):368-375.

[105] 易予生,张林让,刘昕,等.一种弹载侧视 SAR 大场景成像算法[J].电子与信息学报,2010,32(3):587-592.

[106] 易予生,张林让,刘楠,等.基于级数反演的俯冲加速运动状态弹载 SAR 成像算法[J].系统工程与电子技术,2009,31(12):2863-2866.

[107] 刘高高,张林让,刘昕,等.一种曲线轨迹下的大场景前斜视成像算法[J].电子与信息学报,2011,33(3):628-633.

[108] 刘高高,张林让,易予生,等.一种曲线轨迹下的弹载前斜视成像算法[J].西安电子科技大学学报(自然科学版),2011,38(1):123-130.

[109] 怀园园,梁毅,李震宇,等.一种基于方位谱重采样的大斜视子孔径 SAR 成像改进 Omega-K 算法[J].电子与信息学报,2015,37(7):1743-1750.

[110] 李震宇,梁毅,邢孟道,等.一种大斜视 SAR 俯冲段频域相位滤波成像算法[J].电子学报,2015,43(10):2014-2021.

[111] 李震宇,杨军,梁毅,等.弹载 SAR 子孔径大斜视成像方位空变校正新方法[J].西安电子科技大学学报(自然科学版),2015,42(4):88-95.

[112] 肖忠源,徐华平,李春升.基于俯冲模型的频域距离走动校正 NLCS-SAR 成像算法[J].电子与信息学报,2013,35(5):1090-1096.

[113] 肖忠源,徐华平,李春升.弹载斜视 SAR 成像的改进波数域算法[J].电子与信息学报,2011,33(6):1453-1458.

[114] Balke J. Field test of bistatic forward-looking synthetic aperture radar [C]// International Radar Conference, Arlington, Virginia. 2005: 424-429.

[115] 秦玉亮,王建涛,王宏强,等.基于距离-多普勒算法的俯冲弹道条件下弹载 SAR 成像[J].电子与信息学报,2009,31(1):2563-2568.

[116] 秦玉亮,王建涛,王宏强,等.基于 RD 算法的横向规避弹道弹载 SAR 成像[J].系统工程与电子技术,2010,32(4):731-733.

[117] 孙兵,周荫清,陈杰,等.基于恒加速度模型的斜视 SAR 成像 CA-ECS 算法[J].电子学报,2006,34(9):1595-1599.

[118] 房丽丽,王岩飞.俯冲加速运动状态下的 SAR 信号分析及运动补偿[J].电子与信息学报,2008,30(6):1316-1320.

[119] 陈勇,赵惠昌,陈思,等.基于分数阶傅里叶变换的弹载 SAR 成像算法[J].物理学报,2014,63(11):1-9.

[120] 王晓峰.临近空间慢速平台 SAR 运动补偿技术研究[D].长沙:国防科技大学,2007.

[121] 秦玉亮.弹载 SAR 制导技术研究[D].长沙:国防科技大学,2008.

[122] 任冬晨,汤子跃,张守融.发射机固定的双站 SAR 对运动目标的成像[J].电子与信息学报,2004,26(7):1128-1130.

[123] 汤子跃.双站合成孔径雷达系统原理[M].北京:科学出版社,2003.

[124] 丁金闪,Loffeld O,Nies H,等.异构平台双基 SAR 成像的 RD 算法[J].电子学报,2009,37(6):1170-1174.

[125] Brenner A R, Essen H, Stilla U. Representation of stationary vehicles in ultra-high resolution SAR and turntable ISAR images[C]// EuSAR 2012. VDE, 2012:147-150.

[126] Kirscht M, Hoffmann K, Boukamp J, et al. The smart Radar Pod System [C]//EUSAR 2012. VDE,2012: 275-278.

[127] 景国斌.机载/星载超高分辨率 SAR 成像技术研究[D].西安:西安电子科技大学,2018.

[128] 吕孝雷.机载多通道 SAR-GMTI 处理方法的研究[D].西安:西安电子科技大学,2010.

[129] 郭涛,贾光沿.机载有源相控阵火控雷达的对抗优势[C]//中国雷达行业协会航空电子分会暨四川省电子学会航空航天专委会学术交流会.中国电子学会,四川省电子学会,2007.

[130] 侯晓艳,莫雨.德国迪尔 BGT 防御技术公司组装 RBS15 Mk3 导弹[J].飞航导弹,2009,(6):65.

[131] Neumann H C,Senkowski. MMW-SAR seeker against ground targets in a drone application[C]// European Conference on Synthetic Aperture Radar. Germany:EADS Deutschland GmbH,2002:457-460.

[132] 李震宇.机动平台 SAR 大斜视成像算法研究[D].西安:西安电子科技大学,2017.

[133] 祝明波,杨立波,杨汝良.弹载合成孔径雷达制导及其关键技术[M].北京:国防工业出版社,2014.

[134] Zhou Peng, Zhou Song,Xiong Tao,et al. A Chirp-Z Transform Imaging Algorithm for Missile borne SAR with Diving Maneuver Based on the Method of Series Reversion [J]. Journal of Electronics & Information Technology,2010,32(12):2861-2867.

[135] Liao Yi, Zhou Song, Yang Lei. Focusing of SAR With Curved Trajectory Based on Improved Hyperbolic Range Equation[J]. IEEE Geoscience & Remote Sensing Letters,2018,15(3):454-458.

[136] 周松,包敏,周鹏,等.基于方位非线性变标的弹载 SAR 下降段成像算法[J].电子与信息学报,2011(6):1420-1426.

[137] 江淮,陈思,赵惠昌,等.一种弹载 SAR 子孔径成像算法[J].电子与信息学报,2017,39(10):2526-2530.

[138] Smith A M. A new approach to range-Doppler SAR processing[J]. International Journal of Remote Sensing,1991,12(2):235-251.

[139] Raney R K, Runge H,Bamler R, et al. Precision SAR processing using chirp scaling [J]. IEEE Transactions on Geoscience and Remote Sensing,1994,32(4):786-799.

[140] Bamler R. A comparison of range-Doppler and wavenumber domain SAR focusing algorithms[J]. IEEE Transactions on Geoscience and Remote Sensing,1992,30(4):706-713.

[141] Durand R,Ginolhac G,Thirion-Lefevre L,et al. Back Projection Version of Subspace Detector SAR Processors[J]. IEEE Transactions on Aerospace & Electronic Systems Aes,2011,47(2):1489-1497.

[142] Wu Chialin, Liu K Y,Jin M. Modeling and a Correlation Algorithm for Spaceborne SAR Signals[J]. IEEE Transactions on Aerospace & Electronic Systems,1982,AES-18(5):563-575.

[143] Lei Zhang, Li Haolin,Qiao Zhijun,et al. A Fast BP Algorithm With Wavenumber Spectrum Fusion for High-Resolution Spotlight SAR Imaging[J]. IEEE Geoscience & Remote Sensing Letters,2014,11(9):1460-1464.

[144] 杨泽民.快速时域 SAR 成像与三维 SAR 运动补偿方法研究[D].西安:西安电子科技大学,2016.

[145] Zhou Song, Yang Lei, ZhaoLifan, et al. Quasi-Polar-Based FFBP Algorithm for Min-

iature UAV SAR Imaging Without Navigational Data[J]. IEEE Transactions on Geoscience & Remote Sensing, 2017, 55(12): 7053-7065.

[146] Feng Dong, An Daoxiang, Huang Xiaotao. An Extended Fast Factorized Back Projection Algorithm for Missile-Born Bistatic Forward-Looking SAR Imaging[J]. IEEE Transactions on Aerospace & Electronic Systems, 2018, 54(6): 2724-2734.

[147] Cumming I G, Wong F H. Digital Signal Processing of Synthetic Aperture Radar Data: Algorithms and Implementation[M]. Norwood: Artech House, 2005.

[148] Tang Shiyang, Zhang Linrang, Guo Ping, et al. Processing of monostatic SAR data with general configurations[J]. IEEE Transactions on Geoscience & Remote Sensing, 2015, 53(12): 6529- 6546.

[149] Li Zhenyu, Liang Yi, Xing Mengdao, et al. An Improved Range Model and Omega-K-Based Imaging Algorithm for High-Squint SAR With Curved Trajectory and Constant Acceleration[J]. IEEE Geoscience & Remote Sensing Letters, 2017, 13(5): 656-660.

[150] Jiang Huai, Zhao Huichang, Han Min, et al. An imaging algorithm for missile-borne SAR with downward movement based on variable decoupling[J]. Acta Phys Sin, 2014, 63(7): 380-390.

[151] An Daoxiang, Huang Xiaotao, Jin Tian, et al. Extended Nonlinear Chirp Scaling Algorithm for High-Resolution Highly Squint SAR Data Focusing[J]. IEEE Transactions on Geoscience & Remote Sensing, 2012, 50(9): 3595-3609.

[152] Dang Yanfeng, Liang Yi, Bie Bowen, et al. A Range Perturbation Approach for Correcting Spatially Variant Range Envelope in Diving Highly Squinted SAR With Nonlinear Trajectory[J]. IEEE Geoscience & Remote Sensing Letters, 2018, 15(6): 858-862.

[153] Donoho D L. Compressed sensing[J]. IEEE Transactions on Information Theory, 2006, 52(4): 1289-1306.

[154] Baraniuk R, Steeghs P. Compressive radar imaging[C]//2007 IEEE radar conference. IEEE, 2007: 128-133.

[155] Varshney K R, Cetin M, Fisher J W, et al. Sparse Representation in Structured Dictionaries With Application to Synthetic Aperture Radar[J]. IEEE Transactions on Signal Processing, 56(8): 3548-3561.

[156] Potter Lee C, Schniter, et al. Sparse reconstruction for radar[J]. Proceedings of SPIE—The International Society for Optical Engineering, 2008, 52:697003-15.

[157] Gurbuz A C, McClellan J H, Scott W R. Compressive sensing for GPR imaging[C]// 2007 Conference Record of the Forty-First Asilomar Conference on Signals, Systems and Computers. IEEE, 2007: 2223-2227.

[158] Liu Zhixue, Li Gang, Zhang Hao, et al. SAR imaging of dominant scatterers using cascading StOMP[C]//Proceedings of 2011 IEEE CIE International Conference on Radar. IEEE, 2011, 2: 1676-1679.

[159] Bu Hongxia, Tao Ran, Bai Xia, et al. A Novel SAR Imaging Algorithm Based on

Compressed Sensing[J]. IEEE Geoscience & Remote Sensing Letters，2015，12(5)：1003-1007.

[160] Yang Jungang，Thompson J，Huang Xiaotao，et al. Segmented Reconstruction for Compressed Sensing SAR Imaging[J]. IEEE Transactions on Geoscience & Remote Sensing，51(7)：4214-4225.

[161] Fang Jian，Xu Zongben，Zhang Bingchen，et al. Fast Compressed Sensing SAR Imaging Based on Approximated Observation[J]. IEEE Journal of Selected Topics in Applied Earth Observations and Remote Sensing，2013，7(1)：352-363.

[162] Dong Xiao，Zhang Yunhua. A Novel Compressive Sensing Algorithm for SAR Imaging[J]. IEEE Journal of Selected Topics in Applied Earth Observations and Remote Sensing，2013，7(2)：708- 720.

[163] Quan Xiangyin，Zhang Zhe，Zhang Bingchen，et al. A study of BP-camp algorithm for SAR imaging[C]//2015 IEEE International Geoscience and Remote Sensing Symposium (IGARSS). IEEE，2015：4480-4483.

[164] Bi Hui，Zhang Bingchen，Zhu Xiaoxiang，et al. Azimuth-range Decouple-based L1 Regularization Method for Wide Scan SAR Imaging via Extended Chirp Scaling[J]. Journal of Applied Remote Sensing，2017，11(1)：015007.

[165] Bi Hui，Zhang Bingchen，Zhu Xiaoxiang，et al. Extended chirp scaling-baseband azimuth scaling-based azimuth-range decouple L1 regularization for TOPS SAR imaging via CAMP[J]. IEEE Transactions on Geoscience and Remote Sensing，2017，55(7)：3748-3763.

[166] Prünte L. SAR imaging from incomplete data using elastic net regularisation[J]. Electronics Letters，2017，53(25)：1667-1668.

第一部分
无人机载机动 SAR 成像方法

第 2 章　无人机载机动 SAR 成像几何模型分析

传统 SAR 工作时,一般要求装载平台做匀速直线运动。但是对无人机载 SAR 而言,战场生存能力是其完成任务的一个重要保障。因此,在战场对抗环境下,无人机为规避危险、完成任务,往往需要做出一些机动动作,如加速、爬升、俯冲、盘旋等,其机动形式灵活多变。分析这些机动模型是研究无人机载机动 SAR 成像必不可少的环节。

本章针对轨迹灵活多变的无人机载机动 SAR 成像,基于空间三维坐标系,建立了适用于任意轨迹的无人机载机动 SAR 成像几何模型,并进行了仿真分析。为后续无人机载机动 SAR 成像算法和相位误差补偿的研究奠定基础。

2.1　无人机载机动 SAR 成像几何

无人机平台在运动过程中,主要有匀速直线运动、直线非匀速运动、俯冲、爬升、左盘转向、右盘转向等基础运动,传统的无人机载 SAR 的成像模式采用的是匀速直线运动。对于无人机的实战要求而言,需要在多种运动状态下都能完成侦察成像的任务。通常,这些主要的运动模型可以用简单的三维匀加速运动表示,三维参数的不同表示不同的运动模型。本节以正侧视成像模式为例进行分析,图 2-1 所示为在空间三维加速运动模型下,无人机载机动 SAR 成像示意图。

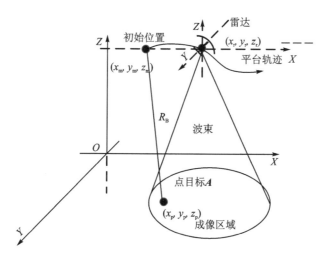

图 2-1　无人机载机动 SAR 成像示意图

结合图 2-1,在分析无人机载机动 SAR 的成像几何时,首先设定 t_a 表示方位向采样时间(慢时间),从 $t_a = 0$ 时刻开始考虑运动模型。在 $t_a = 0$ 时刻,无人机平台的初始位置为

(x_m, y_m, z_m)，初始速度为 (v_{x0}, v_{y0}, v_{z0})，加速度为 (a_x, a_y, a_z)。(x_p, y_p, z_p) 表示成像区域内任意点目标的三维空间坐标，对于二维 SAR 图像而言，通常设定 $z_p = 0$，可记为 $(x_p, y_p, 0)$。(x_r, y_r, z_r) 表示无人机平台在方位向 t_a 时刻的三维空间位置。根据上述条件，可以求得无人机载机动 SAR 在任意时刻 t_a 处的位置坐标，如下：

$$\begin{cases} x_r = x_m + v_{x0} t_a + \dfrac{1}{2} a_x t_a^2 \\[2mm] y_r = y_m + v_{y0} t_a + \dfrac{1}{2} a_y t_a^2 \\[2mm] z_r = z_m + v_{z0} t_a + \dfrac{1}{2} a_z t_a^2 \end{cases} \tag{2-1}$$

用 $R(t_a)$ 表示在任意 t_a 时刻，无人机载机动 SAR 到二维成像区域任一点 $(x_p, y_p, 0)$ 的斜距，那么斜距方程可表示如下：

$$R(t_a) = \sqrt{(x_r - x_p)^2 + (y_r - y_p)^2 + z_r^2} =$$
$$\sqrt{\left(x_m + v_{x0} t_a + \dfrac{1}{2} a_x t_a^2 - x_p\right)^2 + \left(y_m + v_{y0} t_a + \dfrac{1}{2} a_y t_a^2 - y_p\right)^2 + \left(z_m + v_{z0} t_a + \dfrac{1}{2} a_z t_a^2\right)^2} \tag{2-2}$$

对斜距方程 $R(t_a)$ 根号内的部分进行展开整理，并将 $R(t_a)$ 记为

$$R(t_a) = \sqrt{R_B^2 + \mu_1 t_a + \mu_2 t_a^2 + \mu_3 t_a^3 + \mu_4 t_a^4} \tag{2-3}$$

其中，R_B 表示无人机载 SAR 到目标点的初始斜距离；μ_1 表示根式内斜距随时间线性变化的系数；μ_2 表示根式内斜距随时间二次项变化的系数；μ_3 表示根式内斜距随时间三次项变化的系数；μ_4 表示根式内斜距随时间四次项变化的系数。对不同的目标与平台信息，有不同的 $(R_B^2, \mu_1, \mu_2, \mu_3, \mu_4)$ 方程组。设定 x 向为方位向，且不考虑目标点的高度维信息。下面分析不同运动状态下的斜距方程。

方程①：首先考虑全面的三维加速运动模型。较为全面的三维匀加速运动斜距关系方程组可表示如下：

$$\begin{cases} R_B^2 = (x_m - x_p)^2 + (y_m - y_p)^2 + z_m^2 \\[1mm] \mu_1 = 2(x_m - x_p) v_{x0} + 2(y_m - y_p) v_{y0} + 2 z_m v_{z0} \\[1mm] \mu_2 = (x_m a_x - x_p a_x + v_{x0}^2) + (y_m a_y - y_p a_y + v_{y0}^2) + (z_m a_z + v_{z0}^2) \\[1mm] \mu_3 = v_{x0} a_x + v_{y0} a_y + v_{z0} a_z \\[1mm] \mu_4 = \dfrac{1}{4}(a_x^2 + a_y^2 + a_z^2) \end{cases} \tag{2-4}$$

方程②：当且仅当 $x_p = 0$ 时，目标点相对于航向 (x) 坐标点为 0 处，表示成像参考点 x 向坐标为 0 时，斜距关系方程的简化形式，可用于条带模式下的成像分析。其斜距关系方程组可表示如下：

$$\begin{cases} R_B^2 = x_m^2 + (y_m - y_p)^2 + z_m^2 \\[1mm] \mu_1 = 2 x_m v_{x0} + 2(y_m - y_p) v_{y0} + 2 z_m v_{z0} \\[1mm] \mu_2 = (x_m a_x + v_{x0}^2) + (y_m a_y - y_p a_y + v_{y0}^2) + (z_m a_z + v_{z0}^2) \\[1mm] \mu_3 = v_{x0} a_x + v_{y0} a_y + v_{z0} a_z \\[1mm] \mu_4 = \dfrac{1}{4}(a_x^2 + a_y^2 + a_z^2) \end{cases} \tag{2-5}$$

方程③：当且仅当 $y_p = 0$ 时，目标点相对于横向坐标 (y) 为 0，表示成像参考点 y 向坐标为 0 时，斜距关系方程的简化形式，可用于扫描模式下的成像分析。其斜距关系方程组可表示如下：

$$\begin{cases} R_B^2 = (x_m - x_p)^2 + y_m^2 + z_m^2 \\ \mu_1 = 2(x_m - x_p)v_{x0} + 2y_m v_{y0} + 2z_m v_{z0} \\ \mu_2 = (x_m a_x - x_p a_x + v_{x0}^2) + (y_m a_y + v_{y0}^2) + (z_m a_z + v_{z0}^2) \\ \mu_3 = v_{x0} a_x + v_{y0} a_y + v_{z0} a_z \\ \mu_4 = \frac{1}{4}(a_x^2 + a_y^2 + a_z^2) \end{cases} \quad (2-6)$$

方程④：当且仅当 $x_p = 0$，$y_p = 0$ 时，表示成像参考为坐标原点时，斜距关系方程组的简化形式，可用于聚束模式下的成像分析。其斜距关系方程组可表示如下：

$$\begin{cases} R_B^2 = x_m^2 + y_m^2 + z_m^2 \\ \mu_1 = 2x_m v_{x0} + 2y_m v_{y0} + 2z_m v_{z0} \\ \mu_2 = (x_m a_x + v_{x0}^2) + (y_m a_y + v_{y0}^2) + (z_m a_z + v_{z0}^2) \\ \mu_3 = v_{x0} a_x + v_{y0} a_y + v_{z0} a_z \\ \mu_4 = \frac{1}{4}(a_x^2 + a_y^2 + a_z^2) \end{cases} \quad (2-7)$$

方程⑤：当且仅当 $v_{y0} = 0$ 时，表示有横向 (y) 加速度的横向偏移俯冲运动，且横向偏移初始速度为 0，横向偏移也是一种匀加速运动，属于一种俯冲伴有侧滑的机动运动。令 $y_p = 0$，可简化斜距关系方程组，表示如下：

$$\begin{cases} R_B^2 = (x_m - x_p)^2 + y_m^2 + z_m^2 \\ \mu_1 = 2(x_m - x_p)v_{x0} + 2z_m v_{z0} \\ \mu_2 = (x_m a_x - x_p a_x + v_{x0}^2) + y_m a_y + (z_m a_z + v_{z0}^2) \\ \mu_3 = v_{x0} a_x + v_{z0} a_z \\ \mu_4 = \frac{1}{4}(a_x^2 + a_y^2 + a_z^2) \end{cases} \quad (2-8)$$

方程⑥：当且仅当 $v_{y0} = 0$，$a_y = 0$ 时，属于无横向 (y) 偏移的俯冲运动。令 $y_p = 0$，可简化斜距关系方程组，表示如下：

$$\begin{cases} R_B^2 = (x_m - x_p)^2 + y_m^2 + z_m^2 \\ \mu_1 = 2(x_m - x_p)v_{x0} + 2z_m v_{z0} \\ \mu_2 = (x_m a_x - x_p a_x + v_{x0}^2) + (z_m a_z + v_{z0}^2) \\ \mu_3 = v_{x0} a_x + v_{z0} a_z \\ \mu_4 = \frac{1}{4}(a_x^2 + a_z^2) \end{cases} \quad (2-9)$$

方程⑦：当且仅当 $y_m = 0$，$x_p = 0$ 时，表示条带模式下的俯冲运动，与文献[1]分数阶傅里叶变换中的弹载平台俯冲运动一样，其斜距关系方程组可表示如下：

$$\begin{cases} R_B^2 = x_m^2 + y_p^2 + z_m^2 \\ \mu_1 = 2x_m v_{x0} - 2y_p v_{y0} + 2z_m v_{z0} \\ \mu_2 = (x_m a_x + v_{x0}^2) + (-y_p a_y + v_{y0}^2) + (z_m a_z + v_{z0}^2) \\ \mu_3 = v_{x0} a_x + v_{y0} a_y + v_{z0} a_z \\ \mu_4 = \frac{1}{4}(a_x^2 + a_y^2 + a_z^2) \end{cases} \quad (2-10)$$

方程⑧：当且仅当 $y_m = 0$ 时,属于最常见的俯冲运动模型,斜距关系方程组可表示如下：

$$\begin{cases} R_B^2 = (x_m - x_p)^2 + y_p^2 + z_m^2 \\ \mu_1 = 2(x_m - x_p)v_{x0} - 2y_p v_{y0} + 2z_m v_{z0} \\ \mu_2 = (x_m a_x - x_p a_x + v_{x0}^2) + (-y_p a_y + v_{y0}^2) + (z_m a_z + v_{z0}^2) \\ \mu_3 = v_{x0} a_x + v_{y0} a_y + v_{z0} a_z \\ \mu_4 = \frac{1}{4}(a_x^2 + a_y^2 + a_z^2) \end{cases} \qquad (2-11)$$

方程⑨：当且仅当 $v_{y0} = 0, a_y = 0, v_{z0} = 0, a_z = 0$ 时,属于沿航向匀加速运动,也就是沿方位向的直线平飞非匀速运动。令 $y_p = 0$,可简化斜距关系方程组,表示如下：

$$\begin{cases} R_B^2 = (x_m - x_p)^2 + y_m^2 + z_m^2 \\ \mu_1 = 2(x_m - x_p)v_{x0} \\ \mu_2 = x_m a_x - x_p a_x + v_{x0}^2 \\ \mu_3 = v_{x0} a_x \\ \mu_4 = \frac{1}{4}a_x^2 \end{cases} \qquad (2-12)$$

方程⑩：当且仅当 $x_m = 0, y_m = 0, a_x = 0, v_{y0} = 0, a_y = 0, v_{z0} = 0, a_z = 0$ 时,属于传统的匀速直线平飞运动,其斜距关系方程组可表示如下：

$$\begin{cases} R_B^2 = x_p^2 + y_p^2 + z_m^2 \\ \mu_1 = -2x_p v_{x0} \\ \mu_2 = v_{x0}^2 \\ \mu_3 = 0 \\ \mu_4 = 0 \end{cases} \qquad (2-13)$$

方程⑪：在数据录取坐标系中,为了简化还通常令 $x_p = 0$,结合方程⑩中的条件,即 $x_m = 0, y_m = 0, a_x = 0, v_{y0} = 0, a_y = 0, v_{z0} = 0, a_z = 0$,得到了形式最简单的斜距关系方程组,传统 SAR 成像中应用最多且最方便的一种形式。其斜距关系方程组可表示如下：

$$\begin{cases} R_B^2 = y_p^2 + z_m^2 \\ \mu_1 = 0 \\ \mu_2 = v_{x0}^2 \\ \mu_3 = 0 \\ \mu_4 = 0 \end{cases} \qquad (2-14)$$

方程⑫：当考虑成像区域的空间三维位置时(即 $z_p \neq 0$),可以得到信息更为完整的三维匀加速运动,斜距关系方程组可表示如下：

$$\begin{cases} R_B^2 = (x_m - x_p)^2 + (y_m - y_p)^2 + (z_m - z_p)^2 \\ \mu_1 = 2(x_m - x_p)v_{x0} + 2(y_m - y_p)v_{y0} + 2(z_m - z_p)v_{z0} \\ \mu_2 = (x_m a_x - x_p a_x + v_{x0}^2) + (y_m a_y - y_p a_y + v_{y0}^2) + (z_m a_z - z_p a_z + v_{z0}^2) \\ \mu_3 = v_{x0} a_x + v_{y0} a_y + v_{z0} a_z \\ \mu_4 = \frac{1}{4}(a_x^2 + a_y^2 + a_z^2) \end{cases} \qquad (2-15)$$

上述方程①～方程⑫,基于空间三维坐标系,给出了不同运动状态下,无人机载机动 SAR

成像的不同运动方程。其中,方程①给出了不考虑目标高度信息的三维匀加速运动模型下的无人机载机动 SAR 二维成像方程;方程②～方程④是在三维匀加速运动模型下,通过参考点的改变,对无人机载机动 SAR 二维成像方程做出的简化;方程⑤～方程⑧是几种常见的俯冲运动模型,其中方程⑤是俯冲伴随侧滑的机动运动,方程⑥是无横向偏移的俯冲运动,方程⑦是条带成像模式下的俯冲运动,也是弹载平台常用的俯冲运动模型,方程⑧则是最常见的存在三维加速度的俯冲运动模型;方程⑨是一种匀加速直线平飞运动模型;方程⑩和方程⑪则是传统的匀速直线平飞运动模型,其中方程⑪经过合理的设定,是对方程⑩的简化,与传统的数据录取坐标系和零多普勒坐标系相对应;方程⑫则是针对成像区域的三维空间目标进行描述的,三维匀加速运动模型,属于成像信息较为完整的三维匀加速运动模型。

从方程①～方程⑫中可以看出:不同的运动条件限制,会有不同的运动方程形式,且平台或目标点坐标存在 0 值时,会使方程简化。结合式(2-3)和式(2-4)还可以看出:R_B^2 主要体现的是无人机平台与目标的初始位置关系;根式下时间一次项调制系数 μ_1 中包含无人机平台的初始位置信息、目标点的坐标信息,以及平台的初始速度信息,不包含加速度信息,主要体现的是初始速度对平台和目标点相对位置关系的影响;根式下时间二次项调制系数 μ_2 中包含了无人机平台的初始位置信息、目标点的坐标信息,以及平台的初始速度信息、加速度信息,主要体现的是加速度对两者相对位置关系的影响,以及初始速度二次项随方位采样时间的影响,包含了所有运动和坐标信息;根式下时间三次项调制系数 μ_3 中包含了无人机平台初始速度和加速度信息,主要体现的是加速度、初始速度对三次慢时间项的影响,与平台初始位置和目标点坐标无关;根式下时间四次项调制系数 μ_4 中包含加速度项,主要体现的是加速度二次项,随慢时间四次方变化的影响,与平台初始位置、初始坐标以及目标坐标无关。

2.2　无人机载机动 SAR 成像斜距方程

2.1 节分析的无人机载机动 SAR 成像几何,基本上描述了无人机机动运动的各种状态,其斜距方程以根号式和参量关系方程组的形式给出。但这种形式的斜距方程难以用于无人机载机动 SAR 成像的相位分析,还需要去除根号形式,利用泰勒级数对斜距方程近似展开。针对无人机载机动 SAR 成像,将斜距方程 $R(t_a)$ 关于 t_a 泰勒级数展开,取三阶高次项,即可满足通用型无人机装备的 SAR 成像要求。其斜距方程可表示如下:

$$R(t_a)=\sqrt{R_B^2+\mu_1 t_a+\mu_2 t_a^2+\mu_3 t_a^3+\mu_4 t_a^4}\approx R_B+k_1 t_a+k_2 t_a^2+k_3 t_a^3 \quad (2-16)$$

其中,k_1、k_2、k_3 可表示如下:

$$\begin{cases} k_1=\dfrac{\mu_1}{2R_B} \\[3mm] k_2=\dfrac{\mu_2}{2R_B}-\dfrac{\mu_1^2}{8R_B^3} \\[3mm] k_3=\dfrac{\mu_3}{2R_B}-\dfrac{\mu_1\mu_2}{4R_B^3}+\dfrac{\mu_1^3}{16R_B^5} \end{cases} \quad (2-17)$$

在泰勒级数展开的系数方程组中:

R_B 是常数项,与 R_B^2 一样,主要体现的是平台与目标的初始位置关系;斜距一次项系数 k_1 包含 μ_1 项,体现了初始速度随时间的线性变化;斜距二次项系数 k_2 包含 μ_1 和 μ_2 项,主要体现的是它们二者随时间的二次变化;斜距三次项系数 k_3 包含 μ_1、μ_2 和 μ_3 项,体现了三者随时间的三次项高阶运动。同时,在三阶泰勒级数展开中,不存在 μ_4 项。

考虑 μ_1、μ_2 和 μ_3 项在各系数中的权重:

对于 k_1 而言,只受根式下时间一次项调制系数 μ_1 的影响,不受 μ_2、μ_3 和 μ_4 的影响,主要体现了平台与目标初始的相对位置信息以及平台初始速度信息的一阶线性关系。

对于 k_2 而言,主要受根式下时间一次项调制系数 μ_1 和时间二次项调制系数 μ_2 的影响,体现的是平台与目标点的斜距随时间的二次项调制,其中,μ_2 的影响权重为 $\dfrac{4\mu_2 R_B^2}{4\mu_2 R_B^2 - \mu_1^2}$,$\mu_1$ 的影响权重为 $\dfrac{\mu_1^2}{4\mu_2 R_B^2 - \mu_1^2}$。

对于 k_3 而言,则要受根式下时间一次项调制系数 μ_1、时间二次项调制系数 μ_2 和时间三次项调制系数 μ_3 的影响。其中,μ_1 的影响权重为 $\dfrac{\mu_1^2 - \mu_1}{8\mu_3 R_B^4 - 4\mu_1\mu_2 R_B^2 + \mu_1^3}$,$\mu_2$ 的影响权重为 $\dfrac{-\mu_2}{8\mu_3 R_B^4 - 4\mu_1\mu_2 R_B^2 + \mu_1^3}$,$\mu_3$ 的影响权重为 $\dfrac{8\mu_3 R_B^4}{8\mu_3 R_B^4 - 4\mu_1\mu_2 R_B^2 + \mu_1^3}$。

根据不同的运动模型下的斜距关系方程组可知,不同的运动模型有不同的斜距关系方程组。那么,展开得到的斜距方程各项系数也各不相同,运动参数的影响权重也不一样,进而造成频谱分析的难易程度不同。对传统匀速直线运动而言,采用式(2-14)与式(2-17)相结合的方法进行分析更为简单实用。但对于运动轨迹复杂多变的无人机载机动 SAR 而言,需要将式(2-4)和式(2-17)相结合进行分析。

2.3　本章小结

本章针对在战场对抗环境下,无人机为规避危险、完成任务做出的机动动作,研究轨迹灵活多变的无人机载机动 SAR 成像运动模型。从无人机平台的平飞、爬升、俯冲和盘旋等基础动作出发,利用三维匀加速模型,在三维空间坐标系中,描述了无人机载机动 SAR 的不同运动形式,给出了描述完整的二维成像运动方程、常见的俯冲运动模型以及空间三维目标成像运动方程。为后续无人机载机动 SAR 成像算法的研究、空变性分析和运动误差补偿分析奠定了基础。

参考文献

[1] 陈勇,赵惠昌,陈思,等.基于分数阶傅里叶变换的弹载 SAR 成像算法[J].物理学报,2014,63(11):1-9.

第 3 章 无人机载机动 SAR 成像 目标区域获取方法

对于无人机平台而言,任何的湍流、振动和控制误差,都会使 SAR 受到不必要的运动的影响,从而造成运动误差[1]。同时,由于载荷受限,小型无人机平台不能安装精度更高的稳定平台、惯导和定位系统[2]。这些限制条件都会造成无人机载 SAR 成像区域不稳定。无人机载机动 SAR 灵活多变的运动轨迹,更会增加这种不稳定性。不稳定的成像区域,使得无人机载机动 SAR 成像的目标区域获取更加困难。

本章针对无人机载机动 SAR 轨迹多变、成像区域不稳定的问题,研究无人机载机动 SAR 成像的目标区域获取方法。首先,设定了理想目标区域回波模型。然后,利用广义阵列描述实际中的机动回波信号,进而实现机动 SAR 回波信号向理想目标区域回波的映射,实现了无人机载 SAR 机动成像中有效目标区域的获取。最后,通过仿真实验验证了所提方法的有效性,为后续无人机载机动 SAR 成像研究奠定基础。

3.1 无人机载机动 SAR 不稳定成像模型

图 3-1 和图 3-2 分别表示了条带模式下和聚束模式下,无人机载机动 SAR 成像辐射示意图。图中虚线表示理想状态下的波束照射区域,也表示无人机载机动 SAR 成像中的有效目标区域;实线表示无人机载机动 SAR 由于本身机动、湍流扰动和平台振动等因素造成的辐射角度和辐射区域的不稳定性变化。

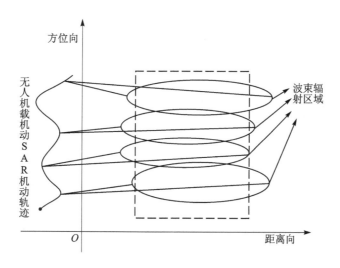

图 3-1 条带模式下机动 SAR 辐射示意图

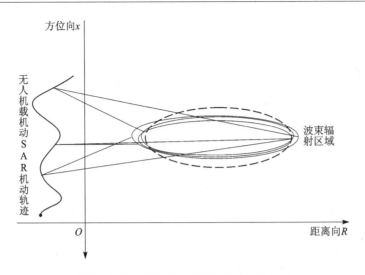

图 3 - 2　聚束模式下机动 SAR 辐射示意图

由图 3-1 和图 3-2 可知,成像中的这种不稳定性变化不利于无人机载机动 SAR 的数据处理,同时也会造成无人机载机动 SAR 成像质量的下降。在下文内容中,将利用广义阵列的形式对回波进行描述,进而得到无人机载机动 SAR 成像有效目标区域的回波。

3.2　无人机载机动 SAR 成像的理想目标区域回波标准化

3.1 节对无人机载机动 SAR 成像不稳定性做了介绍,指出这种不稳定性会造成回波数据表示的不一致性,也就是不同方位向采样点采样得到的同一目标区域、同一地距范围的回波数据量是不相等的。为了更好地进行成像中的目标区域分析,需要对这种不稳定性进行校正。针对成像的不稳定性问题,本节将对无人机载机动 SAR 成像的回波数据进行标准化截取,使其维持在有效目标区域内。

3.2.1　标准模型描述

机动 SAR 运动轨迹较为复杂,雷达波束对地面的照射区域也不稳定。因此,需要根据目标区域设定机动 SAR 的成像范围。该成像范围应该始终维持在有效目标区域内,以聚束模式为例,即成像范围保持在虚线区域内(见图 3-2)。

定义　传统的匀速直线航迹上,方位向采样点到成像区域近端边界、成像区域远端边界的斜距离分别是 r_{n_0} 和 r_{f_0},对应的时间延迟为 $t_{n_0} = \dfrac{2r_{n_0}}{c}$ 和 $t_{f_0} = \dfrac{2r_{f_0}}{c}$。设定距离向采样率为 F_r,那么传统匀速直线运动模型在每个方位向采样点上的采样点数为 $N_{z_0} = [t_{f_0}F_r] - [t_{n_0}F_r] + 1$,其中 $[\cdot]$ 表示取整函数。因为成像区域近端边界和成像区域远端边界为不同的点,所以 $N_{z_0} \geqslant 2$。那么传统匀速直线运动成像的时间延迟间隔为 $\Delta t_{n_0} = \dfrac{t_{f_0} - t_{n_0}}{N_{z_0}}$。

于是,匀速直线运动模型的时间延迟阵可表示如下:

$$\tau_0 = \begin{bmatrix} t_{n_0} & t_{n_0}+\Delta t_{n_0} & \cdots & t_{n_0}+(k-1)\Delta t_{n_0} & \cdots & t_{f_0} \\ t_{n_0} & t_{n_0}+\Delta t_{n_0} & \cdots & t_{n_0}+(k-1)\Delta t_{n_0} & \cdots & t_{f_0} \\ \vdots & \vdots & & \vdots & & \vdots \\ t_{n_0} & t_{n_0}+\Delta t_{n_0} & \cdots & t_{n_0}+(k-1)\Delta t_{n_0} & \cdots & t_{f_0} \end{bmatrix}_{M \times N_{Z_0}} \qquad (3-1)$$

其中，$k \in [1,2,3,\cdots,N_{Z_0}-1]$。在成像区域内的等效距离矩阵 $R_{n_0} = \dfrac{c\tau_0}{2}$，则

$$R_{n_0} = \frac{c}{2}\begin{bmatrix} t_{n_0} & t_{n_0}+\Delta t_{n_0} & \cdots & t_{n_0}+(k-1)\Delta t_{n_0} & \cdots & t_{f_0} \\ t_{n_0} & t_{n_0}+\Delta t_{n_0} & \cdots & t_{n_0}+(k-1)\Delta t_{n_0} & \cdots & t_{f_0} \\ \vdots & \vdots & & \vdots & & \vdots \\ t_{n_0} & t_{n_0}+\Delta t_{n_0} & \cdots & t_{n_0}+(k-1)\Delta t_{n_0} & \cdots & t_{f_0} \end{bmatrix}_{M \times N_{Z_0}} \qquad (3-2a)$$

$$R_{n_0} = \begin{bmatrix} r_{n_0} & r_{n_0}+\dfrac{c}{2}\Delta t_{n_0} & \cdots & r_{n_0}+(k-1)\dfrac{c}{2}\Delta t_{n_0} & \cdots & r_{f_0} \\ r_{n_0} & r_{n_0}+\dfrac{c}{2}\Delta t_{n_0} & \cdots & r_{n_0}+(k-1)\dfrac{c}{2}\Delta t_{n_0} & \cdots & r_{f_0} \\ \vdots & \vdots & & \vdots & & \vdots \\ r_{n_0} & r_{n_0}+\dfrac{c}{2}\Delta t_{n_0} & \cdots & r_{n_0}+(k-1)\dfrac{c}{2}\Delta t_{n_0} & \cdots & r_{f_0} \end{bmatrix}_{M \times N_{Z_0}} \qquad (3-2b)$$

将传统匀速直线运动模型定义为标准模型。计算标准模型的时间延迟矩阵和距离矩阵是为了确定成像中有效目标区域的像素点位置信息，以便在机动 SAR 回波中找到其相应的回波信息。

3.2.2　机动 SAR 回波截取

由于无人机载机动 SAR 运动的复杂性，使得其在有效目标区域内距离向扫描时得到的回波宽度并不一致，如图 3-1 和图 3-2 波束覆盖区域描述的一样。要实现对有效目标区域的合成孔径成像，首先要约束机动 SAR 的回波，也就是确定目标区域的回波范围。因此，需要对无人机载机动 SAR 回波进行截取。

定义　每个方位向采样点上的回波接收时长相同，均为 t_z，距离向采样率为 F_r，那么每个方位向采样点上的采样点数为 $N_z = \lceil t_z \times F_r \rceil$，其中，$\lceil \cdot \rceil$ 运算符表示向上取整函数。设实际回波中，每个方位向点成像区域近端、成像区域远端边界（有效目标区域内成像区域近端、成像区域远端边界）的时间延迟分别是 t_{n_m} 和 t_{f_m}，那么回波的有效采样点范围为 $[N_{n_m}:N_{f_m}]$，其中，$N_{n_m} = \lceil t_{n_m} \times F_r \rceil$，$N_{f_m} = \lceil t_{f_m} \times F_r \rceil$，$m$ 表示方位向第 m 个采样点，$1 \leqslant m \leqslant M$，$m$ 为整数，M 表示方位向采样点数。于是，可以构建截取矩阵 $J_{M \times N_Z}$，其中矩阵元素如下：

$$j_{mn} = \begin{cases} 1, & N_{n_m} \leqslant n \leqslant N_{f_m} \\ 0, & \text{其他} \end{cases} \qquad (3-3)$$

截取矩阵在运动过程中就可以计算，不占用后续的处理时间。利用回波矩阵与截取矩阵的点乘就可以得到成像目标区域的回波。

3.2.3 标准回波转化

因为在实际回波中,航迹上采样点到成像区域近端边界与成像区域远端边界的斜距离差值并不一致,然而,它们却对应相同的地面目标区域范围。也就是说,不同的斜距长度(不同的采样点数)对应相同的区域。其在斜距离上的分辨率是一致的,由雷达带宽决定,然而对应到地距范围的目标区域则是不一致的,相应的回波,每个航迹位置上的采样点数也不一致,造成图像散焦。为了解决目标区域的成像问题,还需要将这种不一致的机动 SAR 回波转化成标准模型下宽度相同的回波形式。下面将用广义阵列的方式描述不一致的回波。

3.3 基于广义阵列的无人机载机动 SAR 回波信号描述

3.3.1 广义阵列

为了更方便地描述这种每行元素数不一样的回波矩阵,本小节展示一种"广义阵列"的概念。

广义阵列模型形式如下:

$$
X = \begin{bmatrix} x_{11} & x_{12} & \cdots & x_{1k_1} \\ x_{21} & x_{22} & \cdots & x_{2k_2} \\ \vdots & \vdots & & \vdots \\ x_{n1} & x_{n2} & \cdots & x_{nk_n} \end{bmatrix} \quad 或 \quad X = \begin{bmatrix} x_{11} & x_{12} & \cdots & x_{1n} \\ x_{21} & x_{22} & \cdots & x_{2n} \\ \vdots & \vdots & & \vdots \\ x_{k_11} & x_{k_22} & \cdots & x_{k_nn} \end{bmatrix} \tag{3-4}
$$

其中,元素 x_{ij_i}(或 x_{j_ii})满足,$i \in [1,2,3,\cdots,n]$,$j_i \in [1,2,3,\cdots,k_i]$,$k_i \geqslant 1$,且为整数。广义阵列与矩阵不同,其行(或列)的长度并不一致。下面给出广义阵列的几种运算。

定义 1 广义阵列与常数的加减法:

$$
X \pm a = [x_{ij_i} \pm a \tag{3-5}
$$

其中,$a \in C$ 表示任意常数,即广义阵列与常数的加(减)法等于该阵列每一个元素与该常数相加(减)。

定义 2 广义阵列与向量的加减法:

$$
X \pm B_n = \begin{bmatrix} x_{1j_1} \pm b_1 \\ \vdots \\ x_{ij_i} \pm b_i \\ \vdots \\ x_{nj_n} \pm b_n \end{bmatrix} \tag{3-6}
$$

其中,$B_n = [b_1 \quad \cdots \quad b_i \quad \cdots \quad b_n]^T$,$[\cdot]^T$ 表示转置运算,即广义阵列与同维向量相加(减)等于该阵列中相应行(列)的每一个元素都与对应的向量元素相加(减)。

定义 3 广义阵列与常数的乘法:

$$
X \times a = [x_{ij}a \tag{3-7}
$$

其中,$a \in C$ 表示任意常数,即广义阵列与常数的乘法等于该阵列每一个元素与该常数相乘。

定义 4 广义阵列与向量的乘法:

$$X \times B_n = \begin{bmatrix} x_{1j_1} b_1 \\ \vdots \\ x_{ij_i} b_i \\ \vdots \\ x_{nj_n} b_n \end{bmatrix} \tag{3-8}$$

其中，$B_n = \begin{bmatrix} b_1 & \cdots & b_i & \cdots & b_n \end{bmatrix}^T$，即广义阵列与同维向量相乘等于该阵列中相应行(列)的每一个元素都与对应的向量元素相乘。

定义 5 广义阵列的复合运算：

$$f(X) = \begin{bmatrix} f(x_{1j_1}) \\ \vdots \\ f(x_{ij_i}) \\ \vdots \\ f(x_{nj_n}) \end{bmatrix} \tag{3-9}$$

即对广义阵列做复合运算等效于对其每一个元素做复合运算。

定义 6 同型广义阵列的点乘：

$$X_1 \cdot * X_2 = X_1(i,j_i) X_2(i,j_i) \tag{3-10}$$

即同型广义阵列的点乘运算等于对应元素相乘。

要实现无人机载机动 SAR 成像有效目标区域的回波获取，就是使广义阵列下的机动回波信号向理想目标区域回波(定义：无人机载机动 SAR 成像中需要的目标区域为理想目标区域)映射。下面介绍映射的具体过程。

3.3.2 基于广义阵列的无人机载机动 SAR 回波描述

记 r_{n_m} 表示第 m 个方位点上的雷达平台到成像区域近端边界的斜距，r_{f_m} 表示第 m 个方位点上的雷达平台到成像区域远端边界的斜距，对应的时间延迟分别是 t_{n_m} 和 t_{f_m}，其中，$t_{n_m} = \dfrac{2r_{n_m}}{c}$，$t_{f_m} = \dfrac{2r_{f_m}}{c}$，$c$ 表示光速。对应的采样点数 $k_m = N_{f_m} - N_{n_m} + 1$，因为成像区域近端边界和成像区域远端边界为不同的点，所以 $k_m \geqslant 2$，那么地面成像区域的采样时间间隔 $\Delta t_m = \dfrac{t_{f_m} - t_{n_m}}{k_m - 1}$。

在实际回波中，方位向上目标区域近端边界到远端边界的时间延迟广义阵列为

$$T_M = \begin{bmatrix} t_{11} & t_{12} & \cdots & t_{1i_1} & \cdots & t_{1k_1} \\ t_{21} & t_{22} & \cdots & t_{2i_2} & \cdots & t_{2k_2} \\ \vdots & \vdots & & \vdots & & \vdots \\ t_{m1} & t_{m2} & \cdots & t_{mi_m} & \cdots & t_{mk_m} \\ \vdots & \vdots & & \vdots & & \vdots \\ t_{M1} & t_{M2} & \cdots & t_{Mi_M} & \cdots & t_{Mk_M} \end{bmatrix} \tag{3-11a}$$

$$T_M = \begin{bmatrix} t_{n_1} & t_{n_1} + \dfrac{t_{f_1} - t_{n_1}}{k_1 - 1} & \cdots & t_{n_1} + \dfrac{t_{f_1} - t_{n_1}}{k_1 - 1} i_1 & \cdots & t_{f_1} \\[3mm] t_{n_2} & t_{n_2} + \dfrac{t_{f_2} - t_{n_2}}{k_2 - 1} & \cdots & t_{n_2} + \dfrac{t_{f_2} - t_{n_2}}{k_2 - 1} i_2 & \cdots & t_{f_2} \\[2mm] \vdots & \vdots & & \vdots & & \vdots \\[2mm] t_{n_m} & t_{n_m} + \dfrac{t_{f_m} - t_{n_m}}{k_m - 1} & \cdots & t_{n_m} + \dfrac{t_{f_m} - t_{n_m}}{k_m - 1} i_m & \cdots & t_{f_m} \\[2mm] \vdots & \vdots & & \vdots & & \vdots \\[2mm] t_{n_M} & t_{n_M} + \dfrac{t_{f_M} - t_{n_M}}{k_M - 1} & \cdots & t_{n_M} + \dfrac{t_{f_M} - t_{n_M}}{k_M - 1} i_M & \cdots & t_{f_M} \end{bmatrix} \tag{3-11b}$$

其中，任意元素 $t_{mi_m} = t_{n_m} + \dfrac{t_{f_m} - t_{n_m}}{k_m - 1} i_m$，$0 \leqslant i_m \leqslant k_m - 1$，$i_m$ 为整数。

根据上述对运算的定义，可以将 T_M 简化表示，首先构建广义阵列初始模型 T_{M_0}，即

$$T_{M_0} = \begin{bmatrix} 0 & 1 & \cdots & k_1 - 1 \\ \vdots & \vdots & \vdots & \vdots \\ 0 & 1 & \cdots & k_m - 1 \\ \vdots & \vdots & \vdots & \vdots \\ 0 & 1 & \cdots & k_M - 1 \end{bmatrix} \tag{3-12}$$

然后，构建初始向量

$$t_n = \begin{bmatrix} t_{n_1} & \cdots & t_{n_m} & \cdots & t_{n_M} \end{bmatrix}^T$$

再次，构建增益向量

$$\Delta t = \begin{bmatrix} \Delta t_1 & \cdots & \Delta t_m & \cdots & \Delta t_M \end{bmatrix}^T$$

则有

$$T_M = T_{M_0} \times \Delta t + t_n \tag{3-13}$$

3.3.3　理想目标区域回波时延的描述

要实现对无人机载机动 SAR 成像复杂机动下目标区域的获取，还需要确定机动变化中采样点在理想目标区域中对应的位置，从而实现机动回波信号向理想目标区域回波的映射。设在方位向上，雷达平台到理想目标区域近端和远端边界的斜距离分别是 r_{n_0} 和 r_{f_0}。对应的时间延迟为 $t_{n_0} = \dfrac{2r_{n_0}}{c}$ 和 $t_{f_0} = \dfrac{2r_{f_0}}{c}$。第 m 个方位向采样点上的采样点数与实际的回波采样保持一致，为 k_m，那么在无偏离航迹下，地面成像区域的距离采样时间间隔 $\Delta t_{m_0} = \dfrac{t_{f_0} - t_{n_0}}{k_m - 1}$，对应的增益向量 $\Delta t_0 = \begin{bmatrix} \Delta t_{1_0} & \cdots & \Delta t_{m_0} & \cdots & \Delta t_{M_0} \end{bmatrix}^T$。

于是，理想目标区域回波延迟的广义阵列可表示为

$$\boldsymbol{T}_0 = \boldsymbol{T}_{M_0} \times \Delta t_0 + \boldsymbol{t}_{n_0} \tag{3-14}$$

于是,实际回波与理想目标区域回波的距离广义阵列可用广义阵列的数乘表示,分别为 $R_M = \dfrac{cT_M}{2}$ 和 $R_0 = \dfrac{cT_0}{2}$。

3.3.4　理想目标区域标准回波映射阵列

根据对实际回波时延和理想目标区域回波时延的计算,可知两者的时延差值为

$$\Delta T = T_M - T_0 \tag{3-15a}$$

$$\Delta T = T_{M_0} \times (\Delta t - \Delta t_0) + (t_n - t_{n_0}) \tag{3-15b}$$

回波方程如下:

$$s(t,\eta) = A(\eta) \exp\{-\mathrm{j}4\pi f_0 \tau(\eta)\} \exp\{\mathrm{j}\pi K_r [t - \tau(\eta)]^2\} \tag{3-16}$$

因为实际回波与理想目标区域回波的每一个采样点所对应的目标一样,所以本小节认为幅度函数 $A(\eta)$ 是一致的。那么,实际回波与理想目标区域回波之间可以通过时延差值 ΔT 补偿完成映射。计算 $\tau(\eta)$ 和 $\tau(\eta) + \Delta\tau$ 两种情况下回波的相位变化差值。记

$$s'(t,\eta) = A(\eta) \exp\{-\mathrm{j}4\pi f_0 \tau'(\eta)\} \exp\{\mathrm{j}\pi K_r [t' - \tau'(\eta)]^2\} \tag{3-17}$$

则

$$
\begin{aligned}
\varphi(\Delta s(t,\eta)) &= \varphi(s'(t,\eta)) - \varphi(s(t,\eta)) = \\
&\quad -\mathrm{j}4\pi f_0 \Delta\tau + \mathrm{j}\pi K_r [(t' - \tau'(\eta))^2 - (t - \tau(\eta))^2]
\end{aligned}
\tag{3-18}
$$

那么,相位补偿函数可记为

$$\Delta s(t,\eta) = \exp\{-\mathrm{j}4\pi f_0 \Delta\tau\} \exp\{\mathrm{j}\pi K_r [(t' - \tau'(\eta))^2 - (t - \tau(\eta))^2]\} \tag{3-19}$$

对于实际回波和映射矩阵而言,$\Delta\tau$ 对应 ΔT 中的元素,t' 对应 T_M,t 对应 T_0,$\tau'(\eta)$ 对应 T_M 中的某一个元素,$\tau(\eta)$ 对应 T_0 中的某一个元素。那么,相位补偿矩阵也应该是广义阵列 $\Delta\boldsymbol{S}$。对于 $\Delta\boldsymbol{S}$ 而言,其每一个位置上的值应该是所有像素点在该位置上的回波和。对于 $\Delta\boldsymbol{S}$ 中的每一个元素 Δs_{ij_i} 而言,t' 对应 T_M 中的元素 $t_M(i,j_i)$,t 对应 T_0 中的元素 $t_0(i,j_i)$,Δs_{ij_i} 就是相位补偿函数对第 i 所有点时延差的相位求和。

$$\Delta s_{ij_i} = \sum_{j_k=1}^{k_i} \exp\{-\mathrm{j}4\pi f_0 \Delta T(i,j_k)\} \exp\{\mathrm{j}\pi K_r [(T_M(i,j_i) - T_M(i,j_k))^2 - (T_0(i,j_i) - T_0(i,j_k))^2]\}$$

$$\tag{3-20}$$

记实际回波阵为 sig_{ac},根据广义阵列运算定义 6 同型广义阵列点乘,可以得到映射回波阵 sig_{di},表示为

$$\mathrm{sig}_{di} = \mathrm{sig}_{ac} \cdot \ast \Delta\boldsymbol{S} \tag{3-21}$$

3.4　基于广义阵列的无人机载机动
SAR 成像目标区域回波获取

要实现无人机载机动 SAR 成像目标区域回波的获取,就需要根据 3.2.1 小节确定有效目标区域的回波在机动 SAR 回波中的位置。

计算理想目标区域中映射回波每一条距离线的等效采样率：

$$F_{r,e} = \left[\frac{k_1}{t_{f_0} - t_{n_0}}, \frac{k_2}{t_{f_0} - t_{n_0}}, \cdots, \frac{k_M}{t_{f_0} - t_{n_0}} \right]^{T}$$ （3 - 22）

对等效采样率进行重构，使其变成能够与标准时延阵 τ_0 相乘的阵列，即对角化：

$$F_{r,e} = \begin{bmatrix} \dfrac{k_1}{t_{f_0} - t_{n_0}} & 0 & 0 & 0 \\ 0 & \dfrac{k_2}{t_{f_0} - t_{n_0}} & 0 & 0 \\ \vdots & \vdots & & 0 \\ 0 & 0 & 0 & \dfrac{k_M}{t_{f_0} - t_{n_0}} \end{bmatrix}_{M \times M}$$ （3 - 23）

根据目标区域近端边界和远端边界的设定原则可知，等效采样率中的元素始终满足 $t_{f_0} - t_{n_0} > 0$。

理想目标区域回波像素点位置的表征广义阵列为

$$P_{M_0} = \begin{bmatrix} 1 & 2 & \cdots & k_1 \\ \vdots & \vdots & & \vdots \\ 1 & 2 & \cdots & k_m \\ \vdots & \vdots & & \vdots \\ 1 & 2 & \cdots & k_M \end{bmatrix}$$ （3 - 24）

于是，标准时延阵 τ_0 对应的位置信息可以用映射回波的采样率与时间延迟相乘得到的采样点数表示，即 $p_\tau(m,i) = \tau_0(m,i) f_{r,e}(m,i)$，其中，$\tau_0(m,i)$ 表示时延矩阵 τ_0 的第 m 行、第 i 个元素，$f_{r,e}(m,i)$ 表示等效采样率 $F_{r,e}$ 中第 m 行的等效采样率，$p_\tau(m,i)$ 则表示标准时延在映射回波中的位置。那么，计算结果如下：

$$P_\tau = (\tau_0^{T} F_{r,e})^{T} = \begin{bmatrix} \dfrac{t_{n_0} k_1}{t_{f_1} - t_{n_1}} & \dfrac{(t_{n_0} + \Delta t_{n_0}) k_1}{t_{f_1} - t_{n_1}} & \cdots & \dfrac{(t_{n_0} + (k-1)\Delta t_{n_0}) k_1}{t_{f_1} - t_{n_1}} & \cdots & \dfrac{t_{f_0} k_1}{t_{f_1} - t_{n_1}} \\ \dfrac{t_{n_0} k_2}{t_{f_2} - t_{n_2}} & \dfrac{(t_{n_0} + \Delta t_{n_0}) k_2}{t_{f_2} - t_{n_2}} & \cdots & \dfrac{(t_{n_0} + (k-1)\Delta t_{n_0}) k_2}{t_{f_2} - t_{n_2}} & \cdots & \dfrac{t_{f_0} k_2}{t_{f_2} - t_{n_2}} \\ \vdots & \vdots & & \vdots & & \vdots \\ \dfrac{t_{n_0} k_M}{t_{f_M} - t_{n_M}} & \dfrac{(t_{n_0} + \Delta t_{n_0}) k_M}{t_{f_M} - t_{n_M}} & \cdots & \dfrac{(t_{n_0} + (k-1)\Delta t_{n_0}) k_M}{t_{f_M} - t_{n_M}} & \cdots & \dfrac{t_{f_M} k_M}{t_{f_M} - t_{n_M}} \end{bmatrix}_{M \times N_{Z_0}}$$
（3 - 25）

根据上述运算，$p_\tau(m,i)$ 还不是整数，且每行第一个元素对应的位置也不为 1，因此，并不能用于理想目标区域回波的取值运算。为满足上述条件，需要对 $p_\tau(m,i)$ 进行取整运算，同时需要减去差值矩阵，保证每行首元素为 1，即保证元素起始位置为 1，从而可以按顺序定义采样点位置，进而可以实现取值运算。

首先进行取整运算，位置矩阵 P_τ 可表示如下：

$$\boldsymbol{P}_\tau = [p_\tau(m,i)] =$$

$$\begin{bmatrix} \left[\dfrac{t_{n_0}k_1}{t_{f_1}-t_{n_1}}\right] & \left[\dfrac{(t_{n_0}+\Delta t_{n_0})k_1}{t_{f_1}-t_{n_1}}\right] & \cdots & \left[\dfrac{(t_{n_0}+(k-1)\Delta t_{n_0})k_1}{t_{f_1}-t_{n_1}}\right] & \cdots & \left[\dfrac{t_{f_0}k_1}{t_{f_1}-t_{n_1}}\right] \\[2mm] \left[\dfrac{t_{n_0}k_2}{t_{f_2}-t_{n_2}}\right] & \left[\dfrac{(t_{n_0}+\Delta t_{n_0})k_2}{t_{f_2}-t_{n_2}}\right] & \cdots & \left[\dfrac{(t_{n_0}+(k-1)\Delta t_{n_0})k_2}{t_{f_2}-t_{n_2}}\right] & \cdots & \left[\dfrac{t_{f_0}k_2}{t_{f_2}-t_{n_2}}\right] \\[2mm] \vdots & \vdots & & \vdots & & \vdots \\[2mm] \left[\dfrac{t_{n_0}k_M}{t_{f_M}-t_{n_M}}\right] & \left[\dfrac{(t_{n_0}+\Delta t_{n_0})k_M}{t_{f_M}-t_{n_M}}\right] & \cdots & \left[\dfrac{(t_{n_0}+(k-1)\Delta t_{n_0})k_M}{t_{f_M}-t_{n_M}}\right] & \cdots & \left[\dfrac{t_{f_0}k_M}{t_{f_M}-t_{n_M}}\right] \end{bmatrix}_{M\times N_{Z_0}}$$

$$(3-26)$$

为便于从映射回波阵或者实际回波阵中取值,需要将 $\boldsymbol{P}_\tau$ 变成每行首值为 1 的元素,即取值位置从 1 开始,避开 0 这个无效值。构造取值的差值矩阵 $\Delta \boldsymbol{P}_\tau$:

$$\Delta\boldsymbol{P}_\tau = \begin{bmatrix} \left[\dfrac{t_{n_0}k_1}{t_{f_1}-t_{n_1}}\right]-1 & \left[\dfrac{t_{n_0}k_1}{t_{f_1}-t_{n_1}}\right]-1 & \cdots & \left[\dfrac{t_{n_0}k_1}{t_{f_1}-t_{n_1}}\right]-1 \\[2mm] \left[\dfrac{t_{n_0}k_2}{t_{f_2}-t_{n_2}}\right]-1 & \left[\dfrac{t_{n_0}k_2}{t_{f_2}-t_{n_2}}\right]-1 & \cdots & \left[\dfrac{t_{n_0}k_2}{t_{f_2}-t_{n_2}}\right]-1 \\[2mm] \vdots & \vdots & & \vdots \\[2mm] \left[\dfrac{t_{n_0}k_M}{t_{f_M}-t_{n_M}}\right]-1 & \left[\dfrac{t_{n_0}k_M}{t_{f_M}-t_{n_M}}\right]-1 & \cdots & \left[\dfrac{t_{n_0}k_M}{t_{f_M}-t_{n_M}}\right]-1 \end{bmatrix}_{M\times N_{Z_0}}$$

$$(3-27)$$

那么,取值矩阵 $\boldsymbol{P}_{\tau,\mathrm{e}}$ 可表示如下:

$$\boldsymbol{P}_{\tau,\mathrm{e}} = \boldsymbol{P}_\tau - \Delta\boldsymbol{P}_\tau \tag{3-28}$$

于是,根据对 $\boldsymbol{P}_{\tau,\mathrm{e}}$ 和映射回波阵的计算,通过取值,可以求得映射后的理想目标区域回波 $\mathrm{sig}_{m,\mathrm{e}}$:

$$\mathrm{sig}_{m,\mathrm{e}}(m,i) = \mathrm{sig}_{\mathrm{di}}(m,P_{\tau,\mathrm{e}}(m,i)) \tag{3-29}$$

式(3-29)表示映射后的理想目标区域回波 $\mathrm{sig}_{m,\mathrm{e}}$ 中第 m 行 i 列的元素,等于映射回波阵 $\mathrm{sig}_{\mathrm{di}}$ 中第 m 行 $P_{\tau,\mathrm{e}}(m,i)$ 列的元素。得到目标区域的回波后,即可进行无人机载机动 SAR 目标区域的成像分析。

3.5　仿真实验验证

仿真条件设定:雷达脉冲宽度为 $T_\mathrm{p}=10~\mu\mathrm{s}$,载频 $f_0=10~\mathrm{GHz}$,脉冲调频率 $K_\mathrm{r}=5\times10^{11}~\mathrm{Hz/s}$,光速 $c=3\times10^8~\mathrm{m/s}$,雷达天线孔径 2 m,雷达初始位置为 $(-10\,000,-120,3\,000)\mathrm{m}$,目标区域左右范围为 $(-1\,000,1\,000)\mathrm{m}$,上下范围为 $(-1\,000,1\,000)\mathrm{m}$,平台三维方向运动速度为 $(-30,40,20)\mathrm{m/s}$。该运动形式属于三维匀速直线运动,属于相对目标区域,存在线性偏离航迹运动的情况。对 3 个点目标进行仿真:$(-150,-50,0)\mathrm{m}$,$(0,0,0)\mathrm{m}$ 和 $(150,50,0)\mathrm{m}$。成像中采用正侧视的模式。根据设定条件,可选择成像区域中心 $(0,0,0)\mathrm{m}$ 作为孔径中心,虚拟航迹在距离向的位置为 $x=-10\,000~\mathrm{m}$,高度向的位置为 $z=3\,000~\mathrm{m}$。根据设定条件,可计算在成像区域内实际回波距离向采样点数变化范围为 136~137 个点,设定的标准模型采样点数为 256 个。无人机平台飞行时间为 6 s。针对仿真中的三维匀速运动,采用线性变标(Chirp

Scaling,CS)算法实现成像分析。仿真结果如图 3-3 和图 3-4 所示。

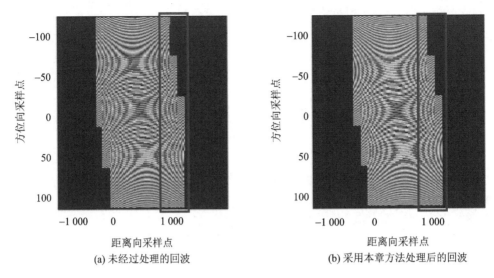

(a) 未经过处理的回波　　　　　　　　　　(b) 采用本章方法处理后的回波

图 3-3　无人机载机动 SAR 目标区域处理获取前后的回波对比

在图 3-3 中,(a)表示存在线性偏离航迹运动下,无人机载机动 SAR 成像的目标区域内,3 个点目标的回波仿真结果,(b)表示经过本章目标区域获取处理的回波结果。从图(a)和(b)中的方框部分可以看出,无人机机动运动会造成 SAR 成像区域的不稳定性,回波宽度一致性较差;经过本章的目标区域回波获取处理,回波表现出较好的一致性和整齐性,从而有助于后续的成像聚焦。

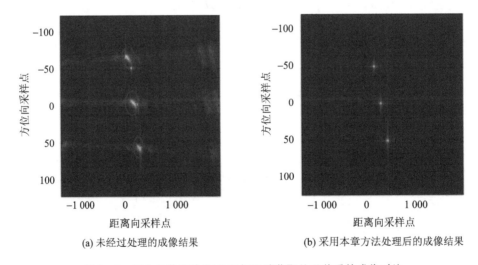

(a) 未经过处理的成像结果　　　　　　　　(b) 采用本章方法处理后的成像结果

图 3-4　无人机载机动 SAR 目标区域获取处理前后的成像对比

在图 3-4 中,(a)表示未经过本章目标区域回波获取处理的无人机载机动 SAR 成像结果,(b)表示经过本章目标区域回波获取处理的无人机载机动 SAR 成像结果。从两幅图的对比可以看出,未经过目标区域回波获取处理时,成像结果中有明显的散焦存在;经过本章的目标区域回波获取处理后,成像结果得到明显改善。

3.6　本章小结

本章针对无人机载机动 SAR 轨迹灵活多变、成像区域不稳定的问题,展示了一种基于广义阵列的无人机载机动 SAR 成像目标区域获取方法,改善了无人机载机动 SAR 成像中目标区域回波宽度的一致性,为后续目标区域的成像分析奠定了基础。首先设定了理想目标区域回波模型;然后利用广义阵列描述实际中的机动回波信号,进而实现机动 SAR 回波信号向理想目标区域回波的映射,实现了无人机载 SAR 机动成像中有效目标区域的获取;最后通过仿真实验验证了所提方法的有效性,为后续无人机载机动 SAR 成像研究奠定了基础。

参考文献

［1］Ahmad Z A，Lim T S，Koo V C，et al. A High Efficiency Gyrostabilizer Antenna Platform for Real-Time UAV Synthetic Aperture Radar（SAR）Motion Error Compensation ［J］. Applied Mechanics and Materials，2019，892：16-22.

［2］Hu Xianyang，Ma Changzheng，Hu Ruizhi，et al. Imaging for Small UAV－Borne FMCW SAR［J］. Sensors，2018，19(1)：15.

第4章 基于运动分离的无人机载机动 SAR 成像算法

本书第2章结合无人机平台的平飞、爬升、俯冲和盘旋等基础动作,对无人机载机动 SAR 的成像几何模型和斜距方程做了详细分析,给出了传统匀速直线运动、直线非匀速运动、三维匀加速运动、常见的俯冲运动等12种运动方程。相比数据录取坐标系和零多普勒坐标系而言,这些基于三维空间坐标系的运动模型,可以详细地描述任意轨迹下无人机载机动 SAR 成像的运动形式。

第3章则针对无人机载机动 SAR 轨迹灵活多变、成像区域不稳定的问题,提出了一种基于广义阵列的无人机载机动 SAR 成像目标区域获取方法,为无人机载机动 SAR 的工程应用和目标区域成像分析提供了理论支撑。

本章则对基于任意轨迹的无人机载机动 SAR 成像模型进行分析,主要研究三维空间坐标系下,任意轨迹无人机载机动 SAR 的成像问题。

4.1 机动 SAR 成像算法分析

机动 SAR 以不同的运动形式偏离理想的匀速直线运动轨迹,从而造成成像的斜距方程展开式更加复杂,带来更为复杂的距离徙动和空变性变化。针对机动 SAR,在数据录取坐标系或者零多普勒坐标系内,通过泰勒展开和高阶级数反演,求出不同模型的二维频谱进行成像分析,然后利用相位滤波实现机动 SAR 的空变性校正,可以实现对目标的成像。但复杂运动下的高阶频谱求解困难,高阶级数反演子项式过多,难以计算。先进行时域距离徙动校正则会忽略方位聚焦深度的问题。波数域算法和极坐标格式算法利用插值实现,增加了运算量,不适合于高速、大机动、成像时间短的大机动平台的实时成像。

为了更好地描述无人机载机动 SAR 的运动情况,本章使用三维空间坐标系建立成像运动方程。这种三维空间坐标系斜距方程为无人机载机动 SAR 成像提供了更加丰富、详细的信息,并且能够适应灵活多变的无人机载 SAR 机动模型。在三维空间坐标系下,实现无人机载机动 SAR 的高效成像,在工程应用上具有十分重要的意义。

4.2 无人机载机动 SAR 斜距方程分析

由 2.1 节可知,方程①和方程⑫分别是三维空间坐标系下,无人机载 SAR 不同机动模型的斜距方程,表征了传统匀速直线运动、直线非匀速运动、三维匀加速运动、常见的俯冲运动等多种运动。这些方程统一于三维匀加速运动。其中,对于二维平面目标点而言,斜距方程表示如下:

$$R(t_a) = \sqrt{(x_r - x_p)^2 + (y_r - y_p)^2 + z_r^2} =$$
$$\sqrt{\left(x_m + v_{x_0}t_a + \frac{1}{2}a_x t_a^2 - x_p\right)^2 + \left(y_m + v_{y_0}t_a + \frac{1}{2}a_y t_a^2 - y_p\right)^2 + \left(z_m + v_{z_0}t_a + \frac{1}{2}a_z t_a^2\right)^2}$$
(4 - 1)

此时，目标点的位置坐标为 $(x_p, y_p, 0)$。对于空间三维点目标，目标点的位置坐标为 (x_p, y_p, z_p)，那么，此时的斜距方程应该为

$$R(t_a) = \sqrt{(x_r - x_p)^2 + (y_r - y_p)^2 + (z_r - z_p)^2} =$$
$$\sqrt{\left(x_m + v_{x_0}t_a + \frac{1}{2}a_x t_a^2 - x_p\right)^2 + \left(y_m + v_{y_0}t_a + \frac{1}{2}a_y t_a^2 - y_p\right)^2 + \left(z_m + v_{z_0}t_a + \frac{1}{2}a_z t_a^2 - z_p\right)^2}$$
(4 - 2)

为了详细地分析不同模式下无人机载机动 SAR 的斜距方程和成像特性，本节选用成像信息较为完整的二维平面 SAR 的斜距方程和空间三维目标的斜距方程为例进行分析。

式(4-1)表示三维匀加速运动模型下，无人机载机动 SAR 二维成像斜距方程。从式(4-1)中可以看出，两个不同方向上的参变量 x 和 y，在斜距方程 $R(t_a)$ 中有相同的表现形式。这个相同的表现形式的物理含义是：当两个不同方向上的参变量 x 和 y 具有相同的数值时，它们在斜距方程 $R(t_a)$ 中的作用是等价的。同样，式(4-2)表示三维匀加速运动模型下，无人机载机动 SAR 对空间三维目标点的成像斜距方程。与式(4-1)相似，式(4-2)的斜距方程中的三个方向 x、y 和 z 的参变量对斜距方程的影响是一样的。

针对这一现象，我们无需定义 x、y 和 z 中的某一个方向为方位向，可以认为斜距方程中占主要成分的某一个方向为理论方位向进行成像分析。本节将 x、y 和 z 三个方向上的变量在斜距方程中表现形式相同的现象，称为三维空间坐标系下斜距方程的"三维同性"特性。这种特性在数据录取坐标系和零多普勒坐标系中是无法体现的，是三维空间坐标系所独有的特征。它给无人机载机动 SAR 成像带来了更加详细、丰富的信息，为无人机载机动 SAR 成像能力的扩展提供了更多的可能。

下面将对三维空间坐标系下，无人机载机动 SAR 成像的斜距方程进行分离分析，为这种模式下的成像做理论铺垫。

4.3　无人机载机动 SAR 斜距方程分离分析

4.3.1　三维空间坐标系下斜距方程的泰勒级数展开

由无人机载机动 SAR 成像的斜距方程式(4-1)和式(4-2)可知，要想实现 SAR 成像，去除根号是相位分析的关键。根据前面 2.2 节的斜距分析可知，通过泰勒级数展开，可以将斜距方程的根式去除。针对无人机载机动 SAR 成像，将斜距方程 $R(t_a)$ 关于 t_a 泰勒级数展开，取三阶高次项，即可满足通用型无人机装备的机动 SAR 成像要求。如下：

$$R(t_a) = \sqrt{R_B^2 + \mu_1 t_a + \mu_2 t_a^2 + \mu_3 t_a^3 + \mu_4 t_a^4} \approx R_B + k_1 t_a + k_2 t_a^2 + k_3 t_a^3 \quad (4-3)$$

其中，R_B、k_1、k_2、k_3 可表示为

$$\begin{cases} R_B = \sqrt{R_B^2} \\ k_1 = \dfrac{\mu_1}{2R_B} \\ k_2 = \dfrac{\mu_2}{2R_B} - \dfrac{\mu_1^2}{8R_B^3} \\ k_3 = \dfrac{\mu_3}{2R_B} - \dfrac{\mu_1\mu_2}{4R_B^3} + \dfrac{\mu_1^3}{16R_B^5} \end{cases} \tag{4-4}$$

针对无人机载机动 SAR 二维平面成像进行分析,由 2.1 节的方程①可知:

$$\begin{cases} R_B^2 = (x_m - x_p)^2 + (y_m - y_p)^2 + z_m^2 \\ \mu_1 = 2(x_m - x_p)v_{x_0} + 2(y_m - y_p)v_{y_0} + 2z_m v_{z_0} \\ \mu_2 = (x_m a_x - x_p a_x + v_{x_0}^2) + (y_m a_y - y_p a_y + v_{y_0}^2) + (z_m a_z + v_{z_0}^2) \\ \mu_3 = v_{x_0} a_x + v_{y_0} a_y + v_{z_0} a_z \\ \mu_4 = \dfrac{1}{4}(a_x^2 + a_y^2 + a_z^2) \end{cases} \tag{4-5}$$

其中,(x_m, y_m, z_m) 为无人机平台的初始位置,$(v_{x_0}, v_{y_0}, v_{z_0})$ 为成像中测量得到的无人机平台的速度,(a_x, a_y, a_z) 为无人机平台的加速度。通常,在成像处理中,认为这些参量是固定的常数。而 $(x_p, y_p, 0)$ 为无人机载机动 SAR 二维成像中目标点的位置。那么,斜距方程主要是无人机平台的初始位置信息和运动信息对不同目标点的相位调制。将式(4-5)做如下整理:

$$\begin{cases} R_B^2 = (x_m - x_p)^2 + (y_m - y_p)^2 + z_m^2 \\ \mu_1 = 2(x_m v_{x_0} + y_m v_{y_0} + z_m v_{z_0}) - 2(x_p v_{x_0} + y_p v_{y_0}) \\ \mu_2 = (x_m a + y_m a_y + z_m a_z + v_{x_0}^2 + v_{y_0}^2 + v_{z_0}^2) - (x_p a_x + y_p a) \\ \mu_3 = v_{x_0} a_x + v_{y_0} a_y + v_{z_0} a_z \\ \mu_4 = \dfrac{1}{4}(a_x^2 + a_y^2 + a_z^2) \end{cases} \tag{4-6}$$

为了表示方便,记

$$\begin{cases} A_1 = x_m v_{x_0} + y_m v_{y_0} + z_m v_{z_0} \\ A_2 = x_m a + y_m a_y + z_m a_z + v_{x_0}^2 + v_{y_0}^2 + v_{z_0}^2 \end{cases} \tag{4-7}$$

那么,A_1 和 A_2 表示只由无人机平台初始位置和运动速度、加速度决定的量。于是,斜距方程 $R(t_a)$ 中的主要成分 μ_1 和 μ_2 可以表示为

$$\begin{cases} \mu_1 = 2A_1 - 2(x_p v_{x_0} + y_p v_{y_0}) \\ \mu_2 = A_2 - (x_p a_x + y_p a_y) \end{cases} \tag{4-8}$$

将式(4-5)和式(4-8)代入式(4-4)中,可得

$$k_1 = \frac{\mu_1}{2R_B} = \frac{A_1}{R_B} - \frac{x_p v_{x_0} + y_p v_{y_0}}{R_B} \tag{4-9a}$$

$$k_2 = \frac{\mu_2}{2R_B} - \frac{\mu_1^2}{8R_B^3} =$$

$$\frac{A_2}{2R_B} - \frac{x_p a_x + y_p a_y}{2R_B} - \frac{[2A_1 - 2(x_p v_{x_0} + y_p v_{y_0})]^2}{8R_B^3} =$$

$$\frac{A_2}{2R_B} - \frac{A_1^2}{2R_B^3} + \frac{A_1(x_p v_{x_0} + y_p v_{y_0})}{R_B^3} - \qquad (4-9b)$$

$$\frac{x_p a_x + y_p a_y}{2R_B} - \frac{(x_p v_{x_0} + y_p v_{y_0})^2}{2R_B^3}$$

$$k_3 = \frac{\mu_3}{2R_B} - \frac{\mu_1 \mu_2}{4R_B^3} + \frac{\mu_1^3}{16R_B^5} =$$

$$\frac{\mu_3}{2R_B} - \frac{A_1 A_2}{2R_B^3} + \frac{A_1^3}{2R_B^5} + \frac{A_2(x_p v_{x_0} + y_p v_{y_0})}{2R_B^3} + \frac{A_1(x_p a_x + y_p a_y)}{2R_B^3} +$$

$$\frac{3A_1(x_p v_{x_0} + y_p v_{y_0})^2}{2R_B^5} - \frac{3A_1^2(x_p v_{x_0} + y_p v_{y_0})}{2R_B^5} -$$

$$\frac{(x_p v_{x_0} + y_p v_{y_0})(x_p a_x + y_p a_y)}{2R_B^3} - \frac{(x_p v_{x_0} + y_p v_{y_0})^3}{2R_B^5} \qquad (4-9c)$$

其中，μ_3、μ_4 和 A_1、A_2 一样，同样是只受无人机平台的运动信息决定的参量。对于二维平面内任意点 $(x_p, y_p, 0)$ 而言，斜距方程 $R(t_a)$ 的泰勒展开是比较复杂的。对于点 $(0, 0, 0)$ 而言，则要简单得多：

$$\begin{cases} R_B^2 = x_m^2 + y_m^2 + z_m^2 \\ \mu_1 = 2A_1 \\ \mu_2 = A_2 \\ \mu_3 = v_{x_0} a_x + v_{y_0} a_y + v_{z_0} a_z \\ \mu_4 = \frac{1}{4}(a_x^2 + a_y^2 + a_z^2) \end{cases} \qquad (4-10)$$

此时，式 (4-10) 中所有的参量均由无人机运动平台决定，与成像区域目标点的信息不相关。记由式 (4-10) 展开的斜距方程参量如下：

$$\begin{cases} R_{B0}^2 = x_m^2 + y_m^2 + z_m^2 \\ k_{10} = \frac{A_1}{R_{B0}} \\ k_{20} = \frac{A_2}{2R_{B0}} - \frac{A_1^2}{2R_{B0}^3} \\ k_{30} = \frac{\mu_3}{2R_{B0}} - \frac{A_1 A_2}{2R_{B0}^3} + \frac{A_1^3}{2R_{B0}^5} \end{cases} \qquad (4-11)$$

对比式 (4-11) 和式 (4-9a) ~ 式 (4-9c)，可以发现，泰勒展开参量被简化了很多。在传统匀速直线平飞模型下，$v_{y_0} = v_{z_0} = 0$，$a_x = a_y = a_z = 0$，则有

$$\begin{cases} A_1 = (x_m - x_p) v_{x_0} \\ A_2 = v_{x_0}^2 \\ \mu_1 = 2A_1 \\ \mu_2 = v_{x_0}^2 \\ \mu_3 = \mu_4 = 0 \end{cases} \tag{4-12}$$

那么,针对这种传统匀速直线平飞模型的斜距方程泰勒展开系数为

$$\begin{cases} R_B = (x_m - x_p)^2 + (y_m - y_p)^2 + z_m^2 \\ k_1 = \dfrac{A_1}{R_B} \\ k_2 = \dfrac{v_{x_0}^2}{2R_B} - \dfrac{A_1^2}{2R_B^3} \\ k_3 = \dfrac{A_1^3}{2R_B^5} - \dfrac{A_1 A_2}{2R_B^3} \end{cases} \tag{4-13}$$

对于数据录取坐标系而言,在传统匀速直线平飞运动模式下,通常有 $x_m = x_p$,于是式(4-13)可以简化成

$$\begin{cases} R_B = (y_m - y_p)^2 + z_m^2 \\ k_1 = 0 \\ k_2 = \dfrac{v_{x_0}^2}{2R_B} \\ k_3 = 0 \end{cases} \tag{4-14}$$

此时,斜距方程 $R(t_a)$ 的泰勒展开式,可表示如下:

$$R(t_a) \approx R_B + \dfrac{v_{x_0}^2}{2R_B} t_a^2 \tag{4-15}$$

由式(4-15)可以得出,经过分离得到的传统匀速直线平飞的结果与数据录取坐标系和零多普勒坐标系的形式是一样的。这个结果表明,传统匀速直线平飞运动,只是三维空间坐标系下,无人机载机动 SAR 三维匀加速运动成像模式的一个最简易形式。而式(4-9a)～式(4-9c)则是对斜距方程三阶展开的更完整表述。

4.3.2 斜距方程的分离

为了更为详尽地分析无人机载机动 SAR 的运动及成像情况,首先针对成像信息较为完整的二维平面 SAR 成像进行分析,即针对式(4-9a)～式(4-9c)进行分析。

对比式(4-11)和式(4-9a)～式(4-9c)可知,在式(4-11)中不含与成像区域目标点相关的信息,所有的信息都是由无人机平台提供的,然而在式(4-9a)～式(4-9c)中,能够找到这些与目标点无关项的形式,分别对应 k_1 的第一项、k_2 的前两项和 k_3 的前三项。根据这一现象,可以将完整式(4-9a)～式(4-9c)分离成与目标点相关的项和与目标点不相关的项。分离出来的与目标点不相关的项是方位向调制的主要成分,因此主要用于一致性距离徙动、二次距离压缩和方位压缩的研究;而与目标点相关的项是空变性变化项,主要用于空变性变化的研究。本章将这种分离称为非空变性分离。下面将详细介绍这种分离过程。

1. 非空变性分离

非空变性分离的主要目的是从完整式中,分离出含目标点坐标的项和不含目标点坐标的项,从而确定成像调制中的主要成分和空变成分。对比式(4-6)和式(4-11)中的 R_B 和 R_{B0} 可以发现,虽然式(4-9a)~式(4-9c)和式(4-11)的部分项在形式上一样,但是由于 R_B 和 R_{B0} 并不一样,所以并不能直接用于分离,还需要做一些形式上的变化,否则不能实现非空变性分离。

为了实现对斜距方程的非空变性分离,记 $R_{B0}=R_B k_R$,由式(4-6)式(4-11)可知:

$$\begin{cases} k_R \approx 1 - \dfrac{x_k^2}{2R_{B0}^2} + \dfrac{3x_k^4}{8R_{B0}^4} \\ x_k^2 = x_p^2 + y_p^2 - 2x_m x_p - 2y_m y_p \end{cases} \tag{4-16}$$

其中,k_R 是对 R_B 和 R_{B0} 系数的泰勒展开,保留了前三项,忽略了高阶项。x_k^2 则是无人机平台初始位置对成像区域的影响产生的系数项。从式(4-16)中可以看出,由于 k_R 中存在常数项 1,从而能够从 R_B 中分离出 R_{B0},进而使得从式(4-9a)~式(4-9c)中分离出式(4-11)成为了可能。首先将 $R_{B0}=R_B k_R$ 代入式(4-9a)~式(4-9c)中,得到

$$k_1 = \frac{A_1}{R_{B0}} k_R - \frac{x_p v_{x_0} + y_p v_{y_0}}{R_{B0}} k_R \tag{4-17a}$$

$$k_2 = \frac{A_2}{2R_{B0}} k_R - \frac{A_1^2}{2R_{B0}^3} k_R^3 + \frac{A_1(x_p v_{x_0} + y_p v_{y_0})}{R_{B0}^3} k_R^3 - $$
$$\frac{x_p a_x + y_p a_y}{2R_{B0}} k_R - \frac{(x_p v_{x_0} + y_p v_{y_0})^2}{2R_{B0}^3} k_R^3 \tag{4-17b}$$

$$k_3 = \frac{\mu_3}{2R_{B0}} k_R - \frac{A_1 A_2}{2R_{B0}^3} k_R^3 + \frac{A_1^3}{2R_{B0}^5} k_R^5 + \frac{A_2(x_p v_{x_0} + y_p v_{y_0})}{2R_{B0}^3} k_R^3 + \frac{A_1(x_p a_x + y_p a_y)}{2R_{B0}^3} k_R^3 + $$
$$\frac{3A_1(x_p v_{x_0} + y_p v_{y_0})^2}{2R_{B0}^5} k_R^5 - \frac{3A_1^2(x_p v_{x_0} + y_p v_{y_0})}{2R_{B0}^5} k_R^5 - $$
$$\frac{(x_p v_{x_0} + y_p v_{y_0})(x_p a_x + y_p a_y)}{2R_{B0}^3} k_R^3 - \frac{(x_p v_{x_0} + y_p v_{y_0})^3}{2R_{B0}^5} k_R^5 \tag{4-17c}$$

将 $k_R \approx 1 - \dfrac{x_k^2}{2R_{B0}^2} + \dfrac{3x_k^4}{8R_{B0}^4}$ 代入式(4-17a)~式(4-17c)中,可以得到

$$\begin{cases} k_1 = k_{10} + \Delta k_1 \\ k_2 = k_{20} + \Delta k_2 \\ k_3 = k_{30} + \Delta k_3 \end{cases} \tag{4-18}$$

式(4-18)将完整二维平面 SAR 中的斜距方程泰勒展开系数分离成了非空变项(k_{10}、k_{20}、k_{30})和空变项(Δk_1、Δk_2、Δk_3)两部分。在小场景成像中,主要考虑非空变项部分;在大场景成像和高分辨成像中则还需要分析空变项部分。其中,非空变项部分的结果在式(4-11)中已经详细给出。下面分析空变项部分的系数。

经过上述分离,空变项部分的系数可以表示成如下形式:

$$\Delta k_1 = \frac{A_1}{R_{B0}}(k_R - 1) - \frac{x_p v_{x_0} + y_p v_{y_0}}{R_{B0}} k_R \tag{4-19a}$$

$$\Delta k_2 = \frac{A_2}{2R_{B0}}(k_R - 1) - \frac{A_1^2}{2R_{B0}^3}(k_R^3 - 1) + \frac{A_1(x_p v_{x_0} + y_p v_{y_0})}{R_{B0}^3}k_R^3 -$$

$$\frac{x_p a_x + y_p a_y}{2R_{B0}}k_R - \frac{(x_p v_{x_0} + y_p v_{y_0})^2}{2R_{B0}^3}k_R^3 \qquad (4-19b)$$

$$\Delta k_3 = \frac{\mu_3}{2R_{B0}}(k_R - 1) - \frac{A_1 A_2}{2R_{B0}^3}(k_R^3 - 1) + \frac{A_1^3}{2R_{B0}^5}(k_R^5 - 1) +$$

$$\frac{A_2(x_p v_{x_0} + y_p v_{y_0})}{2R_{B0}^3}k_R^3 + \frac{A_1(x_p a_x + y_p a_y)}{2R_{B0}^3}k_R^3 +$$

$$\frac{3A_1(x_p v_{x_0} + y_p v_{y_0})^2}{2R_{B0}^5}k_R^5 - \frac{3A_1^2(x_p v_{x_0} + y_p v_{y_0})}{2R_{B0}^5}k_R^5 -$$

$$\frac{(x_p v_{x_0} + y_p v_{y_0})(x_p a_x + y_p a_y)}{2R_{B0}^3}k_R^3 - \frac{(x_p v_{x_0} + y_p v_{y_0})^3}{2R_{B0}^5}k_R^5 \qquad (4-19c)$$

式(4-19a)~式(4-19c)详细地展示了空变项部分系数的结果,但是该结果过于复杂,还需要进行进一步简化。根据 $k_R \approx 1 - \frac{x_k^2}{2R_{B0}^2} + \frac{3x_k^4}{8R_{B0}^4}$ 可知,k_R 本身就包含了 $\frac{x_k}{R_{B0}}$ 的二次项和四次项,且满足 $\frac{x_k}{R_{B0}} \ll R_{B0}$,那么在式(4-19a)~式(4-19c)的求解中,对 k_R^3 和 k_R^5 求解,只会带来更多影响较弱的高阶项,可以忽略。记 $k_R^3 \approx k_R^5 \approx 1$,那么空变项系数式(4-19a)~式(4-19c),可以写成如下形式:

$$\Delta k_1 \approx -\frac{x_p v_{x_0} + y_p v_{y_0}}{R_{B0}} + \frac{x_k^2(x_p v_{x_0} + y_p v_{y_0})}{2R_{B0}^3} - \frac{A_1 x_k^2}{2R_{B0}^3} + \frac{3A_1 x_k^4}{8R_{B0}^5} - \frac{3x_k^4(x_p v_{x_0} + y_p v_{y_0})}{8R_{B0}^5}$$

$$(4-20a)$$

$$\Delta k_2 \approx -\frac{x_p a_x + y_p a_y}{2R_{B0}} - \frac{(x_p v_{x_0} + y_p v_{y_0})^2}{2R_{B0}^3} + \frac{A_1(x_p v_{x_0} + y_p v_{y_0})}{R_{B0}^3} - \frac{A_2 x_k^2}{4R_{B0}^3} +$$

$$\frac{x_k^2(x_p a_x + y_p a_y)}{4R_{B0}^3} + \frac{3A_2 x_k^4}{16R_{B0}^5} - \frac{3x_k^4(x_p a_x + y_p a_y)}{16R_{B0}^5} \qquad (4-20b)$$

$$\Delta k_3 \approx \frac{A_2(x_p v_{x_0} + y_p v_{y_0})}{2R_{B0}^3} + \frac{A_1(x_p a_x + y_p a_y)}{2R_{B0}^3} -$$

$$\frac{(x_p v_{x_0} + y_p v_{y_0})(x_p a_x + y_p a_y)}{2R_{B0}^3} - \frac{\mu_3 x_k^2}{4R_{B0}^3} + \frac{3\mu_3 x_k^2}{16R_{B0}^5} \qquad (4-20c)$$

式(4-20a)~式(4-20c)是对空变项的高精度近似,保留了 R_{B0} 的五次项,通常保留到三次项就足以满足无人机载机动 SAR 的成像要求,即忽略 R_{B0}^5 项,那么空变项系数可以写成如下形成:

$$\Delta k_1 \approx -\frac{x_p v_{x_0} + y_p v_{y_0}}{R_{B0}} + \frac{x_k^2(x_p v_{x_0} + y_p v_{y_0})}{2R_{B0}^3} - \frac{A_1 x_k^2}{2R_{B0}^3} \qquad (4-21a)$$

$$\Delta k_2 \approx -\frac{x_p a_x + y_p a_y}{2R_{B0}} - \frac{(x_p v_{x_0} + y_p v_{y_0})^2}{2R_{B0}^3} +$$

$$\frac{A_1(x_p v_{x_0} + y_p v_{y_0})}{R_{B0}^3} - \frac{A_2 x_k^2}{4R_{B0}^3} + \frac{x_k^2(x_p a_x + y_p a_y)}{4R_{B0}^3} \qquad (4-21b)$$

$$\Delta k_3 \approx \frac{A_2(x_p v_{x_0} + y_p v_{y_0})}{2R_{B0}^3} + \frac{A_1(x_p a_x + y_p a_y)}{2R_{B0}^3} -$$

$$\frac{(x_p v_{x_0} + y_p v_{y_0})(x_p a_x + y_p a_y)}{2R_{B0}^3} - \frac{\mu_3 x_k^2}{4R_{B0}^3} \qquad (4-21c)$$

经过上述空变性分离,无人机载机动 SAR 二维平面成像时的斜距方程被分离成了两部分:一部分是与目标点坐标无关的非空变项部分,是 SAR 方位向成像的主要成分;另一部分是与目标点坐标相关的空变项部分,主要影响无人机载机动 SAR 成像的聚焦质量。经过分离,无人机载机动 SAR 的斜距方程 $R(t_a)$ 可以写成如下形式:

$$R(t_a) \approx R_B + (k_{10}t_a + k_{20}t_a^2 + k_{30}t_a^3) + (\Delta k_1 t_a + \Delta k_2 t_a^2 + \Delta k_3 t_a^3) \qquad (4-22)$$

2. 空变性分析

在式(4-22)中非空变项部分主要是无人机载机动 SAR 成像的一致性调制成分,在成像中处理起来较为简单,在后续的成像处理中会详细分析。下面重点对空变项部分进行分析。空变项斜距变化 $\Delta R(t_a; x_p, y_p)$ 可表示为

$$\Delta R(t_a; x_p, y_p) \approx \Delta k_1 t_a + \Delta k_2 t_a^2 + \Delta k_3 t_a^3 \qquad (4-23)$$

由于在成像时一般会逐距离单元进行处理,因此首先考虑每条 y 方向上距离单元的方位空变性变化(记 x 方向为方位向)。设定 $y_p=0$,无人机平台的初始位置为(500,10 000,4 000) m,慢采样时间为 6 s,三维初始速度为(100,-20,-20)m/s,三维初始加速度为(5,6,6)m/s²,此时,$R_{B0}=10.78$ km。分析无人机载机动 SAR 空变性时,考虑 x_p 在 $[-1\,000,1\,000]$m 范围内的空变性情况,如图 4-1 和图 4-2 所示。

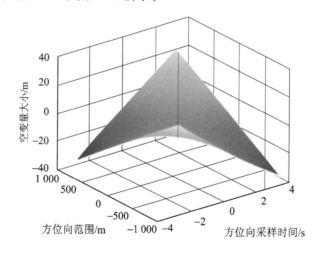

图 4-1　正侧视下的空变量分析

在图 4-1 和图 4-2 中,分析了不同模式下的空变量变化。其中,图 4-1 是成像时间在 $(-3,3)$s 内,正侧视成像的结果;图 4-2 是成像时间在 $(0,6)$s 内,斜视下成像的空变性分析,斜视角是由无人机平台 x 方向的初始位置决定的,此时,方位向斜视距离(即偏离正侧视成像时的方位向距离)为 500 m。对比图 4-1 和图 4-2 可以看出,在无人机载机动 SAR 成像中,斜视下成像目标点的空变性更加不规则,且空变量更大,校正起来也更加复杂;正侧视下成像时,目标点空变量的变化更具有规律性,便于用方程描述,空变性校正相对简单。

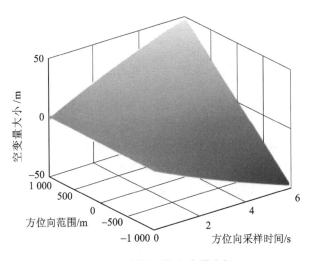

图 4-2　斜视下的空变量分析

在传统的数据录取坐标系和零多普勒坐标系中,可以逐距离单元进行成像,这种分析是忽略了 y 向和 z 向的信息。在三维坐标系中,对无人机载机动 SAR 成像进行分析也可以按照逐距离单元成像的方式进行,同时还可以逐方向维度分析成像效果与质量,下面分析 y 向成像范围的变化对空变量的影响。

依据图 4-1 和图 4-2 的分析,将 x 向坐标固定在成像区域中心,设定为 $x_p = 500$ m,其他条件不变,同样分析,y 方向成像场景在 $[-1\ 000, 1\ 000]$ m 范围内的空变性变化情况,如图 4-3 和图 4-4 所示。

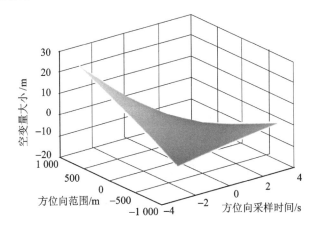

图 4-3　正侧视下,y 方向位置变化对空变量的影响

与图 4-1 和图 4-2 类似,图 4-3 和图 4-4 分别是正侧视和斜视下,无人机载机动 SAR 成像中,相对孔径中心,y 方向的场景范围变化对空变量的影响。由于 y 方向的参数相对较小,因此与图 4-1 和图 4-2 相比,y 方向的影响相对较小。由图 4-3 和图 4-4 还可以看出,在斜视成像中,y 方向的变化对空变量的影响仍然是不规则的。对比图 4-1 和图 4-2 可以发现,x 方向和 y 方向的斜距空变量变化除了幅度不一样外,在形式上是相同的,这也验证了三维空间坐标系中,三个坐标量在斜距方程中具有三维同性的性质。

下面考虑运动参数对成像场景边缘目标的空变性影响。仍然采用图 4-1 和图 4-2 的仿真条件,分别分析不同运动参数下的空变性变化情况。

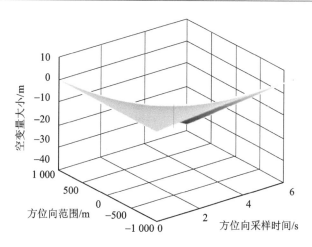

图 4-4　斜视下,y 方向位置变化对空变量的影响

如图 4-5 所示,首先考虑 $x_p = 1\,000$ m,$y_p = 0$ m 时,无人机平台速度和加速变化对成像空变量的影响。在图 4-5 中,方位向速度用 v_x 表示,单位为 m/s,方位向加速度用 a_x 表示,单位为 m/s^2。在图 4-5 中,图(a)表示在图 4-1 仿真条件的基础上,方位向速度分别为 50 m/s,100 m/s,120 m/s 和 150 m/s 时,在成像场景中心距离线上方位向边缘的目标点的空变量变化情况。图(b)表示方位向速度为 100 m/s,方位向加速度为 -5 m/s^2、-2 m/s^2、0 m/s^2、2 m/s^2 和 5 m/s^2 时该点的空变量变化情况。图(c)和图(d)则是无其他方向运动干扰时方位向速度和加速度变化对空变量的影响。图(e)则表示只有方位向速度时方位向速度变化对空变量的影响。

从图 4-5 可以看出,对比图(a)、图(c)和图(e)、图(b)和图(d)可知,对同一目标区域,相同条件下,非方位向的运动参数对空变量的影响近似一致,且空变量的变化主要是由方位向的速度和加速度等参数影响的。从结果中还可以得知,由于方位向速度的变化,造成无人机平台位置的变化,对同一目标区域,这种变化越大,造成的空变性变化越大。由图(b)和图(d)可知,短时间内,方位向加速度变化对空变性的影响相对较弱,在本仿真中,总有约 2 s(-1 s~1 s)的时间内,加速度变化对空变量的影响呈线性变化。

图 4-5 是对成像场景中目标点沿方位向变化时空变量变化的分析。下面将对成像场景中地距向(y 方向)的空变性变化进行分析。同样,仿真条件仍然以图 4-1 的条件为准,选取成像场景方位向中心线进行分析,分别分析近距点和远距点的变化情况。其中,近距点为 $y_p = 1\,000$ m,远距点为 $y_p = -1\,000$ m。

从图 4-6 的仿真结果中可以看出,无论是方位向速度还是方位向加速度的变化,对近距点空变量的影响远大于对远距点空变量的影响,这是因为对于远距点而言,方位向运动参数的变化在斜距方程中,所占的比重要小于近距点,因此会造成运动参数的变化对近距点的空变性的影响更大。

相对于方格形目标区域的顶点而言,这种空变性的变化应该是方位向和地距向共同影响的结果。下面分析小场景方格形成像区域中某个顶点的空变量变化。选取 $x_p = 1\,000$ m,$y_p = 1\,000$ m 进行分析,如图 4-7 所示。

图 4-7 的仿真中,选取的顶格点是近距点一侧的点。仿真结果与理论分析一致,图 4-7(a)和(b)分别是图 4-5 和图 4-6 综合的结果。其中,加速度对空变量的影响更加明显,加速

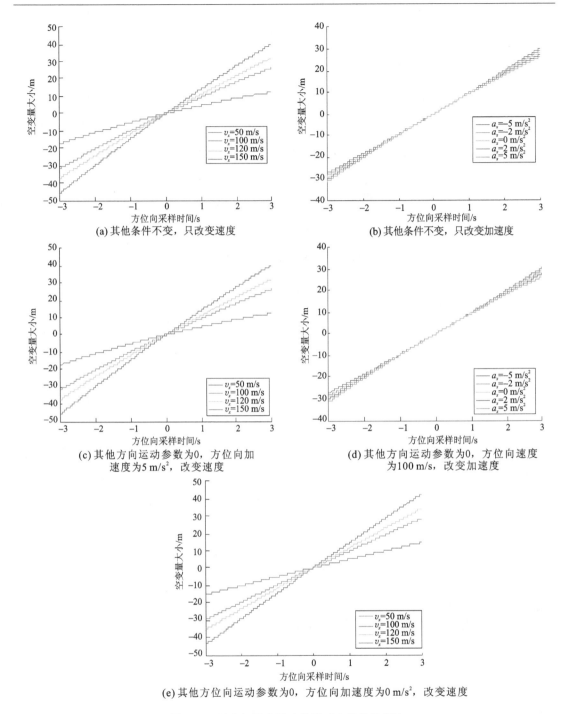

(a) 其他条件不变，只改变速度

(b) 其他条件不变，只改变加速度

(c) 其他方向运动参数为0，方位向加
速度为5 m/s²，改变速度

(d) 其他方向运动参数为0，方位向速度
为100 m/s，改变加速度

(e) 其他方位向运动参数为0，方位向加速度为0 m/s²，改变速度

图 4-5　无人机平台运动参数对空变量的影响

度变化使得空变量变化近似一致的范围更小了，即图 4-7(b)中，直线部分更短。同时，根据图 4-5～图 4-7 中加速度变化的分析可知，在 ±1 s 的时间内，空变量的变化近似为线性，涉及的范围为 ±100 m，这种线性变化在成像中只会引起位置的偏移，对成像质量的影响不大。因此，可知相对于成像场景中心 ±100 m 范围内的目标空变性较小。

由于在成像中往往采用逐距离单元处理的方式进行，在每一个距离单元中，地距向的目标

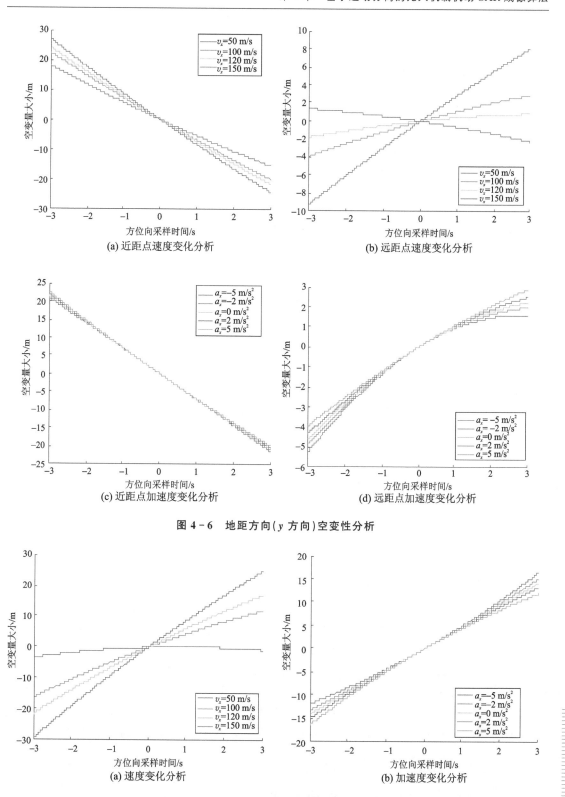

(a) 近距点速度变化分析　　(b) 远距点速度变化分析

(c) 近距点加速度变化分析　　(d) 远距点加速度变化分析

图 4-6　地距方向(y 方向)空变性分析

(a) 速度变化分析　　(b) 加速度变化分析

图 4-7　方格形小场景中顶点的空变量变化

沿 y 方向坐标变化较小,远小于 ± 100 m 的范围,因此同一个距离单元内,目标点沿地距向(y

方向)的空变性变化,要远小于沿方位向的变化。本章在后续的空变性校正中,主要考虑方位向的影响。

通过对空变性变化的分析,可以具体确定成像场景中无空变性或近似无空变性的部分区域,从而通过调整成像参数、选择合适的参考点,可以得到聚焦效果更好的结果。也可以针对特定的成像区域选择合适的运动参数,使得无人机载机动 SAR 图像成像质量和范围达到一个优化与平衡。

对于成像中空变性的解决,将在后面章节进行详细分析。下面首先分析三维空间坐标系下,无人机载机动 SAR 的成像问题。

4.4　基于信息分离的无人机载机动 SAR 成像算法

根据 4.3 节分析可知,经过非空变性分离,得到了分离后的无人机载机动 SAR 成像斜距方程,见式(4-22)。在式(4-22)中,影响成像的主要成分是非空变项部分,这是成像的主体,而空变项部分则是影响成像质量的主要因素。空变项部分在 4.3 节中进行了详细分析。下面针对三维空间坐标系下任意轨迹的无人机载机动 SAR 的成像问题,分析非空变项部分。成像中的非空变项,表示如下:

$$\dot{R}(t_a) = k_{10}t_a + k_{20}t_a^2 + k_{30}t_a^3 \tag{4-24}$$

式中,$\dot{R}(t_a)$ 表示非空变项的慢时间调制。由于 R_B 是与时间无关的项,因此在对无人机载机动 SAR 成像的相位分析过程中可以忽略。根据式(4-11)可知,$\dot{R}(t_a)$ 的各项系数表示如下:

$$\begin{cases} k_{10} = \dfrac{A_1}{R_{B0}} \\[2mm] k_{20} = \dfrac{A_2}{2R_{B0}} - \dfrac{A_1^2}{2R_{B0}^3} \\[2mm] k_{30} = \dfrac{\mu_3}{2R_{B0}} + \dfrac{A_1^3}{2R_{B0}^5} - \dfrac{A_1 A_2}{2R_{B0}^3} \end{cases} \tag{4-25}$$

同时,根据式(4-5)和式(4-7)可知:

$$\begin{cases} A_1 = x_m v_{x0} + y_m v_{y0} + z_m v_{z0} \\ A_2 = x_m a_x + y_m a_y + z_m a_z + v_{x0}^2 + v_{y0}^2 + v_{z0}^2 \\ \mu_3 = v_{x0} a_x + v_{y0} a_y + v_{z0} a_z \end{cases} \tag{4-26}$$

SAR 在成像过程中,距离向的分辨率由信号带宽决定,而方位向的分辨率则由平台运动过程中形成的孔径决定,主要是由无人机平台在慢时间采样中,方位向运动参数造成的。相对于成像中心(参考点)而言,非方位向的运动参数主要造成不规则的距离徙动。这种距离徙动的影响主要体现在距离向,可以在距离多普勒域去除。为了去除非方位向运动参数的影响,下面需要对 $\dot{R}(t_a)$ 的系数做进一步分离。

4.4.1　非方位向运动信息的分离

根据式(4-26)可知,A_1、A_2 和 μ_3 中不仅包含了无人机平台的方位向运动(x 向)信息,还包含了非方位向(y 向和 z 向)信息。由以上分析可知,非方位向的信息不仅不会对 SAR 成像中的方位向分辨带来有用的信息,同时还会造成距离徙动的不规则变化。因此,可以在距离频域将非方位向运动信息去除,而不会影响方位向运动信息对成像的作用。那么,可以做如下分解:

$$\begin{cases} A_1 = A_{1x} + A_{1\overline{x}} \\ A_2 = A_{2x} + A_{2\overline{x}} \\ \mu_3 = \mu_{3x} + \mu_{3\overline{x}} \end{cases} \tag{4-27a}$$

$$\begin{cases} A_{1x} = x_{\mathrm{m}} v_{x0} \\ A_{2x} = x_{\mathrm{m}} a_x + v_{x0}^2 \\ \mu_{3x} = v_{x0} a_x \end{cases} \tag{4-27b}$$

$$\begin{cases} A_{1\overline{x}} = y_{\mathrm{m}} v_{y0} + z_{\mathrm{m}} v_{z0} \\ A_{2\overline{x}} = y_{\mathrm{m}} a_y + z_{\mathrm{m}} a_z + v_{y0}^2 + v_{z0}^2 \\ \mu_{3\overline{x}} = v_{y0} a_y + v_{z0} a_z \end{cases} \tag{4-27c}$$

在式(4-27a)中,A_{1x}、A_{2x} 和 μ_{3x} 均表示与无人机平台方位向运动信息相关的参数,而 $A_{1\overline{x}}$、$A_{2\overline{x}}$ 和 $\mu_{3\overline{x}}$ 则表示与无人机平台方位向运动信息不相关的参数。根据式(4-27a)~式(4-27c)的分离,非空变性项 $\dot{R}(t_{\mathrm{a}})$ 的系数 k_{10}、k_{20} 和 k_{30} 可以表示为如下形式:

$$\begin{cases} k_{10} = k_{10x} + k_{10\overline{x}} \\ k_{20} = k_{20x} + k_{20\overline{x}} \\ k_{30} = k_{30x} + k_{30\overline{x}} \end{cases} \tag{4-28}$$

其中,k_{10x}、k_{20x} 和 k_{30x} 均表示只与无人机平台方位向运动信息相关的系数,而 $k_{10\overline{x}}$、$k_{20\overline{x}}$ 和 $k_{30\overline{x}}$ 则主要表示与无人机平台非方位向运动信息相关的系数,于是则有

$$\begin{cases} k_{10x} = \dfrac{A_{1x}}{R_{\mathrm{B0}}} \\[3mm] k_{20x} = \dfrac{A_{2x}}{2R_{\mathrm{B0}}} - \dfrac{A_{1x}^2}{2R_{\mathrm{B0}}^3} \\[3mm] k_{30x} = \dfrac{\mu_{3x}}{2R_{\mathrm{B0}}} + \dfrac{A_{1x}^3}{2R_{\mathrm{B0}}^5} - \dfrac{A_{1x} A_{2x}}{2R_{\mathrm{B0}}^3} \end{cases} \tag{4-29a}$$

$$\begin{cases} k_{10\overline{x}} = k_{10} - k_{10x} \\ k_{20\overline{x}} = k_{20} - k_{20x} \\ k_{30\overline{x}} = k_{30} - k_{30x} \end{cases} \tag{4-29b}$$

经过上述分离,非空变性变化项的慢时间调制项 $\dot{R}(t_{\mathrm{a}})$ 可以表示为如下形式:

$$\dot{R}(t_{\mathrm{a}}) = (k_{10x} t_{\mathrm{a}} + k_{20x} t_{\mathrm{a}}^2 + k_{30x} t_{\mathrm{a}}^3) + (k_{10\overline{x}} t_{\mathrm{a}} + k_{20\overline{x}} t_{\mathrm{a}}^2 + k_{30\overline{x}} t_{\mathrm{a}}^3) = \dot{R}_x(t_{\mathrm{a}}) + \dot{R}_{\overline{x}}(t_{\mathrm{a}})$$
$$\tag{4-30}$$

其中,$\dot{R}_x(t_{\mathrm{a}})$ 表示方位向调制项,主要用于距离徙动校正、二次距离压缩和方位向压缩;$\dot{R}_{\overline{x}}(t_{\mathrm{a}})$ 表示非方位向调制项,主要用于距离频域的距离徙动校正。

4.4.2 基于运动信息分离的无人机载机动 SAR 成像算法

1. 非方位向相位补偿

根据 4.3.2 小节的"1.非空变性分离"和 4.4.1 小节的两处信息分离可知:忽略幅度信息,距离压缩后的回波方程可以表示为

$$
\begin{aligned}
s(R_B, t_a) &= \exp\left\{-\mathrm{j}\,\frac{4\pi(f_0 + f_r)\left[R_B + \dot{R}_x(t_a)\right]}{c}\right\} \exp\left\{-\mathrm{j}\,\frac{4\pi(f_0 + f_r)}{c}\Delta R(t_a; x_p, y_p)\right\} = \\
&\quad \exp\left\{-\mathrm{j}\,\frac{4\pi(f_0 + f_r)R_B}{c}\right\} \exp\left\{-\mathrm{j}\,\frac{4\pi(f_0 + f_r)}{c}\Delta R(t_a; x_p, y_p)\right\} \times \\
&\quad \exp\left\{-\mathrm{j}\,\frac{4\pi(f_0 + f_r)}{c}\left[\dot{R}_x(t_a) + \dot{R}_{\bar{x}}(t_a)\right]\right\}
\end{aligned}
\tag{4-31}
$$

其中,f_0 表示载频;f_r 表示距离频率;c 表示光速。对于小场景成像,首先忽略空变性变化项,回波方程可表示为如下形式:

$$
\begin{aligned}
s(R_B, t_a) &= \exp\left\{-\mathrm{j}\,\frac{4\pi(f_0 + f_r)\left[R_B + \dot{R}_x(t_a)\right]}{c}\right\} = \\
&\quad \exp\left\{-\mathrm{j}\,\frac{4\pi(f_0 + f_r)R_B}{c}\right\} \exp\left\{-\mathrm{j}\,\frac{4\pi(f_0 + f_r)}{c}\left[\dot{R}_x(t_a) + \dot{R}_{\bar{x}}(t_a)\right]\right\}
\end{aligned}
\tag{4-32}
$$

在进行无人机载机动 SAR 成像中,首先根据式(4-32),在距离频域内构建基于非方位向运动信息的距离徙动校正函数,完成非方位向信息的相位补偿。其距离频域的相位补偿函数可表示如下:

$$
H_1(f_r, t_a) = \exp\left[\mathrm{j}\,\frac{4\pi(f_0 + f_r)}{c}\dot{R}_{\bar{x}}(t_a)\right]
\tag{4-33}
$$

将式(4-33)与式(4-32)相乘,就可以实现对非方位向的运动带来距离徙动的相位补偿,得到的结果如下:

$$
\begin{aligned}
s_{rf}(R_B, t_a) &= s(R_B, t_a) H_1(f_r, t_a) = \\
&\quad \exp\left[-\mathrm{j}\,\frac{4\pi(f_0 + f_r)R_B}{c}\right] \exp\left[-\mathrm{j}\,\frac{4\pi(f_0 + f_r)}{c}\dot{R}_x(t_a)\right]
\end{aligned}
\tag{4-34}
$$

经过式(4-34)的变化,去除了非方位向运动参数的影响,原来的三维加速运动模型变换成了方位向直线匀加速运动模型,这一运动状态属于非匀速等时间间隔采样的直线运动情况,只影响方位向的采样位置,并不影响方位向的运动轨迹,也就不影响同一位置上雷达与目标点之间距离弯曲的程度。

对于这种运动状态的处理,通常可以有两种方法:一种是基于非均匀傅里叶变换(Non-Uniform Fast Fourier Transform,NUFFT)的方法;另一种是进一步分析加速度项影响的方法。其中,基于 NUFFT 的方法主要依据方位向速度的等效变换,将非匀速等时间间隔采样运动,等效成匀速非等时间间隔采样运动,然后利用等效速度计算距离弯曲量,从而可以依据传统匀速直线运动模型的距离徙动因子,实现方位向运动带来的距离弯曲校正,进而通过等效速度实现方位压缩。然而,基于方位向加速度分析的方法,则是通过相位进一步分离,对方位向

直线匀加速模型做进一步等效。下面将对这两种方法做详细介绍。

2. 基于 NUFFT 的运动信息分离成像

基于 NUFFT 的运动信息分离成像分析的思想是将非匀速等时间间隔采样等效成匀速非等时间间隔采样。首先计算等效匀速速度 $\bar{v}_x$，其中 N_a 表示方位向慢时间的采样点数，T_a 表示成像时间，x_r 表示无人机平台在方位向 t_a 时刻沿 x 方向的位置：

$$\bar{v}_x = \frac{x_r(N_a) - x_r(1)}{T_a} \tag{4-35}$$

根据传统匀速直线运动模型中距离徙动的计算可知，在等效匀速运动状态下，距离徙动量可以表示为

$$\Delta R(f_a) = \frac{\lambda R_b f_a^2}{8 \bar{v}_x^2} \tag{4-36}$$

其中，f_a 表示方位频率，R_b 表示孔径中心处的斜距，正侧视下表示为

$$R_b = \sqrt{(y_m - y_p)^2 + z_m^2} \tag{4-37}$$

根据式（4-37）可以构建二维频域内的方位向运动带来的距离弯曲校正函数，表示如下：

$$H_{rcmc} = \exp\left[j\frac{4\pi f_r \Delta R(f_a)}{c}\right] \tag{4-38}$$

将经过非方位向相位补偿后的式（4-34）进行方位向 FFT 运算，然后与式（4-38）相乘就可以实现方位向运动造成的距离徙动校正。

完成方位向运动造成的距离弯曲校正后，时域回波信号可表示为

$$s_{rt}(R_B, t_a) = \exp\left[-j\frac{4\pi f_0 R_B}{c}\right] \exp\left[-j\frac{4\pi f_0}{c}\dot{R}_x(t_a)\right] \tag{4-39}$$

在式（4-39）中，回波信号的斜距方程变成了如下形式：

$$R'(t_a) \approx R_B + \dot{R}_x(t_a) \tag{4-40}$$

去除非方位向运动参数的影响以及方位向运动造成的距离弯曲的影响后，原三维加速运动模型变换成了方位向非匀速运动，这一运动状态可以由非均匀傅里叶变换实现方位向的压缩。在进行方位压缩时需要由均匀分布的采样值进行傅里叶变换得到非均匀位置的采样值。为进行方位向的压缩，继续利用等效速度 v_x，同时计算等效非等时间间隔的方位向时间 t_u：

$$t_u = \frac{x_r - \dfrac{x_r(N_a) + x_r(1)}{2}}{\bar{v}_x} \tag{4-41}$$

将式（4-39）利用非均匀傅里叶变换得到方位频域：

$$s_{af}(R_B, t_a) = \int s_{rt}(R_B, t_a) \exp(-j2\pi f_a t_u) dt_u \tag{4-42}$$

经过非匀速等时间间隔采样向匀速非等时间间隔采样的等效变换，可以根据等效匀速运动过程构建方位向压缩函数，其中 K_a 表示方位调频率：

$$K_a \approx \frac{2\bar{v}_x^2}{\lambda R_{B0}} \tag{4-43}$$

$$H_2(f_a) = \exp\left(j\pi \frac{f_a^2}{K_a}\right) \tag{4-44}$$

将式（4-42）与式（4-44）相乘，并进行方位向逆傅里叶变换（Inverse Fast Fourier Transform,IFFT)即可得到方位压缩结果。将压缩后的结果变换到时域即可得到成像结果,其中,IFFT$_{az}$ 表示方位向逆傅里叶变换运算:

$$s_{out}(R_B,t_a) = IFFT_{az}\left[s_{af}(R_B,t_a) \times H_2(f_a)\right] = \exp\left[-j\frac{4\pi f_0(R_B + k_{10x}t_a)}{c}\right]$$

$$(4-45)$$

根据上述分析可知,与基于级数反演的二维频谱求解成像不同,针对小场景成像,基于 NUFFT 的成像不需要计算二维频谱,只需要依据运动信息即可实现成像处理。其成像过程可分为 4 个步骤:

① 距离压缩。此过程主要是完成回波信号的距离压缩,是在距离频域内实现的。

② 基于非方位向运动信息分离的相位补偿。此过程主要完成非方位向运动对成像影响的校正,也是在距离频域内完成的,补偿因子为 $H_1(f_r,t_a)$。

③ 基于方位向速度等效的距离弯曲校正。此过程主要完成方位向运动对成像造成的距离弯曲校正,是在二维频域内实现的,校正因子为 H_{rcmc}。

④ 基于 NUFFT 的方位压缩。此过程主要解决方位向非匀速运动带来的方位向压缩问题,是在方位频域内实现的,方位向压缩因子为 $H_2(f_a)$。

在实际操作中,前两步的运算可以一起完成。在经过上述处理后,将信号变回到时域即可得到成像结果。具体的处理过程如图 4-8 所示。

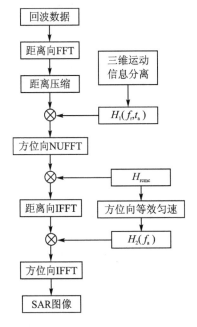

图 4-8　基于 NUFFT 的成像处理流程图

3. 基于方位向加速度信息分离的成像

由式(4-34)可知,经过非方位向运动信息分离以及相位校正,从相位关系上,回波信号将不再与非方位向运动信息相关,其运动模型等效为方位向直线非匀速运动。这种运动模型属于等时间间隔采样非匀速运动的机动模型,可以用非均匀傅里叶变换处理,但非均匀傅里叶变换以及快速非均匀傅里叶变换的处理效率要低于 FFT。为此,还可以从残余运动模型入手,考虑进一步分离方位向加速度信息,从时域角度去除加速度变化对成像的影响。

由式(4-34)可知,经过上述的非方位向运动信息分离和校正后,斜距方程变成了如下形式:

$$R'(t_a) \approx R_B + \dot{R}_x(t_a) \tag{4-46}$$

其中,$\dot{R}_x(t_a)$ 还包含有加速度对方位向调制的影响,可以进一步分离。于是可以将 $\dot{R}_x(t_a)$ 的系数表示为

$$\begin{cases} k_{20x} = k_{2ax} + k_{2\bar{a}x} \\ k_{30x} = k_{3ax} + k_{3\bar{a}x} \end{cases} \tag{4-47}$$

其中,$k_{2\bar{a}x}$ 和 $k_{3\bar{a}x}$ 表示方位向调制项中与加速度无关的项;k_{2ax} 和 k_{3ax} 表示方位调制项中受加速度影响的项。由于 k_{10x} 中本身就不包含加速度项,所以不需要改变和分离。后者可以通过减法运算获得,前者可表示为

$$\begin{cases} k_{2\bar{a}x} = \dfrac{v_{x0}^2}{2R_{B0}} - \dfrac{x_m^2 v_{x0}^2}{2R_{B0}^3} \\ k_{3\bar{a}x} = -\dfrac{x_m v_{x0} v_{x0}^2}{2R_{B0}^3} \end{cases} \tag{4-48}$$

$$\begin{cases} k_{2\bar{a}x} = k_{20x} - k_{2ax} \\ k_{3\bar{a}x} = k_{30x} - k_{3ax} \end{cases} \tag{4-49}$$

经过加速度运动信息分离,$\dot{R}_x(t_a)$ 可以表示为

$$\dot{R}_x(t_a) = (k_{10x}t_a + k_{2\bar{a}x}t_a^2 + k_{3\bar{a}x}t_a^3) + (k_{2ax}t_a^2 + k_{3ax}t_a^3) = \dot{R}_{\bar{a}}(t_a) + \dot{R}_a(t_a) \tag{4-50}$$

通过方位向加速度运动信息分离,可以对回波进行进一步时域相位补偿,补偿函数可以表示为

$$h_2(t_a) = \exp\left\{ j\frac{4\pi f_0}{c} \dot{R}_a(t_a) \right\} \tag{4-51}$$

经过时域加速度相位补偿,回波信号中将不再含有方位向加速度的信息,成像模型被等效成了传统的匀速直线运动模型,回波信号可以表示为

$$s_{rt}(R_B, t_a) = \exp\left\{ -j\frac{4\pi f_0 R_B}{c} \right\} \exp\left\{ -j\frac{4\pi f_0}{c} \dot{R}_{\bar{a}}(t_a) \right\} \tag{4-52}$$

与对式(4-39)的分析相同。经过式(4-52)的变化,去除了非方位向运动参数的影响和方位向加速度的影响,原本的三维加速运动模型变换成了传统的匀速直线运动,只不过这种采样是在不同的等效时间点进行的,这一运动状态属于非等时间间隔采样的匀速直线运动,这种运动只是影响方位向的采样位置,并不影响方位向的运动轨迹,也就不影响同一位置上雷达与目标点之间距离弯曲的程度。因此,也可以利用传统匀速直线运动模型的距离徙动因子,实现方位向运动带来的距离弯曲校正。

根据传统匀速直线运动模型中距离徙动的计算可知,在等效匀速运动状态下,距离徙动量可以表示为

$$\Delta R(f_a) = \frac{\lambda^2 R_b f_a^2}{8 v_{x0}^2} \tag{4-53}$$

其中,R_b 表示孔径中心处的斜距,正侧视下表示为

$$R_b = \sqrt{(y_m - y_p)^2 + z_m^2} \tag{4-54}$$

根据式(4-54)可以构建二维频域内的方位向运动带来的距离弯曲校正函数,表示如下:

$$H_{\text{rcmc}} = \exp\left\{ j \frac{4\pi f_r \Delta R(f_a)}{c} \right\} \qquad (4-55)$$

对经过非方位向相位补偿和加速度信息分离后的式(4-52)进行二维 FFT 运算,然后与式(4-55)相乘就可以实现方位向运动造成的距离徙动校正。

经过上述非方位向运动信息分离和加速度运动信息分离后,对回波信号进行了一致性距离弯曲和距离徙动校正,同时,进行了基于方位向加速度运动信息分离的相位补偿校正,将复杂多变的无人机载 SAR 机动成像模型等效成了传统的匀直运动模型。在三维加速度运动模型中,去除掉非方位向运动信息和加速度信息后,残余的斜距方程并未表征成传统的二阶方程形式,这是因为残余斜距方程表示的是空间非均匀样的模型。在去除掉加速度的影响后,回波可以利用残余相位的 FFT 进行方位压缩,实现机动 SAR 成像。方位向压缩时域函数为

$$h_3(t_a) = \exp\left\{ -j \frac{4\pi f_0}{c} \dot{R}_{\bar{a}}(t_a) \right\} \qquad (4-56)$$

将距离弯曲校正后的结果与式(4-56)的频域相乘,并经过逆傅里叶变换,即可得到成像结果。

基于非方位向运动信息分离和方位向加速度运动信息分离的方法,可以实现不同模式下无人机载机动 SAR 的成像。与基于级数反演的二维频谱求解成像不同,这种方法针对小场景成像,也不需要计算二维频谱,同样只需要依据运动信息即可实现成像处理。其过程主要分为5 个步骤,如图 4-9 所示。

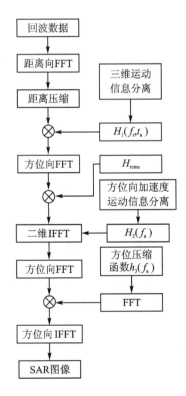

图 4-9　基于加速度分离的成像

① 距离压缩。此过程主要是完成回波信号的距离压缩,是在距离频域内实现的。

　　② 基于非方位向运动信息分离的直线非匀速等效。此过程主要完成非方位向运动对成像影响的校正,是在距离频域内完成的,补偿因子为 $H_1(f_r, t_a)$。

　　③ 基于方位向加速度分离的匀速直线等效。此过程主要是解决方位向加速度对成像带来的相位上的影响,校正因子为 $h_2(t_a)$。

　　④ 基于等效匀速直线运动的距离弯曲校正。此过程主要完成方位向运动对成像造成的距离弯曲校正,是在二维频域内实现的,校正因子为 H_{rcmc}。

　　⑤ 等效匀速直线运动的方位压缩。此过程主要解决方位向非匀速运动带来的方位向压缩问题,是在方位频域内实现的,方位向压缩因子为 $h_3(t_a)$。

　　在经过上述处理后,将信号变回到时域即可得到成像结果。其中,前 3 步都可以在距离多普勒域同步实现。

4.4.3　仿真验证

1. 基于 NUFFT 的运动信息分离成像仿真

　　下面通过仿真方法验证聚束模式下,基于 NUFFT 的无人机载机动 SAR 运动分离成像算法的有效性,以及其对不同运动状态的适用性。仿真参数如下:载频为 1.5 GHz,脉宽为 10 μs,带宽为 150 MHz,距离向采样点数为 4 096 个,方位向采样点数为 4 096 个。根据雷达参数可知,距离向分辨率的理论值为 1 m,方位向分辨率由等效速度 $\bar{v}_x$ 和等效调频率 K_a 按照传统匀直运动近似得到,不同的等效速度有不同的分辨率结果,约为 1 m。雷达初始位置 (x_m, y_m, z_m) 为 $(-200 \text{ m}, 1\,000 \text{ m}, 4\,000 \text{ m})$。如图 4-10～图 4-12 所示,分别是对匀速直线运动、三维匀速运动、三维匀加速运动模式下的单点目标的仿真结果。图 4-13 则是对三维加速运动下,多点目标的仿真结果。其中,匀速直线运动是无人机载 SAR 成像的传统运动模式。三维匀速运动是无人机在探测过程中,为规避危险采取的一种对目标区域的非凝视规避侦察运动模型,是相对传统匀速直线运动存在线性偏移运动的一种模型。三维匀加速运动模型属于爬升转弯运动模型或者俯冲转弯运动模型。

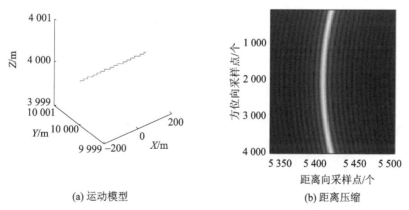

(a) 运动模型　　　　　　　　(b) 距离压缩

图 4-10　传统匀速直线运动下,基于 NUFFT 的单点目标仿真

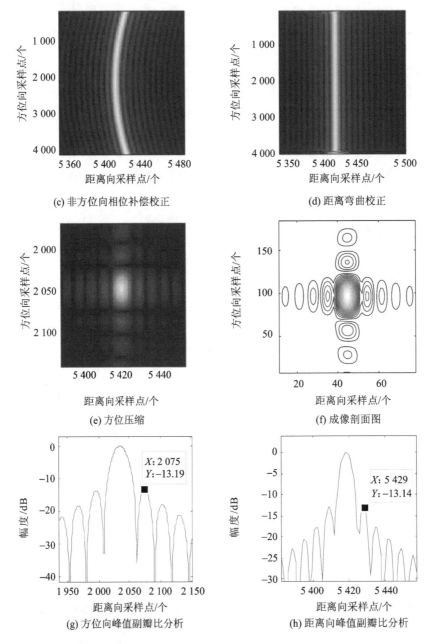

(c) 非方位向相位补偿校正

(d) 距离弯曲校正

(e) 方位压缩

(f) 成像剖面图

(g) 方位向峰值副瓣比分析

(h) 距离向峰值副瓣比分析

图 4-10　传统匀速直线运动下,基于 NUFFT 的单点目标仿真(续)

　　图 4-10 所示是成像算法对传统匀速直线平飞运动成像的验证。在仿真中,采用的无人机平台的运动参数为 $v_{x0}=100$ m/s,$v_{y0}=0$ m/s,$v_{z0}=0$ m/s,$a_x=0$ m/s^2,$a_y=0$ m/s^2,$a_z=0$ m/s^2。目标点的位置为(0 m,0 m,0 m),方位向成像时间为 4 s。图 4-10 中,图(a)表示传统匀速运动模型;图(b)表示距离压缩的结果;图(c)表示非方位向相位补偿的结果,由于传统匀直运动并没有非方位向的运动信息,所以图(c)与图(b)相比并没有变化;图(d)表示方位向距离弯曲校正的结果;图(e)表示方位压缩的结果;图(f)是成像剖面图,从剖面图中可以看出成像中主副瓣分离效果较好;图(g)是对成像结果的方位向峰值副瓣比的分析;图(h)是对成像结果距离向峰值副瓣比的分析。从图 4-10(g)和(h)中可以看到对传统匀直运动方位向压

缩的峰值副瓣比达到了 13.19 dB,距离向的峰值副瓣比为 13.14 dB,具有较好的成像效果。

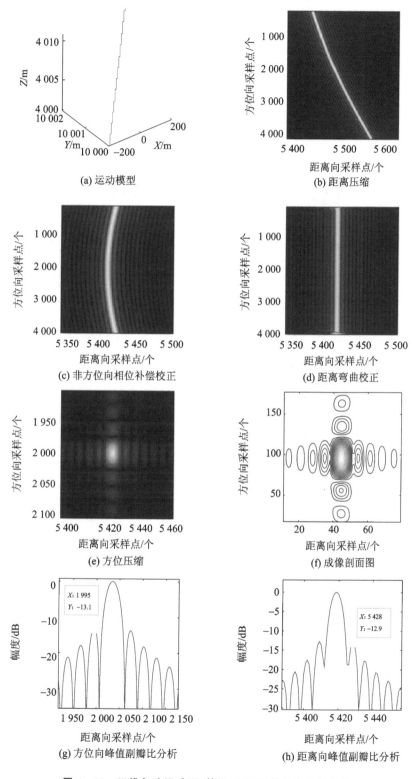

(a) 运动模型

(b) 距离压缩

(c) 非方位向相位补偿校正

(d) 距离弯曲校正

(e) 方位压缩

(f) 成像剖面图

(g) 方位向峰值副瓣比分析

(h) 距离向峰值副瓣比分析

图 4 - 11　三维匀速运动下,基于 NUFFT 的单点目标仿真

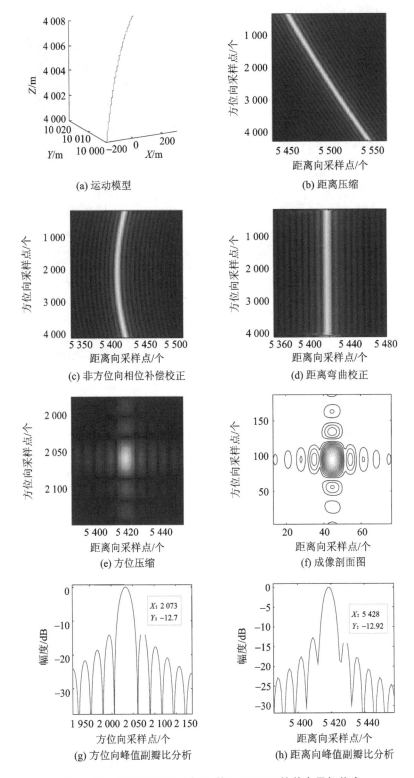

(a) 运动模型

(b) 距离压缩

(c) 非方位向相位补偿校正

(d) 距离弯曲校正

(e) 方位压缩

(f) 成像剖面图

(g) 方位向峰值副瓣比分析

(h) 距离向峰值副瓣比分析

图 4 - 12　三维匀加速运动下,基于 NUFFT 的单点目标仿真

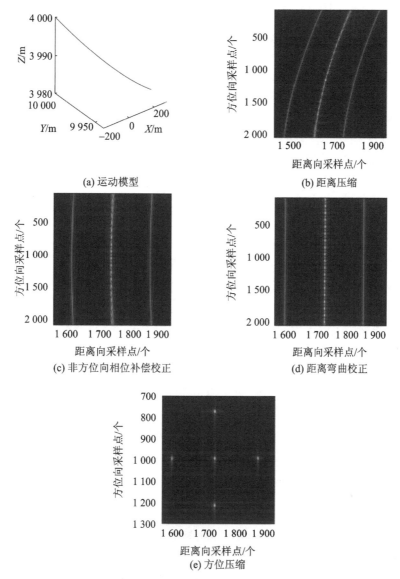

图 4 - 13　三维匀加速运动下，基于 NUFFT 的多点目标仿真

图 4 - 11 所示是对三维匀速运动成像模型下的验证。在图 4 - 11 中，采用的无人机平台的运动参数为 $v_{x0}=100$ m/s，$v_{y0}=5$ m/s，$v_{z0}=3$ m/s，$a_x=0$ m/s^2，$a_y=0$ m/s^2，$a_z=0$ m/s^2。目标点的位置为（0 m，0 m，0 m），方位向成像时间为 4 s。图 4 - 11 中，图(a)表示三维匀速运动模型；图(b)表示距离压缩的结果；图(c)表示非方位向相位补偿的结果，从图(c)中可以看出，经过非方位向的相位补偿，能够有效地去除非方位向运动对回波距离徙动的影响，使得距离压缩后的曲线变成了传统匀直运动状态下的形式；图(d)表示方位向距离弯曲校正的结果，主要是去除方位向运动给距离压缩带来的距离徙动分量；图(e)表示方位压缩的结果；图(f)是成像剖面图；图(g)是对成像结果的方位向峰值副瓣比的分析；图(h)是对成像结果距离向峰值副瓣比的分析。从图 4 - 11(g)和(h)中可以看到对三维匀速运动方位向压缩的峰值副瓣比达到了 13.1 dB，距离向的峰值副瓣比为 12.9 dB，具有较好的成像效果。

图 4 - 12 所示是对三维匀加速运动成像模型下的验证，该模型属于慢速爬升转弯运动。在图 4 - 12 中，采用的无人机平台的运动参数为 $v_{x0}=100$ m/s，$v_{y0}=5$ m/s，$v_{z0}=3$ m/s，$a_x=$

$0.1~\mathrm{m/s^2}$,$a_y = -0.5~\mathrm{m/s^2}$,$a_z = -0.5~\mathrm{m/s^2}$。目标点的位置为$(0~\mathrm{m},0~\mathrm{m},0~\mathrm{m})$,方位向成像时间为 4 s。图 4-12 中,图(a)表示三维匀加速运动模型;图(b)表示距离压缩的结果;图(c)表示非方位向相位补偿的结果,从图(c)中可以看出,经过非方位向的相位补偿,能够成功地去除非方位向运动对回波距离徙动的影响,使得距离压缩后的曲线变成了传统匀直运动状态下的形式;图(d)表示方位向距离弯曲校正的结果,主要是去除方位向运动给距离压缩带来的距离徙动分量;图(e)表示方位压缩的结果;图(f)表示成像剖面图;图(g)是对成像结果的方位向峰值副瓣比的分析;图(h)是对成像结果距离向峰值副瓣比的分析。从图 4-12(g)和(h)中可以看到对三维匀加速运动方位向压缩的峰值副瓣比达到了 12.7 dB,距离向的峰值副瓣比为 12.92 dB,具有较好的成像效果。

在图 4-10~图 4-12 中,分别对传统匀速直线运动状态、三维匀速运动状态和三维匀加速运动状态下的无人机载机动 SAR 单点目标成像进行了详细的分析。下面对三维匀加速运动状态下的多点目标进行仿真分析。仿真时,选取 5 个点目标,其坐标为$(-50~\mathrm{m},0~\mathrm{m},0~\mathrm{m})$,$(0~\mathrm{m},-50~\mathrm{m},0~\mathrm{m})$,$(0~\mathrm{m},0~\mathrm{m},0~\mathrm{m})$,$(0~\mathrm{m},50~\mathrm{m},0~\mathrm{m})$,$(50~\mathrm{m},0~\mathrm{m},0~\mathrm{m})$。图 4-13 所示为三维匀加速运动模型下的多目标成像结果。在仿真中,采用的无人机平台的运动参数为$v_{x0} = 100~\mathrm{m/s}$,$v_{y0} = -20~\mathrm{m/s}$,$v_{z0} = -6~\mathrm{m/s}$,$a_x = 0.2~\mathrm{m/s^2}$,$a_y = 3~\mathrm{m/s^2}$,$a_z = 1~\mathrm{m/s^2}$,方位向成像时间为 4 s。该模型属于慢速俯冲转弯运动。在图 4-13 中,图(a)表示三维匀加速运动模型;图(b)表示距离压缩的结果;图(c)表示非方位向相位补偿的结果,从图(c)中可以看出,经过非方位向的相位补偿,能够将多点目标的距离压缩曲线均校直传统匀加速运动状态下的形式;图(d)表示方位向距离弯曲校正的结果,去除了方位向运动给距离压缩带来的距离徙动分量;图(e)表示方位压缩的结果。

由于在图(e)中,各个目标较为分散,难以在整个场景中清晰地展示用升采样表示所有点目标的剖面图,因此只给出了成像结果二维图,并没有给出升采样后的剖面图。

2. 基于方位向加速度信息分离的成像仿真

由于在传统匀速直线运动状态和三维匀速运动状态下,并不包含加速度信息,所以此时的成像效果与上面仿真的结果是一致的,因此不再赘述。下面主要针对无人机载机动 SAR 成像的三维匀加速运动模型进行分析。仿真参数设定与前面保持一致。如图 4-14 和图 4-15 所示,分别是基于方位向加速度信息进一步分离的无人机载机动 SAR 成像的单点目标仿真分析和多点目标仿真分析。

在图 4-14 中,采用的无人机平台的运动参数为$v_{x0} = 100~\mathrm{m/s}$,$v_{y0} = 5~\mathrm{m/s}$,$v_{z0} = 3~\mathrm{m/s}$,$a_x = 0.1~\mathrm{m/s^2}$,$a_y = -0.5~\mathrm{m/s^2}$,$a_z = -0.5~\mathrm{m/s^2}$。目标点的位置为$(0~\mathrm{m},0~\mathrm{m},0~\mathrm{m})$,方位向成像时间为 4 s。图 4-14 中,图(a)表示三维匀加速运动模型;图(b)表示距离压缩的结果;图(c)表示非方位向相位补偿的结果;图(d)表示经过方位向加速度分离补偿后的距离弯曲校正结果;图(e)表示方位压缩的结果;图(f)表示成像剖面图;图(g)是对成像结果的方位向峰值副瓣比的分析;图(h)是对成像结果距离向峰值副瓣比的分析。从图 4-14(g)和(h)中可以看到对三维匀加速运动方位向压缩的峰值副瓣比达到了 12.83 dB,距离向的峰值副瓣比为 12.92 dB,与图 4-12 基本一致。但由于没有利用 NUFFT,因此成像速度更快。

针对多目标成像,采用的无人机平台的运动参数为$v_{x0} = 100~\mathrm{m/s}$,$v_{y0} = -20~\mathrm{m/s}$,$v_{z0} = -6~\mathrm{m/s}$,$a_x = 0.2~\mathrm{m/s^2}$,$a_y = 3~\mathrm{m/s^2}$,$a_z = 1~\mathrm{m/s^2}$,目标点的位置分别为$(-50~\mathrm{m},0~\mathrm{m},0~\mathrm{m})$,$(0~\mathrm{m},-50~\mathrm{m},0~\mathrm{m})$,$(0~\mathrm{m},0~\mathrm{m},0~\mathrm{m})$,$(0~\mathrm{m},50~\mathrm{m},0~\mathrm{m})$,$(50~\mathrm{m},0~\mathrm{m},0~\mathrm{m})$,方位向成像时间为

4 s。在图 4 - 15 中,图(a)表示三维匀加速运动模型;图(b)表示距离压缩的结果;图(c)表示非方位向相位补偿的结果;图(d)表示经过方位向加速度分离的距离弯曲校正的结果;图(e)表示

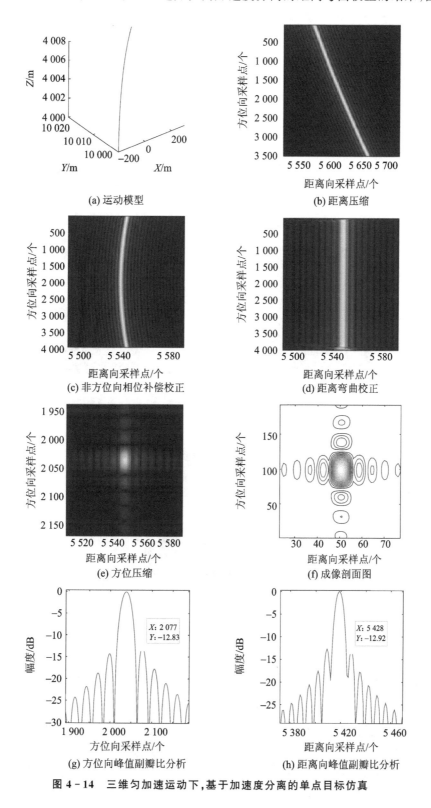

(a) 运动模型

(b) 距离压缩

(c) 非方位向相位补偿校正

(d) 距离弯曲校正

(e) 方位压缩

(f) 成像剖面图

(g) 方位向峰值副瓣比分析

(h) 距离向峰值副瓣比分析

图 4 - 14　三维匀加速运动下,基于加速度分离的单点目标仿真

方位压缩的结果。与图 4-13 相比,得到了同样效果的成像结果。

图 4-15 展示了无人机载机动 SAR 成像的二维结果。对比图 4-12 和图 4-14、图 4-13 和图 4-15,结果基本保持一致。这也验证了空变性分析中,加速度对目标点成像效果的影响在一定范围内较小的结论。

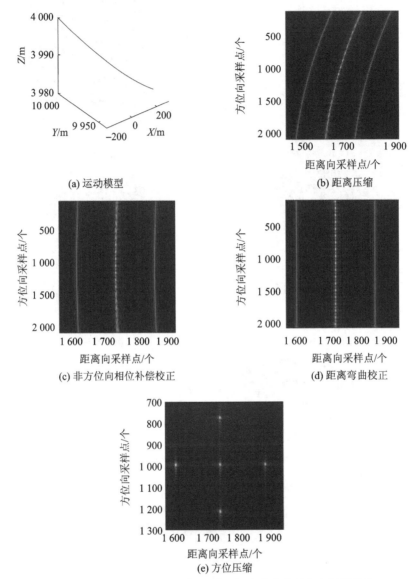

(a) 运动模型

(b) 距离压缩

(c) 非方位向相位补偿校正

(d) 距离弯曲校正

(e) 方位压缩

图 4-15   三维匀加速运动下,基于加速度分离的多点目标仿真

3. 仿真结果分析

从图 4-10～图 4-15 的仿真结果中可以看出,在传统匀速直线运动状态下算法的成像效果最好。在三维匀速运动(线性规避运动)和三维匀加速运动(爬升转弯运动或俯冲转弯运动)的成像中,也能达到很好的效果。但是,与传统匀速直线运动相比,由于分离中舍弃了方位向与非方位向的高阶交叉耦合项,因此存在较弱的能量损失,使得后两种运动状态的副瓣有轻微的抬升。但是这种影响比较微弱,因此并不影响成像质量。

下面利用传统的 BP 算法与本章的算法进行对比。主要与基于 NUFFT 算法的成像效率进行对比。如图 4-16 所示,为传统 BP 算法在传统匀速直线运动状态下的仿真。

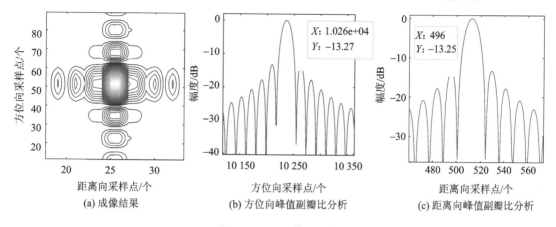

图 4-16　BP 算法仿真

仿真中,BP 算法采用 512×2 048 个点,耗时 124.5 s。当选用 4 096×4 096 个点进行时,约为 7 182 s,而在图 4-10 中的仿真时间是 31.5 s,相差约 228 倍。由于 BP 算法并没有经过基于运动信息分离算法的近似与舍弃交叉项等操作,因此,对比图 4-10 和图 4-16 的结果,可以发现 BP 算法的主副瓣比比基于运动信息分离算法的主副瓣比略高。但这种差异性很小,并没有影响基于运动信息分离算法的成像效果。由于基于运动信息分离的算法是针对三维空间坐标系中建立的成像信息较为完整的方程进行分析的,能够较为完整地描述这种模型下的任意轨迹成像,且在小场景成像中不需要分析复杂的机动 SAR 二维频谱,因此具有较强的适用性。

4.4.4　无人机载机动 SAR 斜视成像分析

1. 成像分析

在上述的成像分析中,主要是针对正侧视成像进行的。然而斜视成像更符合无人机载 SAR 机动模式对目标区域成像的要求,但斜视角会造成成像更加困难。下面针对无人机载机动 SAR 在斜视中成像的情况进行分析。图 4-17 所示为无人机载机动 SAR 在斜视照射下的成像示意图。

在第 2 章中,图 2-1 描述了无人机载机动 SAR 在正侧视下成像的情况。与正侧视成像示意图不同,在图 4-17 中,增加了斜视角 θ(与高度向 z 的夹角),同时在图中还标识了方位向(x 向)的偏置距离 x_s。偏置距离表示在成像斜视角为 θ 时,波束照射中心在成像区域中的波足点与雷达位置沿方位向的偏离距离。比第 2 章中无人机平台的初始位置为 (x_m,y_m,z_m) 更加丰富,x_m 中包含了 x_s 的信息,x_s 表示的是雷达与成像区域的相对位置。当 $\theta=0$ 时,$x_s=0$。定义当 $\theta=0$ 时,$x_m=x_r$。那么,当 $\theta\neq0$ 时,无人机平台位置 $x_m=x_r+x_s$。将此时的 x_m 代入式(4-5)中,可以得到

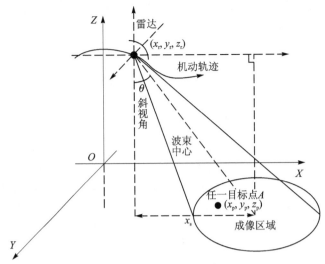

图 4-17 斜视成像示意图

$$
\begin{cases}
R_B^2 = (x_r + x_s - x_p)^2 + (y_m - y_p)^2 + z_m^2 \\
\mu_1 = 2(x_r + x_s - x_p)v_{x_0} + 2(y_m - y_p)v_{y_0} + 2z_m v_{z_0} \\
\mu_2 = [(x_r + x_s)a_x - x_p a_x + v_{x_0}^2] + (y_m a_y - y_p a_y + v_{y_0}^2) + (z_m a_z + v_{z_0}^2) \\
\mu_3 = v_{x_0} a_x + v_{y_0} a_y + v_{z_0} a_z \\
\mu_4 = \dfrac{1}{4}(a_x^2 + a_y^2 + a_z^2)
\end{cases}
$$

$$(4-57)$$

由于斜视角 θ 或偏置距离 x_s 的存在,在进行斜视成像分析时,应去除偏置距离的影响,然后再根据 4.4.2 小节基于运动信息分离的成像算法以及本章文献[1]中斜视下成像处理算法实现。与 4.4.2 小节基于运动信息分离的算法不同,它增加了偏置距离校正和二次距离压缩,同时在进行距离徙动校正时,也应采用本章文献[1]中更加精确的模型。下面具体介绍成像过程。

参考式(4-30),在计算非空变项的慢时间调制项 $\dot{R}(t_a)$ 时,其系数项略有不同,k_{10x}、k_{20x} 与 k_{30x} 不再是关于 x_m 的函数,而是关于 x_r 的函数。

$$
\begin{cases}
k_{10x} = \dfrac{A_{1x}}{R_{B0}} \\
k_{20x} = \dfrac{A_{2x}}{2R_{B0}} - \dfrac{A_{1x}^2}{2R_{B0}^3} \\
k_{30x} = \dfrac{\mu_{3x}}{2R_{B0}} + \dfrac{A_{1x}^3}{2R_{B0}^5} - \dfrac{A_{1x}A_{2x}}{2R_{B0}^3}
\end{cases}
$$

$$(4-58)$$

$$
\begin{cases}
A_{1x} = x_r v_{x0} \\
A_{2x} = x_r a_x + v_{x0}^2 \\
\mu_{3x} = v_{x0} a_x
\end{cases}
$$

$$(4-59)$$

2. 基于等效匀速直线运动的传统斜视成像

针对无人机载机动 SAR 斜视成像处理,其处理过程与 4.4.2 小节"2. 基于 NUFFT 的运动信息分离成像"中一致。但在距离徙动校正中,应采用本章文献[1]中更加精确的模型,其增加了二次距离压缩处理。引入距离徙动因子 D:

$$D = \sqrt{1 - \frac{\lambda^2 f_a^2}{4 v_a^2}} \qquad (4-60)$$

于是,距离徙动量 R_{cm} 可以表示为

$$R_{cm} = \frac{R_b(1-D)}{D} \qquad (4-61)$$

其中,$R_b = \sqrt{(x_r - x_p)^2 + y_m^2 + z_m^2}$。

距离弯曲校正函数 H_{rcm} 根据式(4-38)可以表示为

$$H_{rcm} = \exp\left(j\,\frac{4\pi f_r R_{cm}}{c}\right) \qquad (4-62)$$

在处理斜视成像时,在完成距离压缩后,要增加二次距离压缩处理过程。二次距离压缩的调频率 $K_{src} = \dfrac{2 v_a^2 f_0^3 D^3}{c R_b f_a^2}$,那么二次距离压缩函数 H_{src},可表示为

$$H_{src} = \exp\left(-j\,\frac{\pi f_r^2}{K_{src}}\right) \qquad (4-63)$$

由于距离弯曲校正和二次距离压缩在处理中都是基于二维频域进行的,因此在成像处理中可以一起完成,H_{srcm} 记为

$$H_{srcm} = H_{rcm} \times H_{src} \qquad (4-64)$$

其成像过程与 4.4.2 小节"2. 基于 NUFFT 的运动信息分离成像""3. 基于方位向加速度信息分离的成像"一样,差异性主要体现在非方位向相位补偿校正和距离弯曲校正中。在无人机载机动 SAR 斜视成像处理中,进行非方位向相位补偿的同时,去掉了偏置距离带来的影响,将斜视成像等效成正侧视成像。同时,在距离弯曲校正中,采用了更加精确的模型以及增加了二次距离压缩处理过程。后续会通过仿真分析成像效果。

3. 基于运动信息分离的改进斜视成像

根据等效匀速直线运动模型,利用本章文献[1]中斜视处理方法成像只适用于斜视角较小的情况,不适用于斜视角较大的情况。为了进一步改进三维坐标系下无人机载机动 SAR 的斜视成像效果,首先分析回波信号的斜距方程展开系数。根据 4.3.1 小节的式(4-11)和 4.4.4 小节的式(4-57)分析可知,斜视成像下有如下关系:

$$\begin{cases} R_{B0}^2 = (x_r + x_s)^2 + y_m^2 + z_m^2 \\[2mm] k_{10x} = \dfrac{A_{1x}}{R_{B0}} \\[2mm] k_{20x} = \dfrac{A_{2x}}{2 R_{B0}} - \dfrac{A_{1x}^2}{2 R_{B0}^3} \\[2mm] k_{30x} = \dfrac{\mu_{3x}}{2 R_{B0}} + \dfrac{A_{1x}^3}{2 R_{B0}^5} - \dfrac{A_{1x} A_{2x}}{2 R_{B0}^3} \end{cases} \qquad (4-65)$$

将斜视成像等效成正侧视成像时,则有如下关系:

$$\begin{cases} R_{Br0}^2 = (x_r + x_s)^2 + y_m^2 + z_m^2 \\[2mm] k_{10x} = \dfrac{A_{1x}}{R_{Br0}} \\[2mm] k_{20x} = \dfrac{A_{2x}}{2R_{Br0}} - \dfrac{A_{1x}^2}{2R_{Br0}^3} \\[2mm] k_{30x} = \dfrac{\mu_{3x}}{2R_{Br0}} + \dfrac{A_{1x}^3}{2R_{Br0}^5} - \dfrac{A_{1x}A_{2x}}{2R_{Br0}^3} \end{cases} \tag{4-66}$$

根据式(4-65)和式(4-66)可知，R_{B0} 和 R_{Br0} 并不一致，还存在一定的差值 $d_r = R_{B0} - R_{Br0}$，将 d_r、式(4-65)、式(4-66)和式(4-59)代入 4.4.1 小节的式(4-29b)和式(4-30)中，则可以得到：

$$\dot{R}_{\bar{x}}(t_a) = d_r + k_{10\bar{x}} t_a + k_{20\bar{x}} t_a^2 + k_{30\bar{x}} t_a^3 \tag{4-67}$$

其中，$k_{10\bar{x}}$、$k_{20\bar{x}}$ 和 $k_{30\bar{x}}$ 是由式(4-29b)、式(4-59)和式(4-66)计算得到的。然后，将式(4-67)代入 4.4.2 小节的式(4-33)中，即可得到斜视校正中的距离频域相位补偿函数 $H_1(f_r, t_a)$。

在完成距离多普勒域的非方位向相位补偿(含斜视校正)后，还需要对等效正侧视下的距离弯曲校正、二次距离压缩和方位压缩进行分析。为了得到更精确的斜视成像参数，分析距离压缩后信号的频域形式。根据 4.4.2 小节的分析可知，经过距离压缩和非方位向相位补偿校正，回波信号有如下形式：

$$s_{rf}(R_{Br0}, t_a) = \exp\left[-j\,\frac{4\pi(f_0 + f_r)R_{Br0}}{c}\right]\exp\left[-j\,\frac{4\pi(f_0 + f_r)}{c}\dot{R}_x(t_a)\right] \tag{4-68}$$

将式(4-68)变换到二维频域，可得

$$\begin{aligned} s_{2f} \approx &\exp\left[-j\,\frac{4\pi(f_0 + f_r)R_{Br0}}{c}\right]\exp\left[j\,\frac{4\pi(f_0 + f_r)}{c}\omega_1\right]\exp(j\pi f_a\omega_2) \times \\ &\exp\left(j\,\frac{\pi c^2 f_a^2}{8f_0}\omega_3\right)\exp\left(-j\,\frac{\pi c f_a^2}{8f_0^2}f_r\omega_3\right)\exp\left(j\,\frac{\pi c f_a^2}{8f_0^3}f_r^2\omega_3\right) \times \\ &\exp\left(j\,\frac{\pi c^2 f_a^3}{16f_0^2}\omega_4\right)\exp\left(-j\,\frac{\pi c^2 f_a^3}{8f_0^3}f_r\omega_4\right)\exp\left(j\,\frac{3\pi c^2 f_a^3}{8f_0^4}f_r^2\omega_4\right) \end{aligned} \tag{4-69}$$

$$\begin{cases} \omega_1 = \dfrac{k_{10x}^2}{k_{20x}} + \dfrac{k_{10x}^3 k_{30x}}{16 k_{20x}^3} \\[3mm] \omega_2 = \dfrac{k_{10x}}{k_{20x}} + \dfrac{3 k_{10x}^2 k_{30x}}{4 k_{20x}^3} \\[3mm] \omega_3 = \dfrac{2}{k_{20x}} + \dfrac{3 k_{10x} k_{30x}}{k_{20x}^3} \\[3mm] \omega_4 = \dfrac{k_{30x}}{k_{20x}^3} \end{cases} \tag{4-70}$$

对式(4-69)进行整理，可得

$$s_{2f} \approx \varphi_0(f_a)\exp\left[-j\,\frac{\pi}{c}\left(-4R_{Br0} + \omega_1 - \frac{f_d^2}{8}\omega_3 - \frac{f_d^3}{8}\omega_4\right)f_r\right]\exp\left[j\,\frac{\pi}{2c}\left(\frac{f_d^2}{4f_0}\omega_3 + \frac{3f_d^3}{8f_0}\omega_4\right)f_r^2\right] \tag{4-71}$$

$$
\begin{cases}
f_{\mathrm{d}} = c\,\dfrac{f_{\mathrm{a}}}{f_0} \\[2mm]
\varphi_0(f_{\mathrm{a}}) = \exp\!\left(-\,\mathrm{j}\,\dfrac{4\pi f_0 R_{\mathrm{Br0}}}{c} + \mathrm{j}\,\dfrac{\pi f_0}{c}\omega_1 + \mathrm{j}\pi f_{\mathrm{a}}\omega_2 + \mathrm{j}\,\dfrac{\pi f_{\mathrm{d}}}{8} f_{\mathrm{a}}\omega_3 + \mathrm{j}\,\dfrac{\pi f_{\mathrm{d}}^2}{16} f_{\mathrm{a}}\omega_4\right)
\end{cases}
$$

$$(4-72)$$

其中，$\varphi_0(f_{\mathrm{a}})$ 表示方位向调制函数。f_{d} 是中间计算量。那么，距离弯曲校正函数 H_{rcm}、二次距离压缩函数 H_{src} 和方位向压缩函数 $H_2(f_{\mathrm{a}})$ 可以表示为

$$
\begin{cases}
H_{\mathrm{rcm}} = \exp\!\left[-\,\mathrm{j}\,\dfrac{\pi}{c}\!\left(\omega_1 - \dfrac{f_{\mathrm{d}}^2}{8}\omega_3 - \dfrac{f_{\mathrm{d}}^3}{8}\omega_4\right) f_{\mathrm{r}}\right] \\[3mm]
H_{\mathrm{src}} = \exp\!\left[-\,\mathrm{j}\,\dfrac{\pi}{2c}\!\left(\dfrac{f_{\mathrm{d}}^2}{4f_0}\omega_3 + \dfrac{3f_{\mathrm{d}}^3}{8f_0}\omega_4\right) f_{\mathrm{r}}^2\right] \\[3mm]
H_2(f_{\mathrm{a}}) = \exp\!\left[-\,\mathrm{j}\,\dfrac{4\pi f_0}{c}\!\left(R_{\mathrm{Br0}} - \dfrac{\omega_1}{4} - \dfrac{\omega_2 f_{\mathrm{d}}}{4} - \dfrac{\omega_3 f_{\mathrm{d}}^2}{32} - \dfrac{\omega_4 f_{\mathrm{d}}^3}{64}\right)\right]
\end{cases}
$$

$$(4-73)$$

经过对三维空间坐标系下的无人机载机动 SAR 斜视成像进行改进处理，可以得到适用性更强的斜视成像处理算法。下面对这两种斜视处理做仿真分析，并对比成像效果。

4. 仿真验证

仿真中的雷达参数及平台的基本参数与 4.4.3 小节中的基本参数相同。图 4-18 和图 4-19 所示分别是基于等效匀速直线运动的传统斜视成像处理中单点目标和多点目标的成像结果。图 4-20 和图 4-21 所示分别为基于运动信息分离的改进斜视成像处理算法中单点目标和多点目标的成像结果，其中图 4-20 和图 4-21 的斜视角与斜视偏置距离要大于图 4-18 和图 4-19 中的参数。

在图 4-18 中，采用的无人机平台的运动参数为 $v_{x0}=100$ m/s，$v_{y0}=5$ m/s，$v_{z0}=3$ m/s，$a_x=0.1$ m/s²，$a_y=-1$ m/s²，$a_z=-0.5$ m/s²，偏置距离 $x_{\mathrm{s}}=1\,200$ m，斜视角 $\theta=6.4°$。目标点的位置为 (100 m, 50 m, 0 m)，方位向成像时间为 5 s。图 4-18 中，图(a)表示三维匀加速运动模型；图(b)表示距离压缩的结果；图(c)表示非方位向相位补偿的结果；图(d)表示二次距离压缩和距离弯曲校正的结果；图(e)表示方位压缩的结果；图(f)是成像剖面图。

在图 4-19 中，采用的无人机平台的运动参数为 $v_{x0}=100$ m/s，$v_{y0}=5$ m/s，$v_{z0}=3$ m/s，$a_x=0.1$ m/s²，$a_y=-1$ m/s²，$a_z=-0.5$ m/s²，偏置距离 $x_{\mathrm{s}}=2\,000$ m，斜视角 $\theta=10.5°$。仿真时，选取 5 个点目标，其坐标为 (−50 m, 0 m, 0 m)，(0 m, −50 m, 0 m)，(0 m, 0 m, 0 m)，(0 m, 50 m, 0 m)，(50 m, 0 m, 0 m)，方位向成像时间为 5 s。图 4-19 中，图(a)表示三维匀加速运动模型；图(b)表示距离压缩的结果；图(c)表示非方位向相位补偿的结果；图(d)表示二次距离压缩和距离弯曲校正的结果；图(e)表示方位压缩的结果。

在图 4-20 中，采用的无人机平台的运动参数与图 4-18 相同，不同的是斜视偏置距离和斜视角，图 4-20 中，$x_{\mathrm{s}}=9\,000$ m，斜视角 $\theta=39.9°$。目标点的位置为 (100 m, 50 m, 0 m)，方位向成像时间为 5 s。图 4-20 中，图(a)表示三维匀加速运动模型；图(b)表示距离压缩的结果；图(c)表示非方位向相位补偿的结果；图(d)表示二次距离压缩和距离弯曲校正的结果；图(e)表示方位压缩的结果；图(f)是成像剖面图。

在图 4-21 中，采用的无人机平台的运动参数与图 4-19 相同，同样其斜视偏置距离和斜视角要远大于图 4-19 中的参数值，其偏置距离 $x_{\mathrm{s}}=9\,000$ m，斜视角 $\theta=39.9°$。仿真时，选取

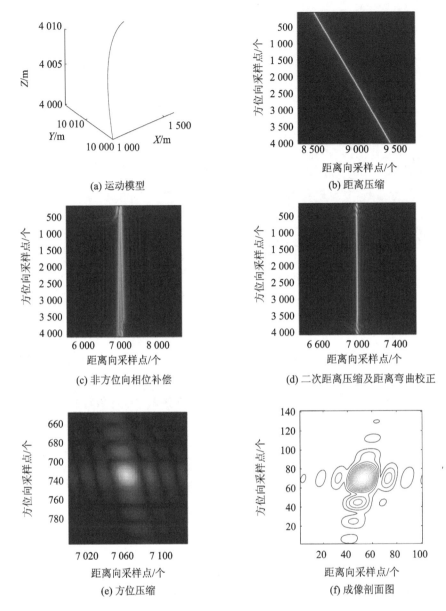

(a) 运动模型

(b) 距离压缩

(c) 非方位向相位补偿

(d) 二次距离压缩及距离弯曲校正

(e) 方位压缩

(f) 成像剖面图

图 4-18　等效匀速斜视处理的单点目标仿真

5 个点目标,其坐标为(-50 m,0 m,0 m),(0 m,-50 m,0 m),(0 m,0 m,0 m),(0 m,50 m,0 m),(50 m,0 m,0 m),方位向成像时间为 5 s。图 4-21 中,图(a)表示三维匀加速运动模型;图(b)表示距离压缩的结果;图(c)表示非方位向相位补偿的结果;图(d)表示二次距离压缩和距离弯曲校正的结果;图(e)表示方位压缩的结果。

将图 4-18 和图 4-20、图 4-19 和图 4-21 进行对比可知,从 4 组图的图(c)中可以看出,图 4-18(c)和图 4-19(c)中有明显的二次距离展宽,其聚焦效果受二次距离压缩的影响较大,这是不利于大斜视处理的主要影响因素之一。这种影响蔓延到二次距离压缩和距离弯曲校正中,则明显地体现在了图 4-18(d)和图 4-19(d)中的上、下两端,其上、下两端有明显的散焦现象。而在图 4-20 和图 4-21 中则不存在这样的明显变化。同时,从图 4-18(e)和

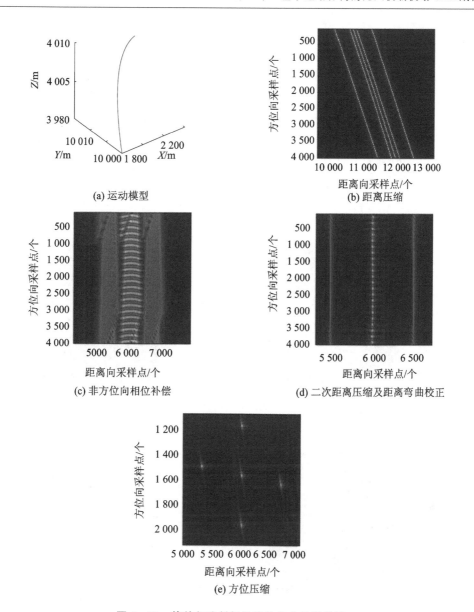

(a) 运动模型

(b) 距离压缩

(c) 非方位向相位补偿

(d) 二次距离压缩及距离弯曲校正

(e) 方位压缩

图 4 – 19　等效匀速斜视处理的多点目标仿真

图 4 – 19(e)及图 4 – 18(f)中可以看出,基于等效匀速直线运动的传统斜视处理散焦更严重,且成像斜视角度比较明显。这一现象,在图 4 – 20(e)和图 4 – 21(e)及图 4 – 20(f)中得到了明显的改善。

　　造成上述变化和不同的原因在于,在基于匀速直线运动的传统斜视成像处理与基于运动信息分离的改进斜视成像处理中,所用的非相位项补偿、距离弯曲校正、二次距离压缩和方位向压缩函数不同。在传统的斜视成像处理中,由于采用的是利用等效速度得到的距离徙动因子 D,不包含斜距方程的系数信息,因此不能更好地进行正侧视等效处理。而在改进的斜视处理中,充分利用分离的运动信息,同时在处理中将偏置距离对成像的一致性影响去除了,因此得到了更好的等效正侧视下的斜视处理结果。这一差异性体现在了式(4 – 66)和式(4 – 67)中。

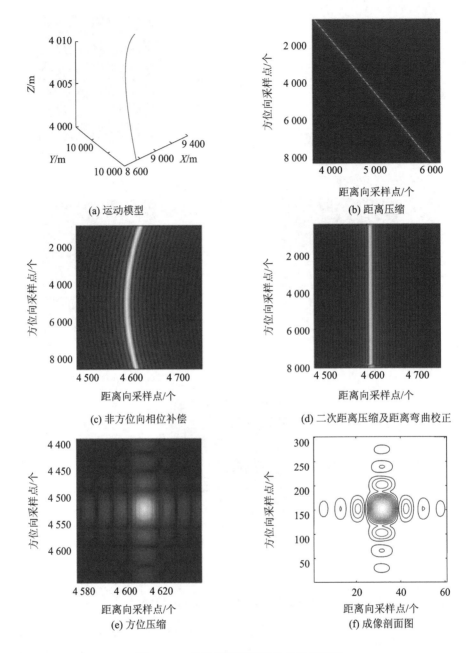

(a) 运动模型

(b) 距离压缩

(c) 非方位向相位补偿

(d) 二次距离压缩及距离弯曲校正

(e) 方位压缩

(f) 成像剖面图

图 4 - 20 改进斜视处理的单点目标仿真

在前面章节的分析中,主要解决了基于运动信息分离的无人机载机动 SAR 成像的基本问题,并对其斜距方程、空变量变化进行了详细分析。同时,为扩展基于运动分离的无人机载机动 SAR 成像算法的适用性,针对无人机载机动 SAR 的斜视成像问题进行了深入研究。上述的研究并未解决无人机载机动 SAR 成像中的空变性问题。下面专门针对无人机载机动 SAR 成像中的空变性问题进行研究。

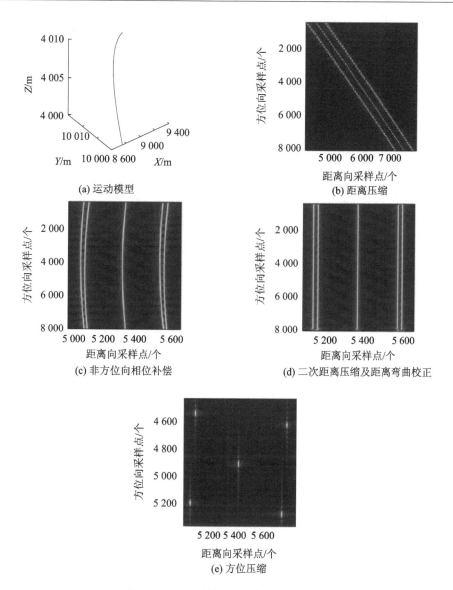

(a) 运动模型

(b) 距离压缩

(c) 非方位向相位补偿

(d) 二次距离压缩及距离弯曲校正

(e) 方位压缩

图 4 – 21　改进斜视处理的多点目标仿真

4.4.5　无人机载机动 SAR 成像空变性分析

空变性问题是无人机载机动 SAR 成像需要解决的另一个关键问题。在前文 4.3.2 小节中,将无人机载机动 SAR 成像中的斜距方程分离成了非空变性调制项和空变性调制项两部分。其中,关于非空变性调制项的处理在前文的成像过程中已经详细介绍,同时还对空变性变化进行了详细分析。本小节将针对空变性问题的解决进行详细分析。

结合前文 4.3.2 小节"2. 空变性分析",本小节通过两种方案解决空变性问题:一种是对大成像场景的小区域划分,通过在不同的小区域内选择不同的成像参考点,实现空变性问题的解决;另一种是基于频域相位滤波方法实现的空变性校正。第一种成像方法是一种简单快捷的方法,主要依据 4.3.2 小节"1. 非空变性分离"中的空变性分析中空变量变化的大小将大成像场景划分成若干个小成像区域,分别在各个小成像区域内分别选取运动参数和参考点进行成像分析。这种分析方法较为简单快捷,实现方便,易于理解,因此不再赘述。下面主要对基于相位滤波的空变性校正方法进行分析。

1. 基于频域相位滤波的运动分离空变性校正

本章文献[2]和[5]中均利用频域相位滤波校正的方法,在频域内较好地实现了相位空变性校正。基于频域相位滤波的空变性校正方法,通过在时域中引入相位滤波因子,使得方位频域中的空变项主要成分的系数为 0,从而实现空变性校正。本小节同样利用这种思想进行空变性分析。在进行空变性分析之前,首先分析含空变项 $\Delta R\left(t_a ; x_p, y_p\right)$ 的回波信号的方位频谱。

根据式(4-22)的分析可知,进行非空变性分离后,回波信号的斜距方程变成了如下形式:

$$R\left(t_a\right) \approx R_B + \left(k_{10} t_a + k_{20} t_a^2 + k_{30} t_a^3\right) + \left(\Delta k_1 t_a + \Delta k_2 t_a^2 + \Delta k_3 t_a^3\right) \quad (4-74)$$

那么,此时的回波信号(忽略幅度信息)相位的完整表达形式为

$$s\left(R_B, t_a\right) = \exp\left[-j \frac{4\pi f_0}{c}\left(k_{a1} t_a + k_{a2} t_a^2 + k_{a3} t_a^3\right)\right] \exp\left[-j \frac{4\pi f_0 R_B}{c}\right] =$$

$$\exp\left\{-j \frac{4\pi f_0}{c}\left[\left(k_{10}+\Delta k_1\right) t_a + \left(k_{20}+\Delta k_2\right) t_a^2 + \left(k_{30}+\Delta k_3\right) t_a^3\right]\right\} \exp\left(-j \frac{4\pi f_0 R_B}{c}\right)$$

$$(4-75)$$

其中,有

$$\begin{cases} k_{a1} = k_{10} + \Delta k_1 \\ k_{a2} = k_{20} + \Delta k_2 \\ k_{a3} = k_{30} + \Delta k_3 \end{cases} \quad (4-76)$$

为了利用频域相位滤波进行空变性校正,首先要分析含空变项的回波信号方位频谱。方位频域信号可以利用驻相法求解。方位频域信号可表示为

$$S\left(R_B, f_a\right) = \int_{-\infty}^{\infty} \mathrm{rect}\left(\frac{t_a}{T_a}\right) s\left(R_B, t_a\right) \exp\left\{-j 2\pi f_a t_a\right\} \mathrm{d} t_a \quad (4-77)$$

利用驻相法求解时有

$$\begin{cases} \dfrac{\mathrm{d}\theta\left(t_a\right)}{\mathrm{d} t_a} = 0 \\ \theta\left(t_a\right) = -\dfrac{4\pi f_0}{c}\left(k_{a1} t_a + k_{a2} t_a^2 + k_{a3} t_a^3\right) - 2\pi f_a t_a \end{cases} \quad (4-78)$$

忽略三次以上高阶项,求解得到方位频域方位信号为

$$S\left(R_B, f_a\right) = \exp\left(j\phi_0 + j\phi_1 + j\phi_2 + j\phi_3\right) \quad (4-79)$$

其中,有

$$\begin{cases} \phi_0 = \dfrac{\pi f_0}{c}\left(\dfrac{k_{a1}^2}{k_{a2}} + \dfrac{k_{a1}^3 k_{a3}}{16 k_{a2}^3}\right) \\[3mm] \phi_1 = \pi f_a\left(\dfrac{k_{a1}}{k_{a2}} + \dfrac{3 k_{a1}^2 k_{a3}}{4 k_{a2}^3}\right) \\[3mm] \phi_2 = \dfrac{\pi c f_a^2}{8 f_0}\left(\dfrac{2}{k_{a2}} + \dfrac{3 k_{a1} k_{a3}}{k_{a2}^3}\right) \\[3mm] \phi_3 = \dfrac{\pi c^2 f_a^3}{16 f_0^2} \dfrac{k_{a3}}{k_{a2}^3} \end{cases} \quad (4-80)$$

在式(4-79)中,ϕ_0 和 ϕ_1 只影响聚焦后信号的位置不影响聚焦质量,空变性主要受到两项 ϕ_2 和 ϕ_3 的影响,其中 ϕ_3 的影响更弱,因此主要是受 ϕ_2 的空变性影响。为了详细地分析空变性变化,重点将 ϕ_2 的空变成分分离出来。根据式(4-21a)~式(4-21c)可知,式(4-22)还可以表示成如下形式:

$$R(t_a) \approx R_B + k_{10}t_a + k_{20}t_a^2 + k_{30}t_a^3 + \Delta k_{1x}x_p t_a + \Delta k_{2x}x_p t_a^2 + \Delta k_{3x}x_p t_a^3 +$$
$$\Delta k_{1y}y_p t_a + \Delta k_{2y}y_p t_a^2 + \Delta k_{3y}y_p t_a^3 \qquad (4-81)$$

其中,有

$$\begin{cases} \Delta k_1 \approx \Delta k_{1x}x_p + \Delta k_{1y}y_p \\ \Delta k_2 \approx \Delta k_{2x}x_p + \Delta k_{2y}y_p \\ \Delta k_3 \approx \Delta k_{3x}x_p + \Delta k_{3y}y_p \end{cases} \qquad (4-82)$$

$$\begin{cases} \Delta k_{1x} = -\dfrac{v_{x0}}{R_{B0}} + \dfrac{A_1 x_m}{R_{B0}^3} \\[3mm] \Delta k_{2x} = -\dfrac{a_x}{2R_{B0}} + \dfrac{A_2 x_m}{2R_{B0}^3} + \dfrac{A_1 v_{x0}}{R_{B0}^3} \\[3mm] \Delta k_{3x} = \dfrac{A_2 v_{x0}}{2R_{B0}^3} + \dfrac{A_1 a_x}{2R_{B0}^3} + \dfrac{\mu_3 x_m}{2R_{B0}^3} \end{cases} \qquad (4-83)$$

$$\begin{cases} \Delta k_{1y} = -\dfrac{v_{y0}}{R_{B0}} + \dfrac{A_1 y_m}{R_{B0}^3} \\[3mm] \Delta k_{2y} = -\dfrac{a_y}{2R_{B0}} + \dfrac{A_2 y_m}{2R_{B0}^3} + \dfrac{A_1 v_{y0}}{R_{B0}^3} \\[3mm] \Delta k_{3y} = \dfrac{A_2 v_{y0}}{2R_{B0}^3} + \dfrac{A_1 a_y}{2R_{B0}^3} + \dfrac{\mu_3 y_m}{2R_{B0}^3} \end{cases} \qquad (4-84)$$

式(4-83)和式(4-84)具有相同的形式,差异性只在于参数是不同方向的运动参数,这也证明了 4.2 节中,三维空间坐标系下,斜距方程具有三维同性的特性。将式(4-82)、式(4-83)和式(4-84)代入式(4-80)中,可以得到分离出空变性变化的相位形式[6]:

$$\Phi(f_a) \approx A + Bx_p f_a + Cx_p^2 f_a + Dx_p f_a^2 + E \qquad (4-85)$$

根据 4.3.2 小节"2. 空变性分析"可知,在成像中往往采用逐距离单元处理的方式进行,在每一个距离单元中,地距向的目标沿 y 方向的坐标变化较小。因此,同一个距离单元内,目标点沿地距向(y 方向)的空变性变化,要远小于其沿方位向的变化。因此,此处主要考虑空变项中的 x 向参数。在式(4-85)中,主要考虑影响压缩的空变性变化的第三项和第四项。那么,有如下参数形式:

$$\begin{cases} A = \dfrac{\pi c f_a^2}{8f_0}\left(\dfrac{2}{k_{20}} + \dfrac{3k_{10}k_{30}}{k_{20}^3}\right) + \dfrac{\pi c^2 f_a^3}{16f_0^2}\dfrac{k_{30}}{k_{20}^3} \\[4mm] B = \pi\left(\dfrac{\Delta k_{1x}}{k_{20}} - \dfrac{k_{10}\Delta k_{2x}}{k_{20}^2} + \dfrac{6k_{10}k_{30}\Delta k_{1x} + 3k_{10}^2\Delta k_{3x}}{4k_{20}^3} - \dfrac{9k_{10}^2 k_{30}\Delta k_{2x}}{4k_{20}^4}\right) \\[4mm] C = \pi\left(\dfrac{3k_{30}\Delta k_{1x}^2 + 6k_{10}\Delta k_{1x}\Delta k_{3x}}{4k_{20}^3} - \dfrac{18k_{10}k_{30}\Delta k_{1x}\Delta k_{2x} + 9k_{10}^2\Delta k_{2x}\Delta k_{3x}}{4k_{20}^4} - \dfrac{\Delta k_{1x}\Delta k_{2x}}{k_{20}^2}\right) \\[4mm] D = \dfrac{\pi c}{8f_0}\left(\dfrac{3k_{10}\Delta k_{3x} + 3k_{30}\Delta k_{1x}}{k_{20}^3} - \dfrac{9k_{10}k_{30}\Delta k_{2x}}{k_{20}^4} - \dfrac{2\Delta k_{2x}}{k_{20}^2}\right) \end{cases}$$

$$(4-86)$$

当引入将滤波相位 $h_{lv}(t_a) = \exp\left[-j\dfrac{4\pi f_0}{c}(qt_a^2 + pt_a^3)\right]$ 时,要满足 $C=0$ 和 $D=0$ 才能较

好地得到校正后的相位。此时,C 和 D 中的 k_{20} 和 k_{30} 具有了新的形式 $\hat{k}_{20}$ 和 $\hat{k}_{30}$:

$$\begin{cases} \hat{k}_{20} = k_{20} + q \\ \hat{k}_{30} = k_{30} + p \end{cases} \tag{4-87}$$

根据条件 $C=0$ 和 $D=0$ 求解 $\hat{k}_{20}$ 和 $\hat{k}_{30}$,进而求解 q 和 p。联立 $C=0$ 和 $D=0$ 得到

$$\begin{cases} 2\hat{k}_{20}^3 \Delta k_{1x}^2 \Delta k_{2x} - 3\hat{k}_{20}^2 k_{10} \Delta k_{1x}^2 \Delta k_{3x} + 9\hat{k}_{20} k_{10}^2 \Delta k_{1x} \Delta k_{2x} \Delta k_{3x} - 27k_{10}^3 \Delta k_{2x}^2 \Delta k_{3x} = 0 \\ \hat{k}_{30} = -\dfrac{3k_{10}^2 \Delta k_{2x} \Delta k_{3x}}{\hat{k}_{20} \Delta k_{1x}^2} \end{cases} \tag{4-88}$$

根据式(4-88)可知,只要求解出 $\hat{k}_{20}$,就可以得到相位滤波因子。而关于 $\hat{k}_{20}$ 的求解,是

求解一个一元三次方程的问题。在一元三次方程的求解中,通常将 $ax^3 + bx^2 + cx + d = 0$ 的

形式化简为 $ax^3 + \gamma x + \xi = 0$ 的卡尔丹公式[7]形式。于是根据式(4-88)可以计算得

$$\begin{cases} a = 2\Delta k_{1x}^2 \Delta k_{2x} \\ b = -3k_{10} \Delta k_{1x}^2 \Delta k_{3x} \\ c = 9k_{10}^2 \Delta k_{1x} \Delta k_{2x} \Delta k_{3x} \\ d = -27k_{10}^3 \Delta k_{2x}^2 \Delta k_{3x} \end{cases} \tag{4-89}$$

则

$$\begin{cases} \gamma = \dfrac{c}{a} - \dfrac{b^2}{3a^2} \\ \xi = \dfrac{d}{a} + \dfrac{2b^2}{27a^3} - \dfrac{bc}{3a^2} \end{cases} \tag{4-90}$$

根据卡尔丹方程可以得到

$$\hat{k}_{20} = \sqrt[3]{-\dfrac{\gamma}{2} + \sqrt{\left(\dfrac{\gamma}{2}\right)^2 + \left(\dfrac{\xi}{3}\right)^3}} + \sqrt[3]{-\dfrac{\gamma}{2} - \sqrt{\left(\dfrac{\gamma}{2}\right)^2 + \left(\dfrac{\xi}{3}\right)^3}} - \dfrac{b}{3a} \tag{4-91}$$

将利用式(4-91)求解得到的 $\hat{k}_{20}$ 代入式(4-88)和式(4-87)中,即可求得 $\hat{k}_{30}$、q 和 p,进

而求解得到相位滤波方程 h_{lv}。将相位滤波方程与原始回波相乘,再变换到方位频域,就完成

了相位空变性校正。此时,根据式(4-86)中的系数 A 可知,方位压缩函数变成了如下形式:

$$H_2(f_a) = \exp\left[j\dfrac{\pi c f_a^2}{8f_0}\left(\dfrac{2}{k_{20}} + \dfrac{3k_{10}k_{30}}{k_{20}^3}\right) + \dfrac{\pi c^2 f_a^3}{16f_0^2}\dfrac{k_{30}}{k_{20}^3}\right] \tag{4-92}$$

在成像中进行非方位向相位校正时,本部分公式中的 k_{10}、k_{20} 和 k_{30} 应该用 4.4.1 小节中

的式(4-28)中的 k_{10x}、k_{20x} 和 k_{30x} 表示。

2. 无人机载机动 SAR 空变性校正成像算法及仿真验证

与不考虑空变性的基于运动信息分离的无人机载机动 SAR 成像算法不同,考虑空变性的

算法增加了空变性校正项,同时方位压缩函数也变成了式(4-92)的形式。其成像处理具体过

程如图 4-22 所示。

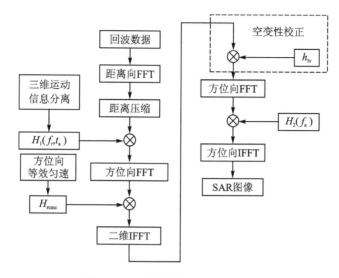

图 4 - 22　空变性成像处理流程图

当考虑斜视成像时,图 4 - 22 中的距离徙动校正需要增加二次距离压缩处理过程,如图 4 - 23 所示。

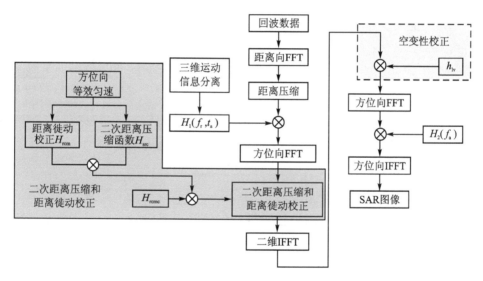

图 4 - 23　空变性斜视成像处理流程图

图 4 - 24～图 4 - 26 所示为仿真验证结果。在仿真中,采用的无人机平台的运动参数为 $v_{x0}=100$ m/s,$v_{y0}=5$ m/s,$v_{z0}=3$ m/s,$a_x=0.1$ m/s^2,$a_y=-1$ m/s^2,$a_z=-0.5$ m/s^2。目标点的位置为(1 000 m,500 m,0 m),方位向成像时间为 5 s。图 4 - 24～图 4 - 26 中,图(a)表示成像剖面图;图(b)表示方位向主副瓣分析;图(c)表示距离向主副瓣分析。

图 4 - 24 表示的是未经过空变性校正的无人机载机动 SAR 成像结果。图 4 - 25 是采用子图像划分成像的方法,将大成像区域划分成若干小成像区域,然后依据不同的中心参考点进行成像的结果。图 4 - 26 表示采用频域相位滤波进行空变性校正的结果。从图 4 - 24(b)中,可以看到较为明显的不对称性,图(c)中方框内的阶梯形变化则显示了空变性造成的主瓣展宽。对比图 4 - 24 和图 4 - 25、图 4 - 26 可以发现,经过后两种方法处理,都可以较好地实现无

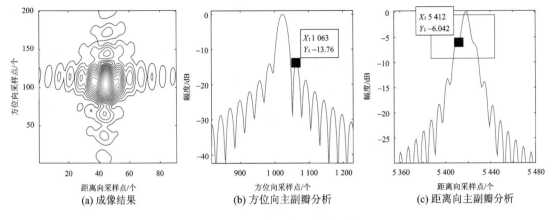

(a) 成像结果　　(b) 方位向主副瓣分析　　(c) 距离向主副瓣分析

图 4 - 24　未进行空变性校正的成像结果

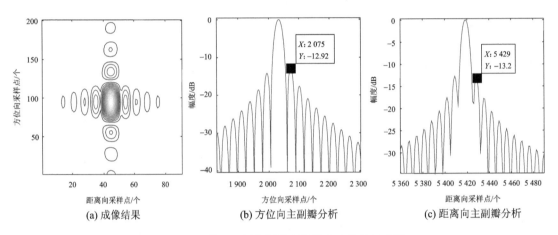

(a) 成像结果　　(b) 方位向主副瓣分析　　(c) 距离向主副瓣分析

图 4 - 25　基于子图像划分成像的空变性校正成像

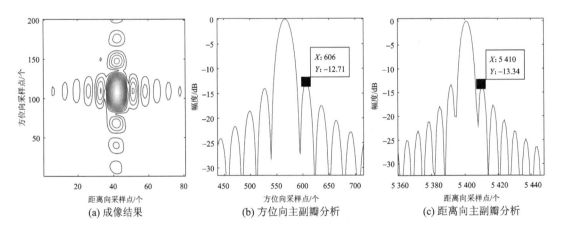

(a) 成像结果　　(b) 方位向主副瓣分析　　(c) 距离向主副瓣分析

图 4 - 26　基于卡尔丹方程的频域相位滤波空变性校正

人机载机动 SAR 的空变性校正;采用子图像处理的方法更为简单快捷,成像效果也最好;采用频域相位滤波的方法能够处理较长孔径的数据。但是,孔径时间变长处理效果依旧会变差,这是由于在运算过程中进行了近似处理造成的。

4.5　基于高度向信息的成像分析

前面对三维坐标系下,无人机载机动 SAR 的成像问题进行了分析。根据 4.2 节的分析可知,利用空间三维成像模型进行成像分析,斜距方程具有"三维同性"的特性。结合 4.4 节对成像算法的分析可知,当 z 方向上存在运动时,将 x 和 y 的信息作为"非方位向"处理,则可以得到 $z-r$(高度-斜距维)的成像结果。由于高度向成像模式往往是斜视成像模式,因此其处理过程应按 4.4.4 小节对斜视成像处理的方法实现。如图 4-27 所示给出了基于高度向信息和方位向信息成像的结果对比。

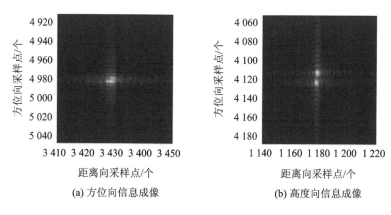

图 4-27　高度向信息和方位向信息成像结果对比

在图 4-27 中,雷达载频为 18 GHz,信号带宽为 150 MHz,无人机平台的初始位置为 $(-8\,000,10\,000,4\,000)$,单位为 m。运动参数为 $(100,0,-40)$,单位为 m/s,成像时间为 10 s。设置了只有高度向有差异的两个目标点:$(0,0,0)$,$(0,0,1)$,单位为 m。两个目标的斜距差为 0.015 6 m,方位向无差异,而距离分辨率为 1 m,因此难以利用方位向信息在方位-斜距维分辨两个目标,如图 4-27(a)所示。但是,在俯冲运动中存在高度向运动,利用高度向信息,可以实现两个目标的高度向分辨,如图 4-27(b)所示。图 4-27 的结果同样验证了 4.2 节对三维空间坐标模型中,对斜距方程三维同性的特性分析。仿真实验证明,采用三维坐标系下,基于运动信息分离的成像算法,不仅能够实现灵活多变轨迹下的无人机载机动 SAR 成像,同时还能丰富成像信息,为无人机载机动 SAR 图像的目标分类与识别提供了更多参考。

4.6　本章小结

本章对轨迹灵活多变的无人机载机动 SAR 成像算法进行了研究;分析了三维空间坐标下斜距方程的三维同性的特点,对斜距方程进行了空变性项和非空变性项分离处理,并对空变量变化进行了分析;提出了基于运动信息分离的无人机载机动 SAR 成像算法,该算法主要包括基于 NUFFT 的运动信息分离成像处理方法和基于方位向加速度信息分离的成像处理方法。利用不同机动模型下的单点目标仿真和多点目标仿真,对成像算法进行了验证分析,同时与传统 BP 算法进行了对比,证明了本章算法同样具有较强的机动适应性,以及相比时域算法更高的成像效率。

考虑到斜视成像与正侧视成像的差异性,研究了算法在斜视成像中的实现与应用。在斜视成像中,增加了包含斜视信息的非方位向运动误差补偿、二次距离压缩以及更精确的距离徙动校正;提出了基于等效匀速直线运动的传统斜视成像处理算法和基于运动信息分离的改进斜视成像处理算法,并通过仿真验证了斜视成像的有效性。

针对空变性问题,本章提出了基于对大成像场景划分的子图像处理方法以及基于频域相位滤波校正的处理方法。重点分析了频域相位滤波算法在三维空间坐标成像中的实现。利用卡尔丹公式求解频域相位滤波因子,实现了无人机载机动 SAR 三维空间坐标下频域相位滤波空变性校正。最后通过仿真验证,证明了基于大场景划分的子孔径空变性校正和基于频域相位滤波的运动分离空变性校正算法的有效性。本章基于任意轨迹的无人机载机动 SAR 成像模型,实现了不同机动模型下无人机载机动 SAR 的成像处理过程,为后面章节的运动误差补偿和探索研究奠定了基础。

最后,利用无人机载机动 SAR 高度向运动信息,实现了基于高度向信息的成像。仿真实验验证了三维空间模型中斜距方程三维同性的特性。同时还证明,采用三维坐标系下,基于运动信息分离的成像算法,不仅能够实现灵活多变轨迹下的无人机载机动 SAR 成像,同时还能丰富成像信息,为无人机载机动 SAR 图像的目标分类与识别提供了更多参考。

参考文献

[1] Cumming I G, Wong F H. 合成孔径雷达成像——算法与实现[M]. 洪文,胡东辉,等, 译. 北京:电子工业出版社,2014.

[2] 李震宇,梁毅,邢孟道,等. 弹载合成孔径雷达大斜视子孔径频域相位滤波成像算法[J]. 电子与信息学报,2015,37(4):953-960.

[3] 李震宇,梁毅,邢孟道,等. 一种大斜视 SAR 俯冲段频域相位滤波成像算法[J]. 电子学报, 2015,43(10):2014-2021.

[4] 李震宇,杨军,梁毅,等. 弹载 SAR 子孔径大斜视成像方位空变校正新方法[J]. 西安电子科技大学学报(自然科学版),2015,42(4):88-95.

[5] 李震宇. 机动平台 SAR 大斜视成像算法研究[D]. 西安:西安电子科技大学,2017.

[6] 邢孟道,保铮,李真芳,等. 雷达成像算法进展[M]. 北京:电子工业出版社,2014.

[7] 路则明. 卡尔丹公式法[OL]. [2020-12-16]https://wenku.baidu.com/view/c2f52829bd 64783e09122b52.html.

第 5 章　基于 MN – MEA 算法
的相位误差补偿处理

在前面章节分别针对轨迹灵活多变的无人机载机动 SAR 成像,建立了适用于任意轨迹的无人机载机动 SAR 成像几何模型;针对无人机载机动 SAR 轨迹多变、成像区域不稳定的问题,研究无人机载机动 SAR 成像的目标区域获取方法;同时,还研究了适用于任意轨迹无人机载机动 SAR 的成像算法,仿真验证了可行性。

经过上述处理,能够在精度较高的测量参数下,实现无人机载机动 SAR 成像处理。然而,由于无人机轻型化、小型化的发展,使得无人机平台不能安装复杂笨重的高精度惯导和定位系统,同时,无人机本身也更容易受到气流的扰动,使得无人机平台在飞行过程中存在运动测量误差,进而使得无人机载机动 SAR 成像质量下降。因此,有必要研究无人机载机动 SAR 的相位误差补偿问题。

本章针对无人机载机动 SAR 成像中的相位误差补偿问题,结合子图像划分,研究了基于迭代分块和相位误差初值模型的 MN – MEA 相位误差补偿算法,进一步校正了残余空变性误差和运动误差,改善成像质量。

5.1　运动误差补偿算法分析

根据前面第 1 章中 1.2.4 小节"2. 运动补偿类算法"的分析可知,运动误差补偿是无人机载 SAR 成像研究必不可少的过程,也是改善无人机载 SAR 成像质量的关键。基于回波的运动补偿处理能够更好地适应无人机小型化和轻型化的发展,是无人机载机动 SAR 成像的最优选择之一。自聚焦算法则是最常见、最有效的基于回波的运动误差补偿方法之一。

通常有三类自聚焦算法:一类是以相位梯度自聚焦(Phase Gradient Autofocus,PGA)算法为代表的基于特显点的自聚焦算法;一类是以最小熵自聚焦(Minimum Entropy Autofocus,MEA)算法为代表的基于全局图像信息的自聚焦算法[1];一类是子孔径相关(MAP Drift,MD)自聚焦算法[2]。其中,PGA 类算法是一种较为稳健的高分辨运动误差补偿自聚焦算法,原理简单,易于实现,应用较为广泛[3]。衍生了很多改进的 PGA 算法,如非迭代的 QPGA 算法、自适应距离单元样本选择的改进 PGA 算法和基于相位误差最小二乘估计的 WPGA 算法[3]等。但是,该类算法依赖于特显点目标,且对噪声和干扰信号敏感,不能处理空变性误差。MD 算法则根据子孔径的划分和子图像间的相关估计校正相位误差[2]。其缺点是适用性较差,只能进行二次相位误差的估计,且估计精度依赖于子图像的相关度,不适合于方位向窄波束成像。MEA 算法是一类利用图像熵值信息聚焦的方法,该方法鲁棒性强,不依赖于误差模型,能在低信噪比条件下的成像。其最大的缺点是运算效率差。为提高 MEA 算法的运算效率,衍生了很多改进的最小熵算法,如:基于坐标下降法的同时更新法最小熵自聚焦算法、基于子空间的最小熵自聚焦算法[4]、加权最小熵的 ISAR 自聚焦算法[1]、改进的最小熵多普勒调频率估计算法[5]、SAR 图像中运动目标重聚焦改进的最小熵方法[6]等。

由于 PGA 类算法依赖于特显点和 MD 类算法适用性较差的特点,针对无人机载机动 SAR 成像,本章选择适用性更强的 MEA 类算法进行分析研究。

5.2　无人机载机动 SAR 成像误差分析

与传统的匀速直线运动 SAR 成像相比,无人机载机动 SAR 成像具有更灵活、复杂的运动模型,受到环境因素的影响也更加明显。其运动误差主要包括环境(气流)干扰误差、系统测量误差、运动模型误差、成像处理的计算误差和成像场景空变性误差等 5 类。

其中,环境(气流)干扰误差具有较强的突发性和随机性,难以用统一的运动模型表示。系统测量误差则是由无人机载平台装备的惯导和定位系统的测量精度不够造成的。运动模型误差则是由机动模型和近似程度决定的。成像处理的计算误差则是由计算过程中的近似处理引起的。成像场景的空变性误差则是由于波束照射过程中,成像场景中目标点相对参考点的变化引起的。

由于这 5 类主要误差的存在,很难精确地实现无人机载机动 SAR 成像的相位误差校正。这 5 类误差的综合作用,也造成其相位误差难以用统一的解析式表示,也很难得到一致性较好的误差模型。

为更好地实现无人机载机动 SAR 成像过程中的相位误差校正,从而得到聚焦效果更好的 SAR 图像,基于图像熵值最小化的 MEA 类算法无疑是最好的选择。该算法不依赖于误差模型,具有较强的鲁棒性,且无需特显点的存在,优势明显。

下面将详细分析基于 MEA 的无人机载机动 SAR 成像相位误差补偿处理。

5.3　基于 MN-MEA 的无人机载机动 SAR 相位误差补偿处理

5.3.1　最小熵法的基本原理[1]

熵是一种对信息不确定性的度量[3]。对于 SAR 图像而言,图像聚焦效果越好,成像结果中的各像素的确定性越大,整个图像的熵越低;相反,图像散焦越大,各像素的不确定性越大,图像的熵也就越大。假设:

$$E_z = \sum_{m=1}^{M} \sum_{n=1}^{N} |z_{m,n}|^2 = \sum_{m=1}^{M} \sum_{n=1}^{N} z_{m,n} z_{m,n}^* \qquad (5-1)$$

其中,E_z 表示图像的总能量。由 Parseval 定理可知,图像的总能量保持不变,所以 E_z 为常数。假设 $p_{m,n} = \dfrac{|z_{m,n}|^2}{E_z}$ 表示像素的能量密度。图像的熵定义为 $p_{m,n}$ 的函数,即

$$S(\phi) = -\sum_{m,n} p_{m,n} \ln p_{m,n} \qquad (5-2)$$

其中,$m=0,1,2,\cdots,M-1;n=0,1,2,\cdots,N-1$。

5.3.2　MN - MEA 算法与实现

根据本章文献[7]和文献[8]可知,因为计算较为复杂,最小熵算法的效率较低。其中,逐步迭代最小熵法和不动点迭代法虽然是比较简单的最小熵算法,但是其运算效率仍然很低。在运算速率方面,牛顿迭代法具有明显的优势。文献[7]针对 ISAR 成像分别提出了基于牛顿迭代法的最小熵(Newton Iterative Minimum Entropy Autofocus,N - MEA)ISAR 自聚焦算法、简化的牛顿迭代最小熵(Simplified Newton Iterative Minimum Entropy Autofocus,SN - MEA)算法和改进的牛顿最小熵(Modified Newton Iterative Minimum Entropy Autofocus,MN - MEA)算法。其中,N - MEA 算法每次迭代运算量仍然较大;SN - MEA 算法每次迭代的运算量小,但是收敛速度较慢,且鲁棒性差;MN - MEA 算法则是两者的优势互补。因此,在本章的无人机载机动 SAR 成像的相位误差补偿中,选用 MN - MEA 算法实现。

假设 $s(m,n)$ 表示待校正的无人机载机动 SAR 图像,$g(m,n)$ 表示校正后的图像,φ_m 表示待估计相位,则有如下关系存在:

$$g(m,n) = \sum_{k=1}^{M} h(k,n) \exp(\mathrm{j}\varphi_m) \exp\left(-\mathrm{j}\frac{2\pi}{M}km\right) \tag{5-3}$$

其中,$h(k,n)$ 表示 $s(m,n)$ 方位向傅里叶变换的结果,是无人机载机动 SAR 成像的距离多普勒域信号形式。m 和 k 表示方位向采样点,n 表示距离向采样点,M 表示方位向总采样点数,N 表示距离向总采样点数。式(5-3)的运算则表示方位向 IFFT 运算。

于是,校正后图像 $g(m,n)$ 的熵值目标函数为

$$E_g = -\frac{1}{S_g} \sum_{m=1}^{M} \sum_{n=1}^{N} |g(m,n)|^2 \ln |g(m,n)|^2 + \ln S_g \tag{5-4}$$

其中,S_g 表示图像总能量:

$$S_g = \sum_{m=1}^{M} \sum_{n=1}^{N} |g(m,n)|^2 \tag{5-5}$$

由于图像总能量 S_g 不会发生变化,因此 $\ln S_g$ 总是常数。通常熵值函数 E_g 用下式表示:

$$E_g = -\sum_{m=1}^{M} \sum_{n=1}^{N} |g(m,n)|^2 \ln |g(m,n)|^2 \tag{5-6}$$

由式(5-3)可知,在式(5-6)中,图像熵值 E_g 是待估计相位 φ_m 的函数。基于最小熵的相位估计可表示为

$$\langle \hat{\varphi}_m \rangle = \arg \min_{\varphi_m} E_g(\varphi_m) \tag{5-7}$$

采用牛顿迭代法寻优时,有如下形式:

$$\varphi_m^{(l+1)} = \varphi_m^{(l)} - \left(\frac{\partial^2 E_g}{\partial \varphi_m^2}\right)^{-1} \frac{\partial E_g}{\partial \varphi_m}\bigg|_{\varphi_m = \varphi_m^{(l)}} \tag{5-8}$$

其中,上标(·)表示迭代次数。当满足如下条件时,迭代结束:

$$\max_m \left[|\exp(\mathrm{j}\phi_m^{(l+1)}) - \exp(\mathrm{j}\phi_m^{(l)})|\right] \leqslant \mu \tag{5-9}$$

其中,μ 表示迭代门限。由式(5-8)可知,要实现牛顿迭代法的寻优,需要计算 E_g 对 φ_m 的一阶导数和二阶导数。首先计算 E_g 对 φ_m 的一阶导数:

$$\frac{\partial E_g}{\partial \varphi_m} = -\sum_{m=1}^{M} \sum_{n=1}^{N} (1 + \ln |g(m,n)|^2) \frac{\partial |g(m,n)|^2}{\partial \varphi_m} \tag{5-10}$$

其中,有

$$\frac{\partial |g(m,n)|^2}{\partial \varphi_m} = g(m,n) \frac{\partial g^*(m,n)}{\partial \varphi_m} + g^*(m,n) \frac{\partial g(m,n)}{\partial \varphi_m} = 2\mathrm{Re}\left[g^*(m,n) \frac{\partial g(m,n)}{\partial \varphi_m}\right]$$

$$(5-11)$$

其中,上标 * 表示共轭符号,且

$$\frac{\partial g(m,n)}{\partial \varphi_m} = \mathrm{j}h(k,n)\exp(\mathrm{j}\varphi_m)\exp\left(-\mathrm{j}\frac{2\pi}{M}km\right) \tag{5-12}$$

其中,$h(k,n)$ 与式(5-3)中一样,表示 $s(m,n)$ 方位向傅里叶变换的结果,是无人机载机动 SAR 图像的距离多普勒域信号形式。将式(5-12)和式(5-11)代入式(5-10)中,可以 得到

$$\frac{\partial E_g}{\partial \varphi_m} = -2\sum_{m=1}^{M}\sum_{n=1}^{N}(1+\ln|g(m,n)|^2)\mathrm{Re}\left[g^*(m,n)\frac{\partial g(m,n)}{\partial \varphi_m}\right] =$$

$$-2\sum_{m=1}^{M}\sum_{n=1}^{N}(1+\ln|g(m,n)|^2)\mathrm{Re}\left\{g^*(m,n)\left[\mathrm{j}h(k,n)\exp(\mathrm{j}\varphi_m)\exp\left(-\mathrm{j}\frac{2\pi}{M}km\right)\right]\right\} =$$

$$-2\mathrm{Im}\left[\sum_{n=1}^{N}G^*(m,n)h(m,n)\exp(\mathrm{j}\varphi_m)\right] \tag{5-13}$$

其中,有

$$G(m,n) = \sum_{m=1}^{M}\left[1+\ln|g(m,n)|^2\right]g(m,n)\exp\left(\mathrm{j}\frac{2\pi}{M}km\right) =$$

$$\mathrm{IFFT}\left\{\left[1+\ln|g(m,n)|^2\right]g(m,n)\right\} \tag{5-14}$$

然后计算 E_g 对 φ_m 的二阶导数:

$$\frac{\partial^2 E_g}{\partial \varphi_m^2} = -\sum_{m=1}^{M}\sum_{n=1}^{N}\left\{\frac{1}{|g(m,n)|^2}\left[\frac{\partial |g(m,n)|^2}{\partial \varphi_m}\right]^2 + (1+\ln|g(m,n)|^2)\frac{\partial^2 |g(m,n)|^2}{\partial \varphi_m^2}\right\}$$

$$(5-15)$$

其中

$$\left[\frac{\partial |g(m,n)|^2}{\partial \varphi_m}\right]^2 = \left[g(m,n)\frac{\partial g^*(m,n)}{\partial \varphi_m} + g^*(m,n)\frac{\partial g(m,n)}{\partial \varphi_m}\right]^2 =$$

$$\left[g(m,n)\frac{\partial g^*(m,n)}{\partial \varphi_m}\right]^2 + \left[g^*(m,n)\frac{\partial g(m,n)}{\partial \varphi_m}\right]^2 + 2|g(m,n)|^2\left|\frac{\partial g(m,n)}{\partial \varphi_m}\right|^2 =$$

$$2\mathrm{Re}\left\{\left[g^*(m,n)\frac{\partial g(m,n)}{\partial \varphi_m}\right]^2\right\} + 2|g(m,n)|^2\left|\frac{\partial g(m,n)}{\partial \varphi_m}\right|^2 \tag{5-16}$$

$$\frac{\partial^2 |g(m,n)|^2}{\partial \varphi_m^2} = 2\left|\frac{\partial g(m,n)}{\partial \varphi_m}\right|^2 + 2\mathrm{Re}\left[g^*(m,n)\frac{\partial^2 g(m,n)}{\partial \varphi_m^2}\right] \tag{5-17}$$

$$\frac{\partial^2 g(m,n)}{\partial \varphi_m^2} = -h(m,n)\exp(\mathrm{j}\phi_m)\exp\left(-\mathrm{j}\frac{2\pi}{M}km\right) \tag{5-18}$$

将式(5-16)、式(5-17)和式(5-18)代入式(5-15)中,即可求出 E_g 对 φ_m 的二阶导数:

$$\frac{\partial^2 E_g}{\partial \varphi_m^2} = -2\sum_{m=1}^{M}\sum_{n=1}^{N}\left\{\begin{array}{l}\mathrm{Re}\left\{\dfrac{g^*(m,n)}{|g(m,n)|^2}\left[\dfrac{\partial g(m,n)}{\partial \varphi_m}\right]^2\right\} + (2+\ln|g(m,n)|^2)\left|\dfrac{\partial g(m,n)}{\partial \varphi_m}\right|^2 \\ + \mathrm{Re}\left[(1+\ln|g(m,n)|^2)g^*(m,n)\dfrac{\partial^2 g(m,n)}{\partial \varphi_m^2}\right]\end{array}\right\} =$$

$$-2\sum_{m=1}^{M}\sum_{n=1}^{N}\left[(2+\ln|g(m,n)|^2)|h(m,n)|^2\right]+2\mathrm{Re}\left[\sum_{n=1}^{N}G^*(m,n)h(m,n)\exp(j\phi_m)\right]$$

$$(5-19)$$

将式(5-13)和式(5-19)代入式(5-8)中,即可实现相位误差 φ_m 的最小熵估计。

根据 MN - MEA 算法可知,相位误差初值 $\varphi_m(0)$ 的选择和迭代模块 q 的设置将直接影响迭代效率。下面针对这两个方面,分析 MN - MEA 算法在无人机载机动 SAR 成像相位误差补偿中的实现问题。

5.3.3　无人机载机动 SAR 成像中 MN - MEA 算法的实现

针对无人机载机动 SAR 的成像误差,本小节考虑空变性残余误差和运动误差两类。针对这两类误差,本小节首先从无人机载机动 SAR 全局图像分割的角度出发,将空变性误差定位到成像范围更小的子图像中,从而降低空变性误差对全局 SAR 图像的影响;然后依托子图像和其中的空变性误差变化,构建相位误差初值,从而减少初值选择不合理造成的迭代次数增加的问题。在这种处理过程中,无论是子图像分割还是相位误差初值的确定,都将大大减少迭代次数和降低 MEA 算法的运算量。其中,针对空变性残余误差,依据式(4-21)和 4.3.2 小节"2. 空变性分析"中对空变量变化的分析,进行 SAR 图像分割,确定基于 MN - MEA 算法的迭代块 q,然后根据模块内的空变性项变化,构建相位误差初值模型。针对模块内的运动误差,首先根据成像场景中心模块内的最大空变误差与各模块空变量的比值,确定相位误差初值的校正系数;然后利用相位误差初值模型和校正系数,得到较为精确的模块内相位误差初值 $\varphi_q(0)$;最后利用该相位误差初值在迭代块内的迭代寻优,即可实现对全局图像的最小熵估计。

其实现过程如图 5-1 所示。

图 5-1 所示给出了基于 MN - MEA 算法的无人机载 SAR 成像相位误差补偿流程图。图中两个虚线部分分别表示了空变性残余误差补偿的相位估计和子图像运动误差补偿相位估计。下面分析相位误差初值 $\varphi_{qk}(0)$ 的计算和迭代模块 q 的设定。

1. 迭代模块的划分

在前面 4.3.2 小节"2. 空变性分析"中详细分析了无人机载机动 SAR 成像的空变量变化。当不进行空变性校正时,斜距方程中存在明显的空变量变化项,如式(4-21)和式(4-23)所示。根据对空变量的变化分析可知,在成像场景参考坐标附近,空变量的变化较小,甚至可以忽略不计。随着空变坐标变大,空变量逐渐变大。式(4-21)和式(4-23)给出了空变量的计算结果。

针对空变性变化,在 4.4.5 小节,分别给出了基于多个参考点划分的子图像处理方法和基于频域相位滤波空变性校正方法。本章针对无人机载机动 SAR 成像的残余空变性误差和运动误差,采用适用性较强的 MEA 算法实现再聚焦处理。为提高 MEA 算法的迭代效率,选用子图像划分的方法对全局 SAR 图像进行迭代分块处理。

由于 SAR 图像的距离向分辨率只与信号带宽相关,方位向的分辨率主要与孔径长度相关,且在成像中会进行逐距离单元处理,方位向分辨率对图像的影响更大,因此在子图像划分中,以方位向分辨率为划分依据。首先根据成像场景中心点,计算式(4-21)和式(4-23)中的空变量值,确定满足下述条件的坐标范围 $[-x_p,x_p]$ 和 $[-y_p,y_p]$,假设场景中心为坐标原点:

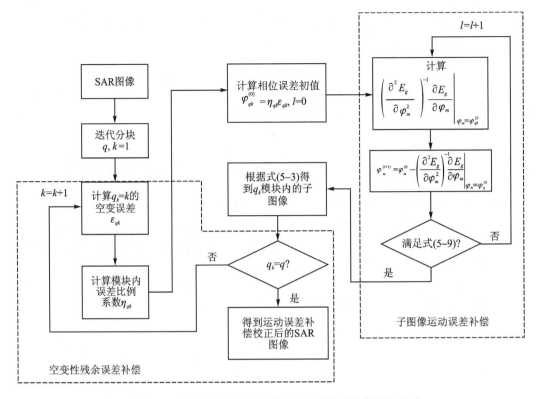

图 5 - 1　基于 MN - MEA 算法的运动误差补偿流程图

$$\Delta R(t_a; x_p, y_p)\Big|_{t_a} \leqslant \frac{1}{2} r_a \tag{5-20}$$

其中，r_a 表示方位分辨率。根据式(5-20)可知，t_a 越大，$[-x_p, x_p]$ 和 $[-y_p, y_p]$ 的范围越小。根据 $[-x_p, x_p]$ 和 $[-y_p, y_p]$ 的范围，可以确定子图像的范围。设定由式(5-20)得到的子图像范围大小为 $m_p \times n_p$，那么迭代分块数可以计算为

$$q = \left\lceil \frac{M}{m_p} \right\rceil \times \left\lceil \frac{N}{n_p} \right\rceil \tag{5-21}$$

其中，M、N 分别是 SAR 图像的方位向分辨单元数和距离向分辨单元数；$\lceil \cdot \rceil$ 表示向上取整运算。那么 m_p 和 n_p 的计算为

$$m_p = \frac{2x_p}{r_a} \tag{5-22}$$

$$n_p = \frac{2\Delta R(t_a; x_p, y_p)\big|_{t_a}}{r_b} \tag{5-23}$$

在计算时，通常选取整数 m_p 和 n_p。r_b 表示距离分辨率。记

$$\left\lceil \frac{M}{m_p} \right\rceil = M_k \tag{5-24}$$

$$\left\lceil \frac{N}{n_p} \right\rceil = N_k \tag{5-25}$$

根据式(5-21)的计算，可以将 SAR 图像划分为 q 个迭代块，对迭代块按顺序定义，可以得到

$$q_k = m_k + M_k(n_k - 1) \tag{5-26}$$

其中，$m_k = 1, 2, \cdots, M_k$，$n_k = 1, 2, \cdots, N_k$，那么 $q_k = 1, 2, \cdots, M_k, \cdots, q$，$q = M_k N_k$。在逐距离单元成像中，$N_k = 1$，本小节采用逐距离单元处理。通过上述划分，可以将原来的 SAR 图像划分为 q 个迭代块。下面对每个迭代块内的相位误差初值进行计算。

2. 相位误差初值的计算

根据前面 4.4.5 小节中对空变性变化的分析可知，空变量主要体现在二次频率项上，空变性相位则如式（4-85）和式（4-86）所示。本小节针对迭代块内的运动误差，依据式（4-86）中的二次相位项构建相位误差模型 ε_{qk}，可记为

$$\varepsilon_{qk} = (D_x x_p + D_y y_p) f_a^2 \tag{5-27}$$

$$\begin{cases} D_x = \dfrac{\pi c}{8 f_0} \left(\dfrac{3 k_{10} \Delta k_{3x} + 3 k_{30} \Delta k_{1x}}{k_{20}^3} - \dfrac{9 k_{10} k_{30} \Delta k_{2x}}{k_{20}^4} - \dfrac{2 \Delta k_{2x}}{k_{20}^2} \right) \\ D_y = \dfrac{\pi c}{8 f_0} \left(\dfrac{3 k_{10} \Delta k_{3y} + 3 k_{30} \Delta k_{1y}}{k_{20}^3} - \dfrac{9 k_{10} k_{30} \Delta k_{2y}}{k_{20}^4} - \dfrac{2 \Delta k_{2y}}{k_{20}^2} \right) \end{cases} \tag{5-28}$$

由式（5-27）和式（5-28）可以得到迭代块内相位误差初值计算模型 ε_{qk}。由图 5-1 可知，由于迭代块的不同，相位误差初值也并不相同，由于系数中 k_{10}、k_{20} 和 k_{30} 是依据场景中心计算得到的，为操作简单，因此需要对迭代块引入校正比例系数，从而实现针对不同迭代块的更加精确的校正。比例系数 η_{qk} 的计算如下：

$$\eta_{qk} = \frac{\varepsilon_{qk} \big|_{(x_p = x_{qk}, y_p = y_{qk})}}{\varepsilon_{qk} \big|_{(x_p, y_p)}} - \frac{q - q_k}{2} \tag{5-29}$$

其中，$\varepsilon_{qk} \big|_{(x_p = x_{qk}, y_p = y_{qk})}$ 表示第 q_k 个迭代块中，中心点相对于成像区域场景中心的空变量大小；$\varepsilon_{qk} \big|_{(x_p, y_p)}$ 表示成像区域场景中心点所在的迭代块内最大的空变量，通常此时的迭代块 $q_k = \dfrac{M_k N_k}{2}$ 或 $q_k = \dfrac{M_k N_k - 1}{2}$（$q_k$ 为整数）。

根据式（5-27）和式（5-29）可以计算得到相位误差的初始值 $\varphi_{qk}(0)$：

$$\varphi_{qk}(0) = \eta_{qk} \varepsilon_{qk} \tag{5-30}$$

5.3.4　仿真验证

前面章节采用改进的最小熵方法，对无人机载机动 SAR 成像的空变性残余误差和运动误差进行校正。首先利用迭代块的划分和相位误差初值的计算，确定不同迭代模块的子图像内相位迭代初值；然后采用 MN - MEA 算法实现迭代搜索，得到聚焦效果较好的子图像；最后通过不同迭代模块的遍历，实现全局 SAR 图像的相位误差补偿。本小节针对上述所提算法进行仿真验证。

在仿真中，采用的参数与第 4 章仿真的基本参数一致，方位向和距离向分辨率均为 1 m。同时，引入了沿航向 ±2.5 m 的随机运动误差以及三维加速度，运动参数为 $v_{x0} = 100$ m/s，$v_{y0} = -10$ m/s，$v_{z0} = -6$ m/s，$a_x = 0.5$ m/s²，$a_y = 0.2$ m/s²，$a_z = -0.1$ m/s²。加速度在 x、y 和 z 方向引起的运动误差分别为 9 m、3.6 m 和 1.8 m。成像时间为 6 s。成像场景范围约为 600 m×1 000 m。目标点的三维坐标位置为（-195.5 m，-328.2 m，0 m）。

为体现空变性误差校正和运动误差校正的双重效果，本小节无人机载机动 SAR 成像处理

中不进行空变性校正。根据 4.3.2 小节"2. 空变性分析"中对空变性中加速度影响的分析可知,在方位向距离成像场景中心±100 m 的范围内,空变量呈线性变化,主要影响聚焦位置,不影响聚焦质量。同时,结合式(5-20)确定了方位向[−50 m, 50 m]的成像范围。因此,根据式(5-21)将 SAR 图像划分为了 6 个迭代块,即 $q=6$。其中,目标点落在了第 2 个迭代块(即 $q_k=2$)内,见图 5-2(b)内方框部分,该迭代块的方位向中心坐标为−150 m。经过式(5-27)和式(5-29)计算得到误差校正系数约为 $\eta_{qk}=-0.39$。根据误差校正系数,即可求得相位误差初值 $\varphi_{qk}(0)$。图 5-2 所示为仿真结果。

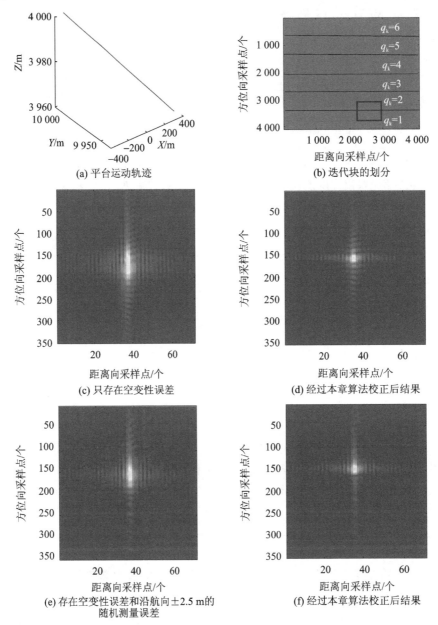

(a) 平台运动轨迹

(b) 迭代块的划分

(c) 只存在空变性误差

(d) 经过本章算法校正后结果

(e) 存在空变性误差和沿航向±2.5 m 的随机测量误差

(f) 经过本章算法校正后结果

图 5-2   基于 MN-MEA 算法的运动误差补偿

在图 5-2 中,图(a)表示无人机载 SAR 平台运动轨迹;图(b)表示基于 MN-MEA 算法的迭代模块划分,以及目标点在迭代块中的位置;图(c)表示三维匀加速度运动模型下,所选的目标点的空变性成像结果;图(d)表示采用文中算法对目标点的校正结果;图(e)表示三维匀加速度运动模型下,存在沿航向±2.5 m 的运动误差时,目标点的成像结果;图(f)表示文中算法的校正结果。对比图(c)和图(d)、图(e)和图(f)两组图,可以发现,经过本章的算法校正,图像的聚焦效果更好。

　　由仿真结果可以看出,基于本章改进的 MN – MEA 算法不仅能够校正运动误差,也可以校正空变性误差,因此,能够较好地实现无人机载机动 SAR 相位误差补偿处理。而且由于结合三维坐标空变量变化的分析,给定了相位误差初值计算模型,因此文中算法所需的迭代次数远远降低,为 7～8 次即可实现校正。校正后的图像,熵值更小,图像质量更好。图 5 – 3～图 5 – 5 所示给出了上述实验中不同相位误差校正迭代次数与迭代块子图像熵值的变化情况。

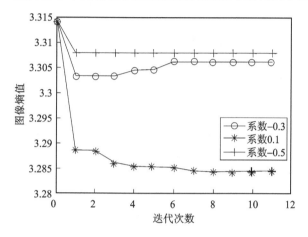

图 5 – 3　沿航向随机运动误差校正熵值变化

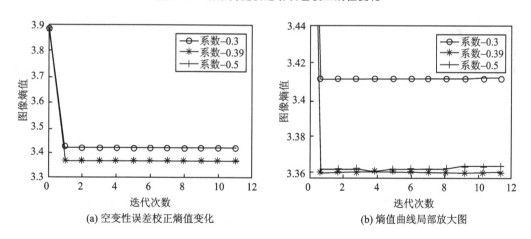

(a) 空变性误差校正熵值变化　　　　　　(b) 熵值曲线局部放大图

图 5 – 4　空变误差校正熵值变化

　　如图 5 – 3～图 5 – 5 所示,分别为利用本章的改进 MN – MEA 算法进行沿航向随机运动误差校正后的图像熵值变化曲线、空变性误差校正的熵值变化曲线,以及两种误差都存在时无人机载机动 SAR 相位误差校正后的图像熵值变化曲线。其中,在图 5 – 3 中,选用的是图 5 – 2(b)中近似场景中心点的目标,根据本章算法计算所得校正系数为 0.1。实验中,采用了 -0.3 和 -0.5 两个系数进行对比。在图 5 – 4 和图 5 – 5 中,选择的则是图 5 – 2(c)～(f)中所用的目

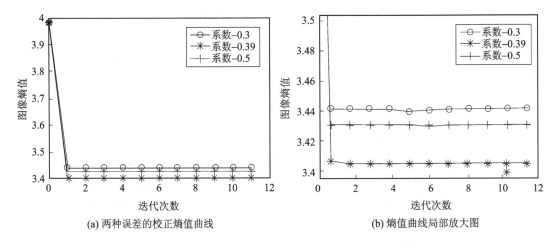

(a) 两种误差的校正熵值曲线　　　　　　　　(b) 熵值曲线局部放大图

图 5-5　空变性误差与随机运动误差联合校正熵值变化

标点。其相位误差校正系数为 -0.39，分别采用 -0.3 和 -0.5 两个系数进行对比。

从图 5-3 中可以看出，MN-MEA 算法能够有效地校正无人机载机动 SAR 成像中的运动误差，能够快速地实现熵值最小化寻优。从图 5-4 中可以看出，经过本章的迭代分块处理后，改进的 MN-MEA 算法能够快速地实现空变性误差的校正，且采用本章所提的相位误差校正系数和相位初值模型，求解相位初值，能够得到熵值更小、聚焦质量更好的无人机载机动 SAR 图像。从图 5-5 中可以看出，本章所提算法同时对两种误差有效，避免了传统最小熵算法难以实现 SAR 图像空变性校正的问题。同时，对比三幅图中的熵值最低点还可以看出，利用本章所提的相位误差校正系数，能够得到熵值更小的图像，图像的聚焦效果也更好。

本章所提出的改进的 MN-MEA 算法，通过迭代分块的方法，将无人机载机动 SAR 全局图像分解为若干个子图像，然后利用相位误差校正系数，求解相位误差初值，最后通过迭代实现图像相位误差的校正。在校正过程中，利用迭代分块和相位误差初值，能够很好地解决空变性误差的校正，从而依托该相位误差初值在其附近利用迭代寻优，解决运动误差造成的图像散焦问题，进而实现了对两种相位误差的校正，改善了无人机载机动 SAR 图像聚焦质量。该算法在第 4 章所提算法的基础上，给出了相位误差初值模型，能够快速收敛，实现迭代寻优。仿真实验验证了算法的有效性与准确性。

5.4　本章小结

本章在无人机载机动 SAR 成像的基础上，针对成像中的空变性残余相位误差和运动误差进行补偿校正，提出了基于 MN-MEA 算法的相位误差补偿处理方法。首先针对无人机平台更容易受到运动误差影响的现状，分析了运动误差补偿算法；其次对无人机载机动 SAR 的成像误差进行了分析，根据误差相位影响因素较多、无统一解析式的现状，确定了无需特显点、鲁棒性较强、适用性较广的基于 MEA 算法实现相位误差校正的方法；再次针对 MEA 类算法计算效率低的特点，结合 MN-MEA 算法，对其进行了改进，提出了基于迭代分块和相位误差初值模型的 MN-MEA 算法；最后给出了无人机载机动 SAR 成像中 MN-MEA 算法的实现过程，并通过仿真分析，验证了算法在空变性误差和沿航向随机运动误差校正中的可行性与有效性。

参考文献

［1］徐刚,杨磊,张磊.一种加权最小熵的 ISAR 自聚焦算法[J].电子与信息学报,2011,33(8):1809-1815.

［2］马仑.SAR 成像自聚焦算法研究[D].西安:西安电子科技大学,2006.

［3］任倩倩.SAR-GMTI 系统检测性能研究[D].西安:西安电子科技大学,2014.

［4］Pancao M,Sun Guangcai,et al. Minimum Entropy via Subspace for ISAR Autofocus[J]. IEEE Geoscience and Remote Sensing Letters,2010,7(1):205-209.

［5］马仑,廖桂生,王欣.SAR 成像中一种改进的最小熵多普勒调频率估计算法[J].火控雷达技术,2005,34(2):21-24.

［6］陈轶,金亚秋.SAR 图像中运动目标重聚焦改进的最小熵方法[J].电子与信息学报,2003,25(2):263-269.

［7］张双辉.低信噪比下的 ISAR 成像技术研究[D].长沙:国防科技大学,2013.

［8］Zhang Shuanghui,Liu Yongxiang,Li Xiang. Fast entropy minimization based autofocusing technique for ISAR imaging [J]. IEEE Transactions on Signal Processing,2015,63(13):3425-3434.

第二部分
机动平台大斜视 SAR
成像及运动补偿方法

第6章 机动平台大斜视 SAR 斜距模型及成像特性分析

6.1 引 言

当无人机载 SAR 在三维空间进行机动时,曲线的运动轨迹使成像场景中目标点的斜距历程不再具有方位平移不变性,传统的双曲线斜距模型不再适用。同时,三维加速度等高阶运动参数的存在对回波信号的多普勒带宽产生明显影响,常规的基于多普勒带宽的分辨率分析方法也不再适用。本章重点研究机动平台大斜视 SAR 的斜距模型,分析多普勒带宽和分辨率等成像特性,为后续成像和运动补偿算法的设计以及算法性能的分析提供理论支撑,主要内容安排如下:6.2 节构建基于数据录取参量的机动平台大斜视 SAR 斜距模型,并分析斜距模型的泰勒展开精度;6.3 节分析机动平台大斜视 SAR 的成像特性,具体包括回波信号的多普勒带宽以及斜距平面和地距平面的理论分辨率。

6.2 机动平台大斜视 SAR 斜距模型

6.2.1 斜距模型

SAR 的斜距模型可以根据散射点坐标或数据录取参量(斜距和方位时间)来构造。机动平台大斜视 SAR 成像的几何模型如图 6-1 所示,其中 X 轴方向表示平台在合成孔径中心点的水平运动方向。在一个合成孔径时间内,SAR 平台沿曲线 ABD 进行恒加速度 $\boldsymbol{a} = (a_x, a_y, a_z)$ 机动。在方位慢时间 $t_a = 0$,平台位于合成孔径中心点 B,此时平台的三维速度为 $\boldsymbol{v} = (v_x, v_y, v_z)$,其中 v_x 和 v_z 分别表示平台的水平和垂直向速度。波束中心照射点 P 为成像场景中心,斜视角 θ_A 定义为波束中心照射方向 $\overrightarrow{BP}$ 与 YOZ 平面的夹角。经过一段时间 t_n 后,平台由 B 点运动到 C 点,Q 为成像区域中的一点,$R_n = |\overrightarrow{CQ}|$ 表示 Q 点在 t_n 时刻的瞬时斜距。

如图 6-1(a)所示,定义成像区域中任意点 Q 的坐标为 (x, y),则基于散射点坐标的斜距模型可以表示为[1]

$$R_{\text{ref1}}(t_a; x, y) = \sqrt{\left(x - v_x t_a - \frac{1}{2} a_x t_a^2\right)^2 + \left(y - \frac{1}{2} a_y t_a^2\right)^2 + \left(h + v_z t_a + \frac{1}{2} a_z t_a^2\right)^2}$$

$$(6-1)$$

其中 h 表示平台在 B 点的高度。尽管式(6-1)是一个精确、简洁的斜距模型,但该模型依赖

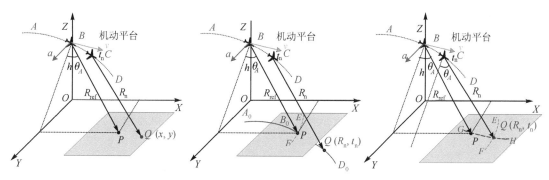

(a) 基于散射点坐标的斜距模型　　(b) 基于数据录取参量的参考斜距模型　　(c) 基于数据录取参量的改进斜距模型

图 6-1　机动平台大斜视 SAR 成像模型

散射点坐标,难以在斜距平面上分析和校正成像参数的空变性。

为便于校正成像参数空变性,本章的文献[2]和[3]利用俯冲大斜视 SAR 的等效平飞原理[4],基于数据录取参量 R_n 和 t_n,构造了图 2-1(b)所示的斜距模型,具体表达式为[3]

$$R_{ref2}(t_a;R_n,t_n) = \left\{ \left(v_x t_a + \frac{1}{2} a_x t_a^2 - v_x t_n - \frac{1}{2} a_x t_n^2 - R_n \sin\theta_A \right)^2 + \right.$$
$$\left[\frac{1}{2} a_y t_a^2 \frac{1}{2} a_y t_n^2 - \sqrt{(R_n\cos\theta_A)^2 - h^2} \right]^2 +$$
$$\left. \left(h + v_z t_a + \frac{1}{2} a_z t_a^2 - v_z t_n - \frac{1}{2} a_z t_n^2 \right) \right\}^{\frac{1}{2}} \tag{6-2}$$

在图 6-1(b)的模型中,t_n 为点 Q 的波束中心穿越时刻,等斜距曲线 $A_0 B_0 D_0$ 平行于平台运动轨迹 ABD。这表明,当平台具有垂直向的速度和加速度时,Q 点将不位于地平面上。因此,式(6-2)无法精确地描述地平面上散射点的斜距历程,方位压缩和几何畸变校正精度也将受到影响。

为精确地描述地平面上任意散射点的斜距历程,本小节在式(2-2)斜距模型的基础上,将等斜距曲线转移到地平面上,提出了基于数据录取参量的改进斜距模型(后文简称改进斜距模型)。如图 6-1(c)所示,当平台位于 C 点时,可以在地平面上找到一条等斜视角曲线 EF,EF 上的任意一点 Q,满足 $\overrightarrow{CQ}$ 与 YOZ 平面的夹角为 θ_A,此时 t_n 也可看作点 Q 的波束中心穿越时刻。根据几何关系,Q 点在地平面的坐标 (x_n,y_n) 可以表示为

$$\begin{cases} x_n(R_n,t_n) = R_n\sin\theta_A + v_x t_n + \frac{1}{2} a_x t_n^2 \\ y_n(R_n,t_n) = \frac{1}{2} a_y t_n^2 + \sqrt{(R_n\cos\theta_A)^2 - \left(h + v_z t_n + \frac{1}{2} a_z t_n^2 \right)^2} \end{cases} \tag{6-3}$$

将式(6-3)代入式(6-1),可以得到能够精确地描述地平面上散射点斜距历程的改进斜距模型为

$$R_{pro}(t_a;R_n,t_n) = \sqrt{ \left(x_n(R_n,t_n) - v_x t_a - \frac{1}{2} a_x t_a^2 \right)^2 + \left(y_n(R_n,t_n) - \frac{1}{2} a_y t_a^2 \right)^2 + \left(h + v_z t_a + \frac{1}{2} a_z t_a^2 \right)^2 }$$
$$\tag{6-4}$$

在大机动的条件下,只考虑加速度无法精确地描述平台的运动轨迹,需要进一步将改进斜距模型修改为高阶运动参数下的斜距模型。假设平台在 B 点时具有 K 阶运动参数,其中第 k

阶运动矢量定义为 $\boldsymbol{b}_k = (b_{k\_x}, b_{k\_y}, b_{k\_z})$，$b_{k\_x}$、$b_{k\_y}$ 和 b_{k_z} 分别表示 $\boldsymbol{b}_k$ 在 X、Y 和 Z 轴上的投影，则 $\boldsymbol{b}_1$、$\boldsymbol{b}_2$ 和 $\boldsymbol{b}_k (k \geqslant 3)$ 分别表示三维空间的速度、加速度和高阶加速度矢量。根据几何关系，式(6-3)可以修正为

$$
\begin{cases}
x_n(R_n, t_n) = R_n \sin\theta_A + f_x(t_n) \\
y_n(R_n, t_n) = f_y(t_n) + \sqrt{(R_n \cos\theta_A)^2 + [h + f_z(t_n)]^2}
\end{cases}
\tag{6-5}
$$

其中 $f_x(t_n)$、$f_y(t_n)$ 和 $f_z(t_n)$ 分别表示经过 t_n 时间，平台在 X、Y 和 Z 轴方向的运动距离，具体为

$$
f_x(t_n) = \sum_{k=1}^{K} \frac{b_{k\_x} t_n^k}{k!}, \qquad f_y(t_n) = \sum_{k=1}^{K} \frac{b_{k\_y} t_n^k}{k!}, \qquad f_z(t_n) = \sum_{k=1}^{K} \frac{b_{k\_z} t_n^k}{k!}
\tag{6-6}
$$

将式(6-6)和式(6-5)代入式(6-4)，即可得到高阶运动参数下的斜距模型。现有的机动平台大斜视 SAR 成像算法大多只考虑加速度，为便于比较成像算法性能，在后续成像算法的实验分析中主要采用仅包含加速度的二阶运动参数模型。

6.2.2　改进斜距模型展开精度分析

频域 SAR 成像算法通常包括 RCMC 和方位压缩两个过程，斜距模型精确地表示了回波信号中目标点的 RCM 轨迹，决定了 RCMC 的设计方法。为便于求解回波信号的二维频谱，通常需要将斜距模型沿方位时间进行多项式展开，本小节重点分析斜距模型展开误差对 RCMC 的影响。

从式(6-4)中可以看出，机动平台大斜视 SAR 的斜距模型是距离和方位空变的，采用关于 t_n 展开的斜距模型更便于采用时域扰动法校正方位依赖的 RCM，能够构造高效的频域成像算法[5]。除此之外，对于条带 SAR 成像，改进斜距模型中 t_n 为点目标的波束中心穿越时刻，将斜距模型在 $t_a = t_n$ 处展开，也可以最大化地降低展开误差。因此，将式(6-4)在 $t_a = t_n$ 处进行 N 阶泰勒级数展开得

$$
R_{pro}(t_a; R_n, t_n) \approx R_n + \sum_{i=1}^{N} k_i(R_n, t_n)(t_a - t_n)^i
\tag{6-7}
$$

其中 $k_i(R_n, t_n)$ 表示第 i 阶泰勒级数展开系数，表示为

$$
k_i(R_n, t_n) = \frac{1}{i!} \left. \frac{d^i R_{pro}(t_a; R_n, t_n)}{dt_a^i} \right|_{t_a = t_n}
\tag{6-8}
$$

对于斜距平面坐标为 (R_n, t_n) 的点目标，合成孔径中心点在条带模式下为 $t_a = t_n$，在聚束模式下为 $t_a = 0$，在相同的展开阶数下，条带模式下式(6-7)的展开误差远低于聚束模式，仅需分析聚束模式下式(6-7)的展开精度。

在 RCMC 处理中，斜距模型的近似误差应小于 1/4 的距离分辨率。为确定合适的泰勒展开阶数，二阶、三阶和四阶模型的展开误差在图 6-2 中进行了仿真，高阶运动参数对斜距模型展开精度的影响极小，仿真仅考虑平台的二阶运动参数，仿真参数如表 6-1 所列，该参数参照常用的机载机动 SAR 仿真参数设计[2]。假设场景中心点坐标为 (x_c, y_c)，边界点 $(x_c + 750\,\text{m}, y_c)$ 被用于图 6-2 中的仿真分析，在表 6-1 的仿真参数下，1/4 的距离分辨率为 0.187 m。从图 6-2 中可以看出，四阶泰勒级数展开误差远小于 0.187 m，式(6-7)中的四阶泰勒展开模型可用于 RCMC 处理。

表 6-1　仿真参数

仿真参数	数　值	仿真参数	数　值
载频/GHz	17	斜视角/(°)	60
距离带宽/MHz	200	平台高度/km	4
合成孔径时间/s	3	场景中心斜距/km	13
脉冲宽度/μs	5	平台速度/(m·s⁻¹)	(150，0，−30)
脉冲重复频率/Hz	1 500	平台加速度//(m·s⁻²)	(3.2，1.2，−1.8)

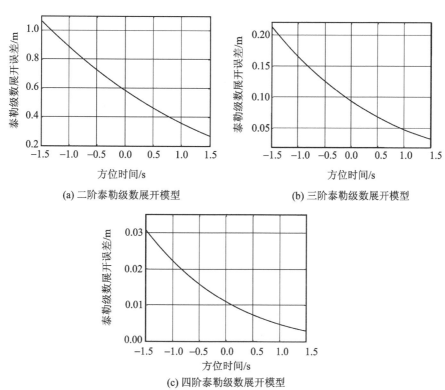

(a) 二阶泰勒级数展开模型　　　　　(b) 三阶泰勒级数展开模型

(c) 四阶泰勒级数展开模型

图 6-2　$R_{pro}(t_a;R_n,t_n)$ 在 $t_a=t_n$ 点的泰勒级数展开误差分析

　　需要指出,式(6-7)中的斜距展开模型仅适用于 RCMC 处理。在机动平台大斜视 SAR 频域成像算法中,RCMC 通常会导致距离向聚焦位置畸变,这种畸变将影响目标的方位时域调制相位。因此,方位压缩时需要根据 RCMC 产生的距离畸变推导更精确的方位时域调制相位,式(6-7)中的四阶斜距展开式主要用于 9.2 节构造快速的机动平台大斜视 SAR 频域成像算子。

6.3　机动平台大斜视 SAR 成像特性分析

6.3.1　多普勒带宽分析

　　回波信号的多普勒带宽极大地影响成像算法性能,多普勒带宽太大(多普勒谱混叠)或太小(多普勒谱近零)都会导致基于多普勒域相位校正的频域成像算法失效。本章研究的机动平台大斜视 SAR 主要工作在聚束模式,此时回波信号在方位时间上是重合的。为便于精确地分析回波信号的多普勒特征,将式(6-4)在 $t_a=0$ 处进行 N 阶泰勒级数展开得

$$R_{\mathrm{pro}}(t_a;R_n,t_n) \approx \sum_{i=0}^{N} b_i(R_n,t_n) t_a^i \tag{6-9}$$

回波信号的多普勒中心 f_{dc} 和多普勒调频率 f_{dr} 分别表示为

$$\begin{cases} f_{\mathrm{dc}}(R_n,t_n) = -\dfrac{2}{\lambda} b_1(R_n,t_n) \\[3mm] f_{\mathrm{dr}}(R_n,t_n) = -\dfrac{4}{\lambda} b_2(R_n,t_n) \end{cases} \tag{6-10}$$

其中 λ 表示发射信号波长。

散射点在任意时刻的瞬时多普勒频率可以表示为

$$f_d(t_a;R_n,t_n) = f_{\mathrm{dc}}(R_n,t_n) + f_{\mathrm{dr}}(R_n,t_n) t_a \tag{6-11}$$

假设合成孔径时间为 T,在大前斜的条件下,多普勒调频率为负值,成像场景中任意散射点的多普勒支撑区(指回波信号多普勒频率的变化范围)表示为 $f_{\mathrm{start}}(R_n,t_n) \leqslant f_d \leqslant f_{\mathrm{end}}(R_n,t_n)$,其中

$$\begin{cases} f_{\mathrm{start}}(R_n,t_n) = f_{\mathrm{dc}}(R_n,t_n) - \dfrac{f_{\mathrm{dr}}(R_n,t_n) T}{2} \\[3mm] f_{\mathrm{end}}(R_n,t_n) = f_{\mathrm{dc}}(R_n,t_n) + \dfrac{f_{\mathrm{dr}}(R_n,t_n) T}{2} \end{cases} \tag{6-12}$$

观察式(6-12)可知,对于机动平台大斜视 SAR,成像场景中不同的散射点具有不同的多普勒支撑区。利用式(6-11)可以得到回波信号的多普勒总带宽为

$$\begin{aligned} B_{\mathrm{total}} &= \max(f_d(t_a;R_n,t_n)) - \min(f_d(t_a;R_n,t_n)) = \\ &\quad \max(f_{\mathrm{end}}(R_n,t_n)) - \min(f_{\mathrm{start}}(R_n,t_n)) = \\ &\quad f_{\mathrm{dc}}(R_{n1},t_{n1}) - f_{\mathrm{dc}}(R_{n2},t_{n2}) + \frac{[f_{\mathrm{dr}}(R_{n1},t_{n1}) + f_{\mathrm{dr}}(R_{n2},t_{n2})] T}{2} \end{aligned} \tag{6-13}$$

其中 $\max(\cdot)$ 和 $\min(\cdot)$ 分别表示取最大值和最小值,(R_{n1},t_{n1}) 和 (R_{n2},t_{n2}) 分别为 $\max(f_{\mathrm{end}}(R_n,t_n))$ 和 $\min(f_{\mathrm{start}}(R_n,t_n))$ 在成像区域中对应的点目标。从式(6-13)可以看出,回波信号的多普勒总带宽主要由多普勒中心变化带宽和点目标本身所具有的平均多普勒带宽构成。在平台的运动方程中,加速度为方位时间的二次项系数,将影响回波信号的多普勒调频率,进而影响回波信号的多普勒带宽。为说明这一问题,采用表 6-1 中的参数进行仿真,结果如图 6-3 所示。从图 6-3 中可以看出,加速度的存在将导致回波信号的多普勒频谱产生混叠,因此频域成像算法设计时应去除加速度的影响。

6.3.2　成像分辨率分析

分辨率是评估成像算法性能的重要因素,对于机动平台大斜视 SAR 成像,加速度和下降速度的存在导致常规的分辨率分析方法不再适用,本小节将对曲线轨迹下的成像分辨率进行分析。

距离向分辨率 Δr 不受成像轨迹和成像模式影响,始终由发射信号带宽 B_r 决定,表示为

$$\Delta r = \frac{c}{2B_r} \tag{6-14}$$

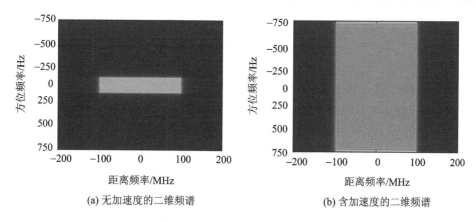

(a) 无加速度的二维频谱　　　　　　(b) 含加速度的二维频谱

图 6 - 3　加速度对频谱的影响

其中 c 表示电磁波传播速度。

目标在斜距平面的方位向分辨率与方位压缩方法有关,聚束式 SAR 成像通常采用方位时域 Deramp 处理加方位向快速傅里叶变换(Fast Fourier Transform,FFT)的方式实现方位压缩,成像场景最终在距离多普勒域聚焦,点目标在多普勒域的理论方位分辨率仅与合成孔径时间 T 有关,近似为 $1/T$。对于聚束式 SAR 成像,成像场景中所有散射点具有相同的合成孔径时间。在距离多普勒域上,整个成像场景的分辨率是一致的,$1/T$ 的理论分辨率可以用于评价成像算法的方位向聚焦性能。条带式 SAR 成像通常在方位频域补偿非线性相位,然后通过逆快速傅里叶变换(Inverse FFT, IFFT)变换到方位时域进行成像,成像平面上的方位分辨率与散射点方位压缩时的多普勒带宽 $B_a(R_n,t_n)$ 有关,为 $1/B_a(R_n,t_n)$。此时,二维时域上的理论方位分辨率是不均匀的,与点目标的位置有关。

$1/T$ 和 $1/B_a(R_n,t_n)$ 分别表示了成像点目标在方位频率轴和方位时间轴上的方位向相对理论分辨率,其对应的空间方位分辨率 Δa 应通过点目标的相干积累角计算[6],即

$$\Delta a = \frac{\lambda}{2\left|U_r(t_1;R_n,t_n) - U_r(t_2;R_n,t_n)\right|} \tag{6-15}$$

其中,$U_r(t_1;R_n,t_n)$ 和 $U_r(t_2;R_n,t_n)$ 分别表示合成孔径的起始时刻和终止时刻,点目标(R_n,t_n) 的瞬时单位斜距矢量。在表 6 - 1 的参数下,基于式(6 - 15)计算的场景中心点的方位分辨率约为 0.6 m。

6.4　本章小结

本章主要研究机动平台 SAR 的斜距模型和成像特性。首先基于数据录取参量 R_n 和 t_n,构建了一种能精确地描述地平面散射点斜距历程的改进斜距模型,并分析了斜距模型在 $t_a = t_n$ 点的泰勒展开精度,证明四阶展开即可满足 RCMC 处理的要求;然后推导了回波信号的多普勒带宽,仿真分析了加速度对多普勒带宽的影响,证明加速度易导致多普勒谱的混叠;最后分析了机动平台 SAR 在斜距平面方位频率轴和方位时间轴上的方位向相对理论分辨率及对应的空间分辨率。本章所述的成像斜距模型以及成像特性分析为后续成像算法的设计和验证研究奠定了理论基础。

参考文献

［1］ Hou Jianqiang，Ma Yanheng，Li Gen. A third-order range separation imaging algorithm for manoeuvring platform SAR［J］. Remote Sensing Letters，2019，10(8)：786-795.

［2］ Li Zhenyu，Xing Mengdao，Liang Yi，et al. A Frequency-Domain Imaging Algorithm for Highly Squinted SAR Mounted on Maneuvering Platforms With Nonlinear Trajectory［J］. IEEE Transactions on Geoscience & Remote Sensing，2016，54(7)：4023-4038.

［3］ 李震宇. 机动平台 SAR 大斜视成像算法研究［D］. 西安：西安电子科技大学，2017.

［4］ Li Zhenyu，Liang Yi，Xing Mengdao，et al. New Subaperture Imaging Algorithm and Geometric Correction Method for High Squint Diving SAR Based on Equivalent Squint Model［J］. Journal of Electronics & Information Technology，2015，37(8)：1814-1820.

［5］ Li Dong，Lin Huan，Liu Hongqing，et al. Focus Improvement for High-Resolution Highly Squinted SAR Imaging Based on 2-D Spatial-Variant Linear and Quadratic RCMs Correction and Azimuth-Dependent Doppler Equalization［J］. IEEE Journal of Selected Topics in Applied Earth Observations & Remote Sensing，2017，10(1)：168-183.

［6］ Tang Shiyang，Zhang Linrang，Guo Ping，et al. Processing of monostatic SAR data with general configurations［J］. IEEE Transactions on Geoscience and Remote Sensing，2015，53(12)：6529-6546.

第7章 机动平台大斜视 SAR 快速回波模拟方法

7.1 引　言

机动平台大斜视 SAR 的实测数据难以获取,模拟真实 SAR 场景的回波信号,能够为后续成像和运动补偿算法的验证提供有力支撑。在机载 SAR 成像过程中,由于惯导设备精度有限,基于回波数据的运动补偿是必不可少的环节。成像场景本身的特征(如特显点的数量、对比度和熵值等)对运动补偿方法的性能有较大影响,此时稀疏点阵目标的回波数据无法有效地验证运动补偿算法的性能,通常需要采用已知 SAR 图像的模拟回波数据来验证运动补偿算法的有效性。常规的时域回波模拟方法运算量极高,无法用于 SAR 图像的回波模拟。因此,本章重点研究便于添加运动误差的机动平台大斜视 SAR 快速回波模拟方法。

问题描述　SAR 回波模拟方法主要分为时域方法、二维 FFT 方法、一维 FFT 方法和成像逆处理方法 4 类。传统时域方法根据 SAR 的回波采集流程逐脉冲、逐散射点地生成回波数据,能够应用于任意轨迹、任意运动误差和任意工作模式,并具有极高的模拟精度,但巨大的运算量使其仅适用于少数散射点的回波模拟[1]。二维 FFT 方法[2-3]最初由 Franceschetti 教授提出,主要应用于直线运动的 SAR 平台,它将场景散射系数的二维频谱和 SAR 系统传递函数的二位频谱相乘,然后利用逆傅里叶变换的方法来获取回波。二维 FFT 方法具有极高的运算效率,但不便于添加运动误差,且不能用于传递函数具有距离和方位二维空变的情形。Deng[4]提出一种适用于机动 SAR 回波模拟的二维 FFT 方法,该方法对斜距历程进行了二阶近似且忽略了 SAR 传递函数的二维空变性,仅能用于小场景的回波模拟。在此基础上,刘昕[5]对机动 SAR 传递函数的二维频域进行了距离–方位解耦,模拟了回波的距离向空变,但仅能用于小斜视角模式。一维 FFT 方法采用沿距离向积分的方法获取系统传递函数[6-8],更便于添加运动误差,其运算量介于时域方法和二维频域方法之间,文献[6-7]通过沿距离向积分计算系统传递函数的二维频谱,仅能模拟回波的距离向空变,文献[8]提出了一种能模拟传递函数距离和方位向二维空变的一维 FFT 算法,但算法在推导中进行了近似处理,仅能用于水平匀速运动的 SAR 成像系统;成像逆处理方法[9-10]通过成像算法的逆运算来模拟回波数据,其运算效率取决于所采用的成像算法,回波模拟精度取决于成像算法的精度,尽管现有的机动平台大斜视 SAR 频域[11-13]和波数域[14-15]成像算法具有较高的运算效率,但均存在聚焦深度有限、成像结果需要进行插值校正以及无法添加运动误差的问题。

问题小结　轨迹大幅度弯曲以及系统传递函数的复杂空变性,使以上算法均无法有效地用于能够添加运动误差的机动平台大斜视 SAR 回波模拟。

解决方案　为实现机动平台大斜视 SAR 的快速回波模拟,本章提出了一种基于子孔径 Keystone 变换和距离向逆处理的回波模拟方法,主要内容安排如下:7.2 节分析算法加速原理,采用子孔径 Keystone 变换的方法去除空变的 RCM,计算 RCMC 后的距离压缩包络函数,并推导基于距离向逆处理的快速回波模拟方法;7.3 节分析算法精度、子孔径划分依据以及运算量;7.4 节对所提方法进行仿真分析,并同常规的时域模拟方法进行对比;7.5 节对本章进行总结。

7.2 快速回波模拟算法

7.2.1 算法加速原理

本章所提方法通过对距离压缩回波进行逆处理来实现原始回波数据的快速模拟,考虑 SAR 的发射信号为线性调频(Linear Frequency Modulation,LFM)信号,接收解调后的回波模型可表示为

$$ss_0(\tau,t_a) = A_0 w_r[\tau - 2R(t_a)/c] w_a(t_a) \times$$
$$\exp[-j4\pi f_c R(t_a)/c] \exp\{jK_r\pi[\tau - 2R(t_a)/c]^2\} \quad (7-1)$$

其中,τ 表示距离向采样时间;t_a 表示方位向采样时间;A_0 表示点目标的复散射信息;$w_r(\tau)$ 表示距离包络(矩形窗函数);$w_a(t_a)$ 表示方位包络;f_c 为发射信号的载频;$R(t_a)$ 表示点目标的瞬时斜距;K_r 表示距离调频率,第一个指数项为点目标的斜距相位信息,第二个指数项为点目标的脉冲相位信息。

采用频域方法进行 RCMC 和距离压缩后的回波信号可以表示为

$$ss_{rc}(\tau,t_a) = A_0 p_r(\tau - 2R_f/c) w_a(t_a) \times \exp[-j4\pi f_c R(t_a)/c] \quad (7-2)$$

其中,R_f 表示距离压缩后散射点的距离向位置;$p_r(\tau - 2R_f/c)$ 为距离压缩包络,表示为

$$p_r(\tau - 2R_f/c) = \sqrt{|K_r|} T_p \mathrm{sinc}[K_r T_p(\tau - 2R_f/c)] \quad (7-3)$$

其中,T_p 表示发射信号的时域脉冲宽度;$\sqrt{|K_r|} T_p$ 表示信号频域脉压增益。

假设雷达接收机在方位上向共采集 M 个距离脉冲,每个距离脉冲内采集 N 个点,由式(7-1)可知,时域方法模拟单个散射点的原始回波需要计算 MN 次复指数相位信息和 MN 次复数乘法。距离压缩后,脉冲信号由 LFM 信号变为能量高度集中的 sinc 信号,仅需计算 sinc 信号峰值点附近的少数 N_s 个采样点的幅度信息,即可高精度地恢复点目标的脉冲相位信息。由式(7-2)可知,模拟单个散射点 RCMC 后的距离压缩回波,仅需计算 M 次斜距相位信息和 N_s 次距离压缩包络信息以及 MN_s 次复数乘法。通常,1 次 sinc 函数的计算量约为 3 次复数乘法的运算量,1 次复指数相位信息的运算量约为 6 次复数乘法的运算量。用时域方法模拟单个散射点原始回波需要 $7MN$ 次复数乘法,而模拟 RCMC 后的距离压缩回波仅需 $6M + 3N_s + MN_s$ 次复数乘法。在进行大场景回波模拟时,距离逆处理的运算量极小,所提方法的运算量近似等于模拟距离压缩回波的运算量,远小于传统时域方法的运算量。

7.2.2 基于 Keystone 变换和距离向逆处理的子孔径回波模拟

模拟散射点的距离压缩回波之前,需要完成 RCMC,但对于机动平台大斜视 SAR 成像,不同的散射点具有不同的 RCM 轨迹。为便于进行空变 RCM 的校正,所提方法将曲线轨迹划分为若干个子孔径,在每个子孔径中,散射点的空变 RCM 将以线性分量为主,采用 Keystone

变换可以实现大场景空变 RCM 的精确校正。在进行 RCMC 和距离压缩后,每个散射点的距离压缩回波均可理论计算,对所有散射点的距离压缩回波进行统一的距离向逆处理即可实现子孔径原始回波的模拟,获取所有子孔径的原始回波后,将其按方位时间序列拼接即可得到完整孔径的回波数据。下面主要分析单个子孔径的原始回波模拟方法。

1. 子孔径内的瞬时斜距

如图 7-1 所示,考虑机动平台在三维空间沿曲线 ABC 机动,SAR 工作在聚束模式。O 点为曲线轨迹中心点 B 在地面上的垂直投影点,以 O 点为原点建立 $O\text{-}XYZ$ 空间直角坐标系,其中 X 的正方向为平台在 B 点的水平速度方向。P 点为波束中心照射点,其坐标为 (x_c, y_c, z_c),斜视角 θ_A 定义为波束中心照射方向 $\overrightarrow{BP}$ 与 YOZ 平面的夹角。

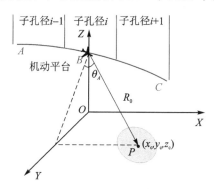

图 7-1　曲线轨迹 SAR 成像几何模型

子孔径的方位时间采样序列为 t_a,$t_a = 0$ 为子孔径的中心时刻,平台在 $O\text{-}XYZ$ 坐标系中的曲线运动轨迹表示为 $[X_p(t_a), Y_p(t_a), Z_p(t_a)]$,将其在三维空间进行如下分解

$$\begin{cases} X_p(t_a) = f_x(t_a) + E_x(t_a) \\ Y_p(t_a) = f_y(t_a) + E_y(t_a) \\ Z_p(t_a) = f_z(t_a) + E_z(t_a) \end{cases} \tag{7-4}$$

其中 $[f_x(t_a), f_y(t_a), f_z(t_a)]$ 为曲线轨迹在三维空间的 n 阶多项式拟合分量,定义同式(6-6),其中 $(b_{0\_x}, b_{0\_y}, b_{0\_z})$ 表示子孔径中心点的坐标,$[E_x(t_a), E_y(t_a), E_z(t_a)]$ 为三维空间的多项式拟合误差。

成像场景中任意点目标 $Q(x, y, z)$ 的瞬时斜距为

$$R(t_a; x, y, z) = \sqrt{(X_p(t_a) - x)^2 + (Y_p(t_a) - y)^2 + (Z_p(t_a) - z)^2} \tag{7-5}$$

将式(7-5)做如下分解

$$R(t_a; x, y, z) = R_p(t_a; x, y, z) + R_e(t_a; x, y, z) \tag{7-6}$$

其中 $R_p(t_a; x, y, z)$ 为由多项式表示的斜距分量,表示为

$$R_p(t_a; x, y, z) = \sqrt{(f_x(t_a) - x)^2 + (f_y(t_a) - y)^2 + (f_z(t_a) - z)^2} \tag{7-7}$$

$R_e(t_a; x, y, z)$ 为由拟合误差表示的斜距分量,表示为

$$R_e(t_a; x, y, z) = R(t_a; x, y, z) - R_p(t_a; x, y, z) \tag{7-8}$$

通常情况下,在子孔径时间内对曲线轨迹进行高阶多项式拟合后,残余的拟合误差分量 $R_e(t_a; x, y, z)$ 非常小,在进行 RCMC 时,$R_e(t_a; x, y, z)$ 的空变性可以忽略。以波束中心照射点 (x_c, y_c, z_c) 为参考计算拟合误差,则式(7-6)改写为

$$R_{p\_E}(t_a;x,y,z) = R_p(t_a;x,y,z) + R_e(t_a;x_c,y_c,z_c) \tag{7-9}$$

为便于分析空变的 RCM,将 $R_p(t_a)$ 在 $t_a = 0$ 处进行 n 阶泰勒级数展开,得

$$R_{p\_E}(t_a;x,y,z) = k_0(x,y,z) + \sum_{i=1}^{n} k_i(x,y,z)t_a^i + R_e(t_a;x_c,y_c,z_c) \tag{7-10}$$

其中,k_i 为第 i 阶泰勒级数展开系数,表示为

$$k_i(x,y,z) = \frac{1}{i!}\left(\frac{d^i R_p(t_a;x,y,z)}{dt_a}\right)\bigg|_{t_a=0} \tag{7-11}$$

其中,$k_0(x,y,z)$ 表示点目标在合成孔径中心点时的斜距,具体形式为

$$k_0(x,y,z) = \sqrt{(b_{0\_x}-x)^2 + (b_{0\_y}-y)^2 + (b_{0\_z}-z)^2} \tag{7-12}$$

2. 基于 Keystone 变换的距离向处理

首先,以场景中心点 (x_c,y_c,z_c) 为参考点,在距离频域-方位时域构造一致的 RCMC 函数和距离压缩函数为

$$H_1(f_r,t_a) = \exp\left(j\pi\frac{f_r^2}{K_r}\right)\exp\left\{j\frac{4\pi(f_c+f_r)}{c}\left[R_{p\_E}(t_a;x,y,z) - R_{ref}\right]\right\} \tag{7-13}$$

其中,f_r 表示距离频率;$R_{ref} = k_0(x_c,y_c,z_c)$,一致校正后的距离频域-方位时域回波信号为

$$Ss(f_r,t_a;x,y,z) = W_r(f_r)w_a(t_a)\times$$
$$\exp\left\{-j\frac{4\pi(f_c+f_r)}{c}\left[k_0(x,y,z) + \sum_{i=1}^{n} d_i(x,y,z)t_a^i\right]\right\} \tag{7-14}$$

其中,$W_r(\cdot)$ 为距离窗函数的频域形式;$d_i(x,y,z)$ 为第 i 阶残余空变 RCM,表示为

$$d_i(x,y,z) = k_i(x,y,z) - k_i(x_c,y_c,z_c) \tag{7-15}$$

由于子孔径的合成孔径时间较短,线性空变分量 $d_1(x,y,z)$ 为残余空变 RCM 的主要成分,Keystone 变换可以有效地去除该分量。Keystone 变换是将楔石形格式数据变换成矩形格式数据的变尺度变换,能去除所有点目标的 LRCM。

对式(7-14)进行 Keystone 变换,并将相位项在 $f_r = 0$ 处进行二阶泰勒级数展开得

$$Ss_{key}(f_r,t_a;x,y,z) = Ss\left(f_r,\frac{f_r}{f_r+f_c}t_a;x,y,z\right) =$$
$$W_r(f_r)w_a(t_a)\exp\left\{j\left[\sum_{i=0}^{2}\varphi_i(t_a;x,y,z)f_r^i\right]\right\} \tag{7-16}$$

其中

$$\begin{cases}\phi_0(t_a;x,y,z) = -\frac{4\pi f_c}{c}\left\{R(t_a;x,y,z) - \left[R_{p\_E}(t_a;x,y,z) - R_{ref}\right]\right\} \\[2mm] \phi_1(t_a;x,y,z) = -\frac{4\pi}{c}\left[k_0(x,y,z) - d_2(x,y,z)t_a^2\right] \\[2mm] \phi_2(t_a;x,y,z) = -\frac{4\pi}{cf_c}d_2(x,y,z)t_a^2\end{cases} \tag{7-17}$$

式(7-17)中,Keystone 变换不影响方位调制相位,ϕ_0 为由 $R(t_a;x,y,z)$ 表示的精确方位调制相位;ϕ_1 为 RCM 项,其中 $k_0(x,y,z)$ 表示目标的距离向聚焦位置,$d_2(x,y,z)t_a^2$ 为残

余的空变距离弯曲；ϕ_2 为 Keystone 变换引入的附加空变距离调频率，根据表 6-1 的参数计算可知，ϕ_2 引入的附加相位约为 0.001 rad，对距离压缩的影响可以忽略不计；高阶空变 RCM 系数 $d_i(x,y,z)t_a^i(i\geqslant3)$ 对 ϕ_1 和 ϕ_2 的影响远小于 $d_2(x,y,z)t_a^2$，可以忽略。

对式(7-16)进行距离向 IFFT 即可得到 RCMC 和距离压缩后二维时域回波，即

$$ss_{rc}(\tau,t_a;x,y,z)=A_0p_r[\tau-2k_0(x,y,z)/c]w_a(t_a)\exp[-j4\pi f_cR_{new}(t_a;x,y,z)/c]$$

$$(7-18)$$

其中，$R_{new}(t_a;x,y,z)$ 表示散射点 (x,y,z) 的方位斜距历程，表示为

$$R_{new}(t_a;x,y,z)=R_0(t_a;x,y,z)-[R_{p\_E}(t_a;x_c,y_c,z_c)-R_{ref}]\qquad(7-19)$$

最终，整个距离向的处理流程如图 7-2 所示。

图 7-2　距离向处理流程图

3. 基于距离向逆处理的回波模拟

对图 7-2 中的流程进行逆处理即可模拟散射点的原始回波数据，此时距离压缩回波为输入信号。根据 7.2.1 小节分析可知，对于坐标为 (x,y,z) 的散射点，采用式(7-18)计算其距离压缩回波时，距离向采样点仅需取离散距离采样时间序列 τ 中位于 $2k_0(x,y,z)/c$ 附近的 N_s 个采样点即可。通常 Keystone 变换有 sinc 插值和离散傅里叶变换（Discrete Fourier Transform，DFT）两种实现方式，其中 DFT 变换可以借助基于 FFT 运算的线性调频 Z 变换（Chirp Z Transform，CZT）来实现，同时该方法没有插值损失是一种可逆的线性变换，与 sinc 插值方法相比具有更高的精度和运算效率。因此，在距离向逆处理中，采用逆离散傅里叶变换（Inverse DFT，IDFT）的方法来实现逆 Keystone 变换。

获取所有散射点二维时域的距离压缩回波 $\boldsymbol{S}_{rc}$ 后，通过下式进行距离向逆处理得到二维时域的原始回波 $\boldsymbol{S}_0$ 为

$$\boldsymbol{S}_0=F_r^H(C_{za}(F_a(F_r(\boldsymbol{S}_{rc})))\circ\boldsymbol{H}_1^*)\qquad(7-20)$$

其中，$(\cdot)^H$ 表示共轭转置；F_r 表示距离 FFT；F_r^H 表示距离 IFFT；F_a 表示方位 FFT，F_a^H 表示方位 IFFT；C_{za} 表示用于实现方位 IDFT 的 CZT；$\boldsymbol{H}_1^*$ 表示由滤波函数 H_1 构成的滤波矩阵 $\boldsymbol{H}_1$ 的共轭矩阵；"$\circ$"为矩阵的 Hadamard 积，表示矩阵点乘运算。

7.2.3　子孔径的划分依据

子孔径的 Keystone 变换无法实现所有散射点的理想 RCMC，残余的 RCM 将对回波模拟精度产生影响。本小节通过控制单个子孔径下成像区域内所有散射点所具有的最大空变距离弯曲 β_{max}，实现对子孔径的合理划分和回波模拟精度的控制。

假设子孔径的长度为 T_{sub}，散射点 (x,y,z) 的最大空变距离弯曲 β_{rcm} 表示为

$$\beta_{rcm}=d_2(x,y,z)T_{sub}^2/4\qquad(7-21)$$

使场景中所有散射点最大空变距离弯曲不超过 β_{max}，则对于任意成像区域边界点坐标 (x_q,y_q,z_q)，满足

$$d_2(x_q, y_q, z_q) T_{sub}^2 / 4 \leqslant \beta_{max} \tag{7-22}$$

满足式(7-22)的最大 T_{sub} 值为

$$T_{sub} = \sqrt{4\beta_{max} / d_{2\_max}} \tag{7-23}$$

其中，d_{2_max} 表示所有场景边界点具有的最大空变距离弯曲系数。假设曲线轨迹总合成孔径时间为 T，子孔径划分的数量为 N_{sub}，则

$$N_{sub} = \begin{cases} 3, & \lceil T/T_{sub} \rceil \leqslant 3 \\ \lceil T/T_{sub} \rceil, & \lceil T/T_{sub} \rceil > 3 \end{cases} \tag{7-24}$$

其中，$\lceil \cdot \rceil$ 表示向上取整；β_{max} 对回波模拟精度的影响以及式(7-24)中子孔径划分的依据在下一节进行分析。

最终，曲线轨迹大斜视 SAR 回波模拟流程如图 7-3 所示，具体的操作步骤如下：

① 确定距离压缩信号的时域窗长 N_s，子孔径允许的最大空变距离弯曲 β_{max}，全孔径长度 T，成像区域中散射点的复散射系数 $A_0(x, y, z)$，曲线轨迹的空间三维坐标 $[X_p(t_a), Y_p(t_a), Z_p(t_a)]$。

② 对曲线轨迹进行 n 阶多项式拟合，根据式(7-23)和式(7-24)计算子孔径的数量 N_{sub}，并对曲线轨迹进行等长度子孔径划分。

③ 选择一个子孔径曲线轨迹，对子孔径轨迹重新进行多项式拟合，根据式(7-18)计算所有散射点的距离压缩回波并进行叠加，得到子孔径的距离压缩回波 S_{rc}，然后根据式(7-20)进行距离向逆处理得到子孔径的原始回波 S_0。

④ 重复步骤③得到所有子孔径回波，将其在方位时间上进行拼接得到完整曲线轨迹的原始回波。

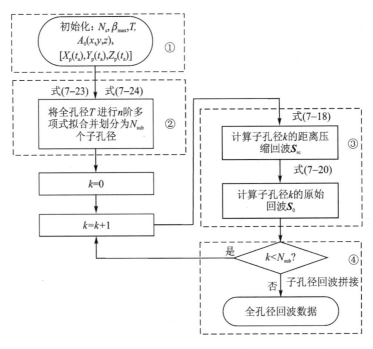

图 7-3　曲线轨迹大斜视 SAR 回波模拟流程图

7.3　算法性能分析

本章所提基于距离向逆处理的快速回波模拟方法,在距离压缩后的方位时域精确地计算了每个散射点的方位相位信息,不影响散射点聚焦后的相位信息。为衡量 SAR 回波的模拟精度,以散射点进行理想聚焦后的峰值幅度(Peak Amplitude,PA)以及距离向和方位向剖面图的主瓣宽度(Mainlobe Width,MW)、峰值旁瓣比(Peak Sidelobe Ratio,PSLR)和积分旁瓣比(Integral Sidelobe Ratio,ISLR)等测量指标值作为评价标准,在无误差的情况下,PSLR 和 IS-LR 的理论值分别为 -13.26 dB 和 -9.80 dB。下面主要分析距离压缩窗长和空变距离弯曲对距离和方位向测量指标的影响。

7.3.1　距离压缩窗长对距离向聚焦的影响

定义 α_r 为距离窗长因子,表示距离压缩信号的截取窗长为 α_r 倍的副瓣宽度,距离向过采样因子(距离向采样率与信号带宽的比值)为 γ_r,则距离压缩窗长的采样点数 $N_s = \gamma_r \alpha_r$。由式(7-20)可知,距离向逆处理是一个仅包含 FFT 运算和矩阵点乘运算的可逆线性运算,因此对于采用频域方法进行距离压缩的散射点而言,距离压缩信号的截取仅会造成高阶副瓣的丢失,而对位于距离压缩窗长内的主瓣和副瓣的幅度及相位均没有影响,即 α_r 的取值仅影响距离向的 ISLR,而不影响 PA、MW 和 PSLR 等指标。α_r 的取值对距离向 ISLR 指标的影响如图 7-4 所示,可以看出,随着 α_r 的增加,ISLR 逐渐接近理论值 -9.80 dB,为充分保留距离压缩副瓣,选择 $\alpha_r = 30$,此时距离向 ISLR 为 -10.1 dB,较接近理论值。

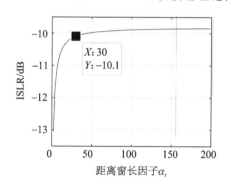

图 7-4　距离压缩信号的截取对 ISLR 指标的影响

7.3.2　残余空变距离弯曲对方位向聚焦的影响

在进行距离压缩回波模拟时,假定所有散射点均进行了理想的 RCMC。对于坐标为 (x,y,z) 的散射点,采用所提方法进行距离向处理后,仍会存在残余的二阶空变距离弯曲 $d_2(x,y,z)t_a^2$,该项对方位压缩将有一定的影响,下面进行具体分析。

当散射点最大空变距离弯曲为 β_{rcm} 时,则随方位时间变化的空变距离弯曲表示为

$$R_{rrcm} = 4\beta_{rcm} t_a^2 / T_{sub}^2 \tag{7-25}$$

其中,t_a 取值范围为 $-T_{sub}/2 \leqslant t_a \leqslant T_{sub}/2$。

在距离向聚焦位置处,空变距离弯曲引起的附加方位包络表示为

$$w_{a\_add}(t_a) = \sqrt{|K_r|}\, T_p \operatorname{sinc}(K_r T_p 4\beta_{rcm} t_a^2 / T_{sub}^2) \tag{7-26}$$

其中，K_r 和 T_p 的定义同式(7-3)。

在进行精确的方位相位补偿后，聚焦后的方位向剖面图可用附加方位包络的傅里叶变换来表示，即

$$S_a(f_a) = \int_{-T_{sub}/2}^{T_{sub}/2} w_{a\_add}(t_a)\, e^{-j2\pi f_a t_a}\, dt_a \tag{7-27}$$

其中，f_a 表示方位频率。

当存在多个子孔径时，需要将多个子孔径的附加方位包络按方位时间序列进行拼接，然后根据式(7-27)计算聚焦后的方位向剖面图。

本小节采用数值法分析 β_{rcm} 对方位向聚焦质量的影响，为不失一般性，β_{rcm} 的取值以距离分辨率 $\Delta r = c/(2B_r)$ 为参考。图 7-5 和图 7-6 分别给出了单一子孔径和多倍子孔径拼接条件下，β_{rcm} 对方位向测量指标 PA、MW、PSLR 和 ISLR 的影响，其中 n 倍子孔径表示 n 个等长度的子孔径拼接，β_{rcm} 对 PA 和 MW 影响通过计算测量值与理论值的相对误差 PARE 和 MWRE 来表示，β_{rcm} 对 PSLR 和 ISLR 的影响通过计算测量值与理论值的绝对误差 PSLRE 和 ISLRE 来表示，具体表示为

$$\begin{cases} \text{PARE} = (\text{PA}_p - \text{PA}_t)/\text{PA}_t \\ \text{MWRE} = (\text{MW}_p - \text{MW}_t)/\text{MW}_t \end{cases}, \quad \begin{cases} \text{PSLRE} = \text{PSLR}_p + 13.26 \\ \text{ISLRE} = \text{ISLR}_p + 9.80 \end{cases} \tag{7-28}$$

其中，下标"p"和"t"分别表示 PA、MW、PSLR 和 ISLR 等指标参数的实际测量值和不存在空变距离弯曲情况下的理论值。

由式(7-26)可知，β_{rcm} 较小时，附加方位包络将起到近似二次窗函数的作用，加窗将使主瓣展宽、副瓣降低。因此在单个子孔径条件下，残余的空变距离弯曲将使主瓣展宽，同时使 PSLR 和 ISLR 值低于理论值，如图 7-5 所示。

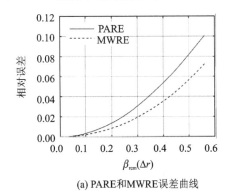
(a) PARE和MWRE误差曲线

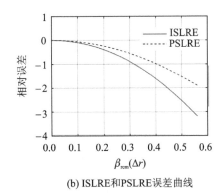
(b) ISLRE和PSLRE误差曲线

图 7-5　单个子孔径下 β_{rcm} 对方位向测量指标的影响

而从图 7-6 中可以看出，在相同的 β_{rcm} 值下，子孔径的拼接将破坏近似二次窗函数的效应，使主瓣展宽程度明显减小，进而使 MW 和 PSLR 等指标更接近理论值，但子孔径的拼接会对包络形成近似高频调制，增大高阶副瓣电平，导致 ISLR 指标轻度恶化，如图 7-6(d)所示。从图 7-5 和图 7-6 中可以看出，β_{rcm} 值越小，各项测量指标越接近理论值，子孔径的划分可以使相同的成像区域具有更小的 β_{rcm} 值，因此采用子孔径拼接的方式可以有效提高回波模拟精度，然而，子孔径数量的增加也会增大回波模拟的运算量。观察图 7-6 可以发现，3 倍子孔径拼接可以在基本不增加运算量的基础上有效提高回波模拟精度。因此，回波模拟时，应使划分

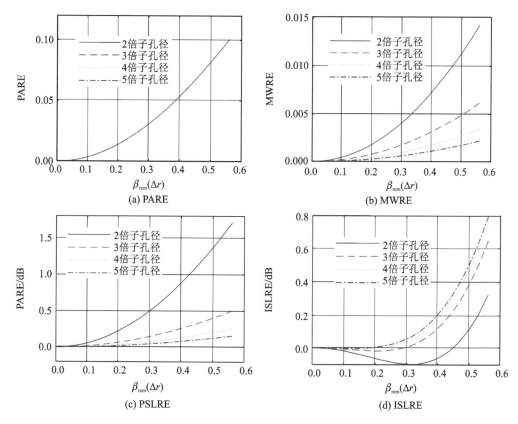

图 7-6　多倍子孔径拼接下 β_{rcm} 对方位向测量指标的影响

的子孔径数量不少于 3,此时图 7-6 中 3 倍子孔径下的方位测量指标误差曲线为方位向测量指标的最大误差,$\beta_{\max}$ 值可根据仿真所允许的方位向测量指标最大误差确定。表 7-6 给出了 3 倍子孔径拼接条件下,β_{rcm} 为 $0.1\Delta r$、$0.2\Delta r$ 和 $0.3\Delta r$ 三个典型值时的方位向测量指标误差,可作为 $\beta_{\max}$ 的取值参考。

表 7-1　3 倍子孔径拼接下的方位测量指标

β_{rcm}	PARE	MWRE	PSLRE/dB	ISLRE/dB
$0.1\Delta r$	3.4×10^{-3}	1.9×10^{-4}	1.6×10^{-2}	-6.8×10^{-3}
$0.2\Delta r$	1.4×10^{-2}	7.8×10^{-4}	6.5×10^{-2}	-1.7×10^{-2}
$0.3\Delta r$	3.0×10^{-2}	1.7×10^{-3}	1.5×10^{-1}	7.1×10^{-3}

7.3.3　算法运算量分析

通常情况,N 点 FFT 需要进行 $(N\log_2 N)/2$ 次复数乘法运算,CZT 的运算量可以等效为 6 次 N 点 FFT 运算和 4 次 N 点复数乘法运算[16]。因此,式(3-20)中的距离逆处理运算量等效为 2 次距离 FFT 运算、7 次方位 FFT 运算和 5 次矩阵点乘运算。假设 SAR 系统的方位向采样点数为 M,距离向采样点数为 N,回波模拟时全孔径被划分为 L 个等长的子孔径,每个子孔径的方位向采样点数为 M/L。

单个子孔径距离逆处理的运算量为

$$C_{\text{sub}} = MN/L \left[\log_2 N + \frac{7}{2} \log_2 (M/L) + 5 \right] \tag{7-29}$$

假设成像场景中共有 Q 个散射点,根据 7.2.1 小节分析可知,采用所提方法计算距离压缩回波的运算量为 $Q(6M+3LN_s+MN_s)$,因此所提方法的总运算量为

$$C_{\text{proposed}} = MN(\log_2 N + 5) + MN \frac{7}{2} \log_2 (M/L) + Q(6M+3LN_s+MN_s) \tag{7-30}$$

在进行大场景回波模拟时,距离向逆处理的运算量远小于计算距离压缩回波的运算量,传统时域方法的运算量为 $7QMN_p$,所提方法相对于传统时域方法的加速比(指传统时域方法与所提方法运算时间的比值)近似为

$$\frac{7QMN_p}{C_{\text{proposed}}} \approx \frac{7\gamma T_p B_r}{6 + \gamma\alpha} \tag{7-31}$$

式(7-31)表明,信号的时宽带宽积越大,所提方法的加速比越高。

7.4 仿真分析

本节采用仿真分析的方法对所提回波模拟方法进行验证,仿真软件为 MATLAB2016a,计算机主频为 3.70 GHz,内存为 16 GB。用于回波模拟的曲线轨迹由平台三阶运动方程叠加高度方向上的正弦运动误差组成,SAR 系统参数和平台运动参数如表 7-2 所列,其中运动参数均为平台位于曲线轨迹中心点时的参数。高度向上叠加的正弦运动误差如图 7-7(a)所示,其最大幅度为 2 m,四阶多项式的拟合误差如图 7-7(b)所示,其最大值约为 0.02 m,远小于表 7-2 中仿真系统的距离分辨率 0.5 m,因此在 RCMC 过程中忽略拟合误差的空变性是合理的。

表 7-2 仿真参数

SAR 系统参数	数 值	平台运动参数	数 值
载频/GHz	17	斜视角/(°)	60
距离带宽/MHz	300	平台高度/km	4
距离过采样因子	1.2	中心斜距/km	13
合成孔径时间/s	3	速度/(m·s⁻¹)	(150, 0, −35)
脉冲宽度/μs	5	加速度/(m·s⁻²)	(2.2, 1.2, −0.8)
脉冲重复频率/kHz	2	加加速度/(m·s⁻³)	(0.2, 0.1, −0.1)
天线波束宽度/(°)	14		

成像区域为平台位于曲线轨迹中心点时的波束照射区域,参数 $\alpha=30$,$\beta_{\max}=0.1\Delta r=0.05$ m,根据式(7-23)可得允许的最大子孔径长度为 1.15 s,根据式(7-24)计算得子孔径的数量为 3,长度均为 1 s。按方位时间顺序将曲线轨迹划分为子孔径 1、子孔径 2 和子孔径 3。地平面上的波束照射区域以及 $\beta_{\max}$ 约束的成像区域如图 7-8 所示,其中虚线表示成像区域中 $\beta_{\max}=0.05$ m 时的等高线,$\beta_{\max}<0.05$ m 的区域为有效的回波模拟区域,即图 7-8(a)中两条虚线中间的区域和图 7-8(b)中单条曲线右侧的区域。从图 7-8(a)中可以看出,在不进行子孔径划分时,波束照射区域内仅有一小部分区域为有效的回波模拟区域。在进行子孔径划分后,波束照射区域在每个子孔径下均位于有效的回波区域中,如图 7-8(b)所示。这表明子孔径的划

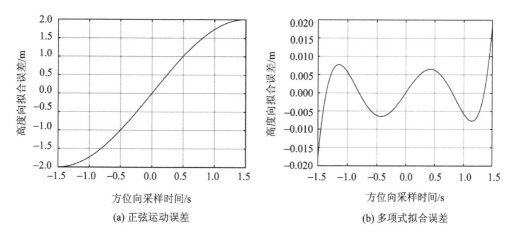

(a) 正弦运动误差　　　　　　　　　　(b) 多项式拟合误差

图 7 - 7　高度向的附加运动误差

分可以有效地扩大回波模拟的有效区域。

　　为评估回波模拟的精度,在波束照射区域内布置三个点目标,如图 7 - 9(a)所示,其中点目标 1、3 和 4 位于波束照射区域的边缘,点目标 2 位于波束中心照射点,仿真场景坐标系的建立方式如图 7 - 1 所示。采用所提方法对三个点目标的回波进行模拟,并采用 BP 算法对每个点目标进行精确聚焦,由于散射点分布范围较大,将散射点升采样后的成像结果按散射点的位置分布规律移动到同一张图中显示,即图 7 - 9(b)所示的成像结果。

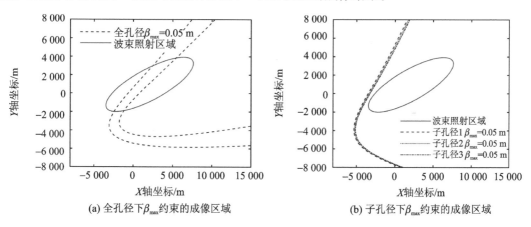

(a) 全孔径下 β_{max} 约束的成像区域　　　　(b) 子孔径下 β_{max} 约束的成像区域

图 7 - 8　地平面上的波束照射区域以及 β_{max} 约束的成像区域

　　图 7 - 10 给出了散射点的二维等高线图。从图 7 - 10 中可以看出,所有的点目标均能良好聚焦,其中点目标 1 由于存在相对较大的残余距离弯曲,子孔径拼接使插值放大后的方位压缩副瓣有轻微的位置偏移。

　　为进一步观察散射点距离和方位聚焦结果,图 7 - 11 给出了空变点目标 1 和 4 的距离及方位向剖面图,可以看出空变点目标在距离和方位向均有理想的聚焦效果,同时回波生成时距离压缩信号的截取将会极大地降低距离窗以外的高阶副瓣电平,与理论分析一致。为进一步量化评估点目标的聚焦质量,表 7 - 3 所列对点目标的方位向测量指标进行量化分析。可以看出,3 倍子孔径拼接后,点目标的方位向测量指标接近理论值,存在的偏差优于表 7 - 1 中 $\beta_{rcm}=0.1\Delta r$ 对应的误差值。

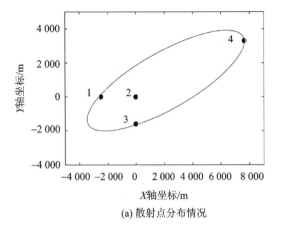
(a) 散射点分布情况

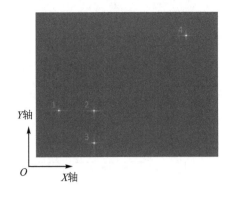
(b) 散射点成像结果

图 7-9 散射点的分布示意图和成像结果

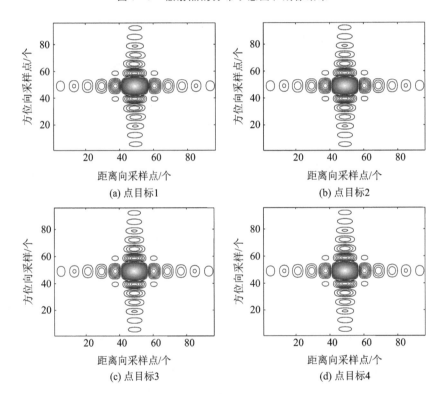

图 7-10 点目标的二维等高线图

表 7-3 点目标的方位向测量指标量化分析结果

点目标	PARE	MWRE	PSLRE/dB	ISLRE/dB
1	1.3×10^{-3}	1.0×10^{-4}	6.1×10^{-3}	-2.8×10^{-3}
2	5.2×10^{-6}	1.0×10^{-6}	7.1×10^{-6}	8.7×10^{-6}
3	1.2×10^{-5}	2.1×10^{-6}	1.4×10^{-4}	3.2×10^{-5}
4	1.5×10^{-4}	5.2×10^{-6}	6.5×10^{-4}	6.8×10^{-5}

图 7-12 所示给出了所提方法对真实场景的回波仿真效果。图 7-12(a)为仿真场景的

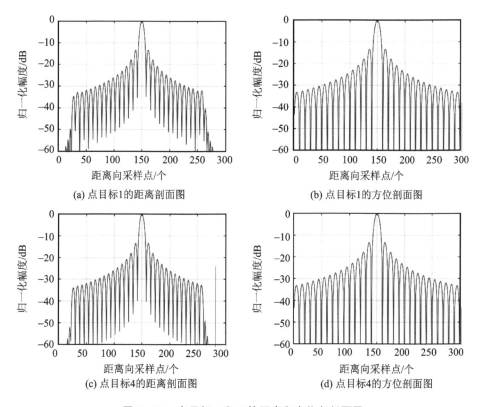

(a) 点目标1的距离剖面图

(b) 点目标1的方位剖面图

(c) 点目标4的距离剖面图

(d) 点目标4的方位剖面图

图 7 - 11   点目标 1 和 4 的距离和方位向剖面图

Google 地图光学图片,图 7 - 12(b)为该场景对应的 X 波段 0.5 m 分辨率机载 SAR 图像。回波模拟时,将图 7 - 12(b)中的 SAR 场景平行于 X 轴放置,平台和雷达参数采用表 7 - 2 中的参数,场景中心为波束中心照射点。图 7 - 12(c)为所提方法生成的模拟回波成像结果,图 7 - 12(d)为传统时域方法生成的参考回波成像结果,成像算法均为本章文献[17]中的频域算法。可以发现,曲线轨迹和大斜视角的存在使成像结果存在明显的几何畸变,这也表明现有的频域机动平台大斜视算法难以采用其逆向算法对任意场景的回波进行模拟。为量化分析真实 SAR 场景的回波仿真效果,以图 7 - 12(d)作为参考图像,选用结构相似度(Structural SIMilarity,SSIM)[18]、图像熵和图像对比度等指标作为量化参数。

距离压缩信号的截取影响回波仿真精度,本节仿真分析了距离窗长因子 α_r 的选取对模拟回波成像结果中图像量化指标的影响,仿真结果如图 7 - 13 所示。图 7 - 13 中虚线表示来自于参考图像的指标理论值,其中熵值为 12.14,对比度为 14.04,SSIM 的理论值为 1(也为最大值)。距离压缩信号的截取将使成像结果中距离向高阶副瓣减少,因此图 7 - 13 中模拟回波生成图像的熵值略低于理论值,对比度略高于理论值。随着 α_r 的增大,模拟回波生成图像的各项指标参数逐渐接近理论值。但 α_r 的增加会增大回波模拟的运算量,从图 7 - 13 中可以看出,$\alpha_r = 30$ 时,各项图像指标较接近理论值,此时采用所提方法的回波模拟用时为 6.2×10^3 s,传统时域方法为 1.8×10^6 s,加速比为 290,与式(7 - 31)计算的理论值 294 基本一致,表明所提方法具有较高的回波模拟效率。

(a) 仿真场景的光学图像

(b) 仿真场景 SAR 图像

(c) 本节方法模拟回波成像结果

(d) 时域方法模拟回波成像结果

图 7 - 12　面目标回波仿真效果分析

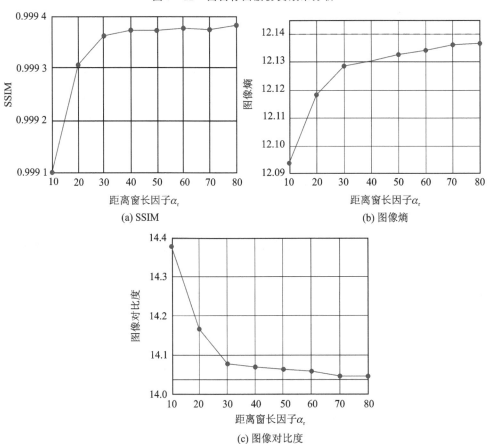

(a) SSIM

(b) 图像熵

(c) 图像对比度

图 7 - 13　距离窗长因子对图像量化指标的影响

7.5　本章小结

　　本章提出了一种基于距离向逆处理和子孔径 Keystone 变换的机动平台大斜视 SAR 回波模拟方法,该方法模拟了 RCMC 后的时域距离压缩回波,并采用距离向逆处理的方法获得原始回波。为减小空变 RCM 对回波模拟精度的影响,在距离向处理中,采用子孔径 Keystone 变换的方法实现了大场景的精确 RCMC,并通过分析残余空变 RCM 对方位聚焦的影响,给出了子孔径的划分依据和回波模拟精度。仿真结果表明,所提方法能够快速地实现高精度的回波模拟,并且算法效率和精度均与理论分析一致。该方法能够用于机动平台大斜视 SAR 聚束模式下的回波模拟,为后续成像及运动补偿算法的仿真验证提供支撑。

参考文献

[1] 刘宇,顾振杰,韩红斌.合成孔径雷达回波模拟方法研究[J].航空制造技术,2016(Z1):115-119.

[2] Franceschetti G,Iodice A,Perna S,et al. SAR sensor trajectory deviations:Fourier domain formulation and extended scene simulation of raw signal[J]. IEEE Transactions on Geoscience and Remote Sensing,2006,44(9):2323-2334.

[3] Franceschetti G,Iodice A,Perna S,et al. Efficient simulation of airborne SAR raw data of extended scenes[J]. IEEE Transactions on Geoscience and Remote Sensing,2006,44(10):2851-2860.

[4] Deng Bin,Li Xiang,Wang Hongqiang,et al. Fast Raw-Signal Simulation of Extended Scenes for Missile-Borne SAR With Constant Acceleration[J]. IEEE Geoscience and Remote Sensing Letters,2011,8(1):44-48.

[5] 刘昕,张林让,刘楠,等.基于级数反演法的变速运动 SAR 回波二维频域模拟算法[J].宇航学报,2014,35(7):827-833.

[6] 刁桂杰,许小剑.大斜视 SAR 原始数据的快速模拟算法研究[J].电子与信息学报,2011,33(3):684-689.

[7] 汪丙南,张帆,向茂生.基于混合域的 SAR 回波快速算法[J].电子与信息学报,2011,33(3):690-695.

[8] Domenico A G,Aglio D Di Martino,Iodice A,et al. A Unified Formulation of SAR Raw Signals From Extended Scenes for All Acquisition Modes With Application to Simulation[J]. IEEE Transactions on Geoscience and Remote Sensing,2018,56(8):4956-4967.

[9] Meng Ziqiang,Li Yachao,Li Chunbiao,et al. A Raw Data Simulator for Bistatic Forward-looking High-speed Maneuvering-platform SAR[J]. Signal Processing,2015,117:151-164.

[10] Huai Yuanyuan,Liang Yi,Ding Jinshan,et al. An Inverse Extended Omega-K Algorithm for SAR Raw Data Simulation With Trajectory Deviations[J]. IEEE Geoscience

and Remote Sensing Letters,2016,13(6):826-830.

［11］ Liao Yi，Zhou Song，Yang Lei. Focusing of SAR With Curved Trajectory Based on Im-proved Hyperbolic Range Equation［J］. IEEE Geoscience & Remote Sensing Letters,2018,15(3):454-458.

［12］ 党彦锋,梁毅,别博文,等.俯冲段大斜视 SAR 子孔径成像二维空变校正方法［J］.电子与信息学报,2018,40(11):2621-2629.

［13］ 李宁,别博文,邢孟道,等.基于多普勒重采样的恒加速度大斜视 SAR 成像算法［J］.电子与信息学报,2019,41(12):2873-2880.

［14］ Li Zhenyu，Liang Yi，Xing Mengdao，et al. An Improved Range Model and Omega-K-Based Imaging Algorithm for High-Squint SAR With Curved Trajectory and Constant Acceleration［J］. IEEE Geoscience & remote Sensing Letters,2017,13(5):656-660.

［15］ Deng Huan，Li Yachao，Liu Mengqi，et al. A Space-Variant Phase Filtering Imaging Algorithm for Missile-Borne BiSAR With Arbitrary Configuration and Curved Track［J］. IEEE Sensors Journal,2018,18(8):3311-3326.

［16］ Zhao Yongbo，Wang Juan，Lei Huang，et al. Low complexity keystone transform without interpolation for dim moving target detection［C］//Proceedings of 2011 IEEE CIE International Conference on Radar. IEEE,2011,2:1745-1748.

［17］ Dang Yanfeng，Liang Yi，Bie Bowen，et al. A Range Perturbation Approach for Cor-recting Spatially Variant Range Envelope in Diving Highly Squinted SAR With Nonlin-ear Trajectory［J］. IEEE Geoscience & Remote Sensing Letters,2018,15(6):858-862.

［18］ Zhou Wang. Image quality assessment:from error measurement to structural similari-ty［J］. IEEE Transactions on Image Processing,2004,13:600-613.

第 8 章　全采样数据下的机动平台大斜视 SAR 成像

8.1　引　言

　　无人机载 SAR 工作在完全的 SAR 成像模式下时,回波数据是全采样的。通常情况下,无人机载 SAR 的天线尺寸较小,具有较高的理论分辨率。但高分辨成像所需的合成孔径时间较长,数据量大,难以实现快速成像。工作在大斜视模式下的无人机载 SAR 雷达,可利用提前探测的优势,适当降低分辨率要求,利用子孔径数据对波束照射区域进行实时快速成像,当发现重点目标或需要对特定区域进行高分辨成像时,可使 SAR 雷达工作在聚束模式,采用全孔径数据进行高分辨的成像处理。对于机动平台大斜视 SAR 成像,加速度和大斜视角的存在导致成像参数存在严重的二维空变性,极大地限制了现有成像算法的聚焦深度。为实现机动平台大斜视 SAR 的大场景成像,本章重点研究 RCM 轨迹和方位聚焦参数的二维空变校正方法,根据无人机载 SAR 的实时和高分辨成像需求,主要研究子孔径下的大场景快速成像方法和全孔径下的大场景高分辨成像方法。

　　问题描述　在机动平台大斜视成像模式下,频域成像算法会面临严重的距离方位耦合、成像参数空变以及有效的成像区域难以确定等问题。距离方位的耦合主要是由大斜视角产生的,广泛用于平飞大斜视 SAR 成像算法的时域距离徙动校正方法[1-3],可以有效地去除机动平台大斜视 SAR 成像中的距离方位耦合。成像参数的空变性主要是由加速度、垂直向速度以及时域距离徙动校正产生的,主要为 RCMC 参数和方位聚焦参数的空变性。在 RCMC 处理中,本章文献[4-5]忽略了 RCM 轨迹的二维空变性,限制了成像场景的聚焦深度。多数算法[6-8]采用距离向分块的方法去除 RCM 轨迹的距离向空变。为去除 RCM 轨迹的方位向空变,文献[6]采用了方位分块的方法来校正 RCM 轨迹的方位向空变,文献[7]通过在二维频域引入高阶滤波因子校正了方位时域距离弯曲的一阶和二阶方位空变性,文献[8]通过在方位时域引入高阶扰动因子校正了 RCM 轨迹在多普勒域的方位一阶空变性。以上算法仅校正了距离向或方位向上的空变 RCM,距离方位耦合的空变 RCM 轨迹没有得到校正,限制了成像场景聚焦深度的扩展。文献[9]通过二维插值运算校正了耦合的空变 RCM,但二维插值极大地增加了算法的运算量。在方位压缩过程中,逐距离单元处理可以有效地解决方位聚焦参数的距离向空变,对于方位向空变,多数算法采用了 ANCS 方法[5,7-8],但该方法仅能校正多普勒调频率的一阶和二阶方位空变性,当场景的方位向幅宽较大时,残余的高阶空变性将严重影响场景方位向边缘点的聚焦质量。机动平台大斜视 SAR 的成像参数空变性强烈,RCMC 处理和方位聚焦处理都存在相应的边界条件,进而限制算法的有效成像区域,但上述算法均未对此进行分析,这将影响 SAR 成像算法的设计。

　　问题小结　机动平台大斜视 SAR 大场景成像时面临的主要问题有:

① 距离方位耦合的空变 RCM 难以校正；

② ANCS 方法无法校正高阶空变的多普勒参数，极大地限制了方位向聚焦深度；

③ 成像算法的边界性能不清晰，无法确定有效的成像区域。

解决方案 针对这些问题，本章研究基于 Keystone 变换和方位子区域处理的成像参数空变校正方法，并根据子孔径和全孔径的成像特点和成像需求，分别提出相应的成像方法，具体章节安排如下：

8.2 节研究子孔径下的大场景快速成像，提出基于 Keystone 变换和子区域 Deramp 的快速成像方法。首先，以场景中心点为参考进行非空变的 RCMC 处理；然后，对空变 RCM 进行线性近似，采用 Keystone 变换去除二维空变的 LRCM；接着，通过方位子区域 Deramp 处理校正高阶空变的方位聚焦参数；最后，通过点目标和真实 SAR 场景的仿真实验验证所提算法的有效性。

8.3 节研究全孔径下的大场景高分辨成像方法，提出基于扰动 Keystone 变换和子区域频域相位滤波的高分辨成像方法。首先，针对空变距离弯曲无法忽略的问题，引入二维频域扰动函数校正方位依赖的二阶距离单元徙动（Quadratic RCM，QRCM）；然后，采用 Keystone 变换校正二维空变的 LRCM；接着，通过方位子区域的频域相位滤波，校正高分辨条件下的高阶空变方位聚焦参数；最后，通过点目标和真实 SAR 场景的仿真实验验证所提算法的有效性。

8.4 节对本章进行总结。

8.2 子孔径下的大场景快速成像

为实现子孔径下的大场景快速成像，本节提出一种基于 Keystone 变换和方位子区域 Deramp 处理的成像方法。Keystone 变换可以完全校正非合作运动目标的 LRCM，被广泛用于 ISAR 成像和 SAR 的运动目标成像[10-14]。近年来，结合 LRCMC 处理，Keystone 变换开始被用于平飞大斜视 SAR 的空变 RCMC[15-16]，取得了良好的聚焦效果。

对于机动平台大斜视 SAR 成像，在进行子孔径成像时，成像区域中所有的散射点回波具有相同的方位时域支撑区，即回波所处的方位时间区间是一致的，因此子孔径的成像模式和聚束式是一致的。在子孔径下，空变的 RCM 可以进行线性近似，即空变的 RCM 仅由空变的 LRCM 构成，本节采用 Keystone 变换对空变的 LRCM 进行完全校正。Keystone 变换会使目标的距离向聚焦位置产生距离和方位耦合的复杂畸变，这种畸变对场景方位向边缘点的聚焦有明显影响，本节通过泰勒级数展开实现距离向聚焦位置的解耦，并推导精确的方位时域调制相位。在方位压缩中，由于 ANCS 方法校正能力有限，无法实现大场景的方位聚焦，提出一种基于方位向子区域 Deramp 处理的快速方位聚焦方法，该方法通过控制 Deramp 处理后子区域边缘点的最大相位误差，给出了明确的子区域划分和频域子带截取方法，并通过对子区域数据的降采样处理，极大地提高了方位聚焦速度。

8.2.1 基于 Keystone 变换的 RCMC

本小节对 RCM 进行线性近似，采用 Keystone 变换去除空变的 RCM。除斜距模型不同外，采用的处理流程与 7.2.2 小节的距离向处理方法相似，接下来进行简要介绍。

基于第 6 章所构建的改进斜距模型,接收机采集的 SAR 回波信号在距离频域可以表示为

$$\mathrm{Ss}_{\mathrm{rec}}(f_{\mathrm{r}},t_{\mathrm{a}};R_{\mathrm{n}},t_{\mathrm{n}})=P(f_{\mathrm{r}})\exp\left[-\mathrm{j}\,\frac{4\pi(f_{\mathrm{c}}+f_{\mathrm{r}})}{c}R_{\mathrm{pro}}(t_{\mathrm{a}};R_{\mathrm{n}},t_{\mathrm{n}})\right] \qquad (8-1)$$

其中,$P(f_{\mathrm{r}})$ 表示发射脉冲的傅里叶变换,为便于推导,式(8-1)省略了距离和方位向窗函数。

为实现距离方位解耦和非空变的 RCMC,构造如下所示的相位滤波器

$$H_1(f_{\mathrm{r}},t_{\mathrm{a}})=P^*(f_{\mathrm{r}})\exp\left[\mathrm{j}\,\frac{4\pi(f_{\mathrm{c}}+f_{\mathrm{r}})}{c}R_{\mathrm{pro}}(t_{\mathrm{a}};R_{\mathrm{ref}},0)\right] \qquad (8-2)$$

其中,$R_{\mathrm{pro}}(t_{\mathrm{a}};R_{\mathrm{ref}},0)$ 表示场景中心点处的斜距历程。

采用 $H_1(f_{\mathrm{r}},t_{\mathrm{a}})$ 进行相位滤波后,回波信号可以表示为

$$\mathrm{Ss}(f_{\mathrm{r}},t_{\mathrm{a}};R_{\mathrm{n}},t_{\mathrm{n}})=\mathrm{Ss}_{\mathrm{rec}}(f_{\mathrm{r}},t_{\mathrm{a}};R_{\mathrm{n}},t_{\mathrm{n}})\cdot H_1(f_{\mathrm{r}},t_{\mathrm{a}})=$$
$$|P(f_{\mathrm{r}})|^2\exp\left[-\mathrm{j}\,\frac{4\pi(f_{\mathrm{c}}+f_{\mathrm{r}})}{c}R_{\Delta}(t_{\mathrm{a}};R_{\mathrm{n}},t_{\mathrm{n}})\right) \qquad (8-3)$$

其中,$R_{\Delta}(t_{\mathrm{a}};R_{\mathrm{n}},t_{\mathrm{n}})=R(t_{\mathrm{a}};R_{\mathrm{n}},t_{\mathrm{n}})-R(t_{\mathrm{a}};R_{\mathrm{ref}},0)$ 表示空变的 RCM。

为简化斜距方程,将 $R_{\Delta}(t_{\mathrm{a}};R_{\mathrm{n}},t_{\mathrm{n}})$ 在 $t_{\mathrm{a}}=0$ 处进行四阶泰勒级数展开得

$$R_{\Delta}(t_{\mathrm{a}};R_{\mathrm{n}},t_{\mathrm{n}})=\sum_{i=0}^{4}d_i(R_{\mathrm{n}},t_{\mathrm{n}})t_{\mathrm{a}}^i \qquad (8-4)$$

其中,$d_i(R_{\mathrm{n}},t_{\mathrm{n}})$ 表示第 i 阶泰勒级数展开系数,表示为

$$d_i(R_{\mathrm{n}},t_{\mathrm{n}})=\frac{1}{i!}\left(\frac{\partial^i R_{\Delta}(t_{\mathrm{a}};R_{\mathrm{n}},t_{\mathrm{n}})}{\partial t_{\mathrm{a}}^i}\right)\bigg|_{t_{\mathrm{a}}=0} \qquad (8-5)$$

基于表 6-1 中的仿真参数,图 8-1 展示了 $R_{\Delta}(t_{\mathrm{a}};R_{\mathrm{n}},t_{\mathrm{n}})$ 的最大展开误差分布,散射点的坐标由数据录取参量 R_{n} 和 t_{n} 表示,成像区域为 $R_{\mathrm{ref}}-1\,000\text{ m}\leqslant R_{\mathrm{n}}\leqslant R_{\mathrm{ref}}+1\,000\text{ m}$ 和 $-10\text{ s}\leqslant t_{\mathrm{n}}\leqslant 10\text{ s}$。从图 8-1 中可以看出,最大展开误差约为 6×10^{-6} m,远小于发射信号波长 0.017 m。因此,$R_{\Delta}(t_{\mathrm{a}};R_{\mathrm{n}},t_{\mathrm{n}})$ 的四阶泰勒展开误差对 RCMC 和方位压缩均无影响。

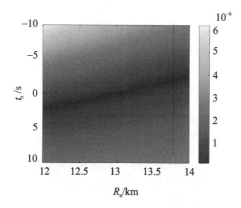

图 8-1　R_{Δ} 的最大展开误差分布

对于短合成孔径时间的子孔径成像,LRCM 是残余空变 RCM 的主要分量,采用 Keystone 变换校正空变的 RCM,具体为

$$\mathrm{Ss}_{\mathrm{key}}(f_{\mathrm{r}},t_{\mathrm{a}};R_{\mathrm{n}},t_{\mathrm{n}})=\mathrm{Ss}\left(f_{\mathrm{r}},\frac{f_{\mathrm{r}}}{f_{\mathrm{c}}+f_{\mathrm{r}}}t_{\mathrm{a}};R_{\mathrm{n}},t_{\mathrm{n}}\right)=$$
$$\exp\left[-\mathrm{j}\,\frac{4\pi(f_{\mathrm{c}}+f_{\mathrm{r}})}{c}R_{\Delta}\left(\frac{f_{\mathrm{r}}}{f_{\mathrm{c}}+f_{\mathrm{r}}}t_{\mathrm{a}};R_{\mathrm{n}},t_{\mathrm{n}}\right)\right] \qquad (8-6)$$

为便于推导,式(8-6)中省略了 $|P(f_r)|^2$。

将 Ss_{key} 的相位项在 $f_r = 0$ 处进行泰勒级数展开,并保留至二阶项得

$$\Phi_a(f_r, t_a; R_n, t_n) = \sum_{i=0}^{2} \phi_i(t_a; R_n, t_n) f_r^i \tag{8-7}$$

其中,

$$\begin{cases} \phi_0(t_a; R_n, t_n) = -\dfrac{4\pi f_c}{c} \left(\sum_{i=0}^{4} d_i(R_n, t_n) t_a^i \right) \\[2mm] \phi_1(t_a; R_n, t_n) = -\dfrac{4\pi}{c} \left[d_0(R_n, t_n) - d_2(R_n, t_n) t_a^2 - 2 d_3(R_n, t_n) t_a^3 \right] \\[2mm] \phi_2(t_a; R_n, t_n) = -\dfrac{4\pi}{c f_c} \left[d_2(R_n, t_n) t_a^2 + 3 d_3(R_n, t_n) t_a^3 \right] \end{cases} \tag{8-8}$$

式(8-7)中 ϕ_0 为方位调制相位,Keystone 变换对 ϕ_0 无影响。ϕ_1 为 RCM 项,其中 $d_0(R_n, t_n)$ 表示目标的距离向聚焦位置。从 ϕ_1 中可以看出 Keystone 变换后,LRCM 已经完全去除,$d_2(R_n, t_n) t^2 + 2 d_3(R_n, t_n) t^3$ 为残余的空变距离弯曲和高阶 RCM,该项决定了 RC-MC 的有效范围;ϕ_2 为 Keystone 变换引入的空变距离压缩项,在表 6-1 的仿真参数下,ϕ_2 引入的最大距离相位约为 0.001 rad,远小于 $\pi/4$。因此,ϕ_2 对距离压缩的影响可以忽略,这也表明式(8-7)在 $f_r = 0$ 处进行 2 阶泰勒级数展开是合理的。

$d_0(R_n, t_n)$ 是随 R_n 和 t_n 空变的,这表明位于同一距离单元的点目标将具有不同的初始斜距 R_n,进一步增加了方位聚焦参数的空变性。为实现距离聚焦位置的距离-方位解耦,将 $d_0(R_n, t_n)$ 在 $R_n = R_{\text{ref}}$ 进行 2 阶泰勒级数展开得

$$d_0(R_n, t_n) = \sum_{i=0}^{2} k_{r\_i}(t_n) (R_n - R_{\text{ref}})^i \tag{8-9}$$

其中,$k_{r\_i}(t_n)$ 表示第 i 阶泰勒级数展开系数,表示为

$$k_{r\_i}(t_n) = \frac{1}{i!} \left(\frac{\partial^i d_0(R_n, t_n)}{\partial R_n^i} \right) \bigg|_{R_0 = R_{\text{ref}}} \tag{8-10}$$

图 8-2 给出了表 6-1 参数下 $d_0(R_n, t_n)$ 的展开误差分布。可以看出,在成像区域内,$d_0(R_n, t_n)$ 的最大近似误差为 0.06 m,由 $d_0(R_n, t_n)$ 引入的最大非线性误差约为 0.01 rad,对方位压缩的影响可以忽略。

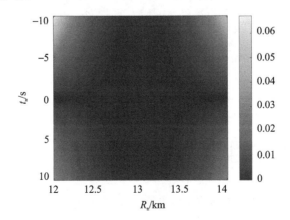

图 8-2 $d_0(R_n, t_n)$ 的展开误差分布

假设 R_f 为距离压缩和 RCMC 后某一距离单元所对应的斜距,根据等式 $R_f = d_0(R_n, t_n)$,可求得点目标的初始斜距 R_n 为

$$R_n(R_f, t_n) = \frac{2k_{r\_2}(t_n) R_{ref} - k_{r\_1}(t_n)}{2k_{r\_2}(t_n)} + \frac{\sqrt{k_{r\_1}(t_n)^2 + 4k_{r\_2}(t_n)(R_f - k_{r\_0}(t_n))}}{2k_{r\_2}(t_n)}$$

(8-11)

本小节中,R_f 和 t_n 所确定的平面为聚焦平面。

8.2.2　基于方位子区域 Deramp 处理的方位压缩

为解决距离向聚焦位置畸变对方位时域调制相位的影响,将 $R_n(R_f, t_n)$ 代入式 $\phi_0(t_a; R_n, t_n)$,可得聚焦平面上新的方位时域调制相位为

$$\begin{aligned}
\phi_{new0}(t_a; R_f, t_n) &= \phi_0(t_a; R_n(R_f, t_n), t_n) = \\
&-\frac{4\pi f_c}{c}\left[R_f + \sum_{i=1}^{4} d_i(R_n(R_f, t_n), t_n) t_a^i\right] = \\
&-\frac{4\pi f_c}{c}R_f + 2\pi\sum_{i=1}^{4} k_{new\_i}(R_f, t_n) t_a^i
\end{aligned}$$

(8-12)

其中,

$$k_{new\_i}(R_f, t_n) = -\frac{2f_c}{c} d_i(R_n(R_f, t_n), t_n)$$

式(8-12)中 k_{new_1} 表示多普勒中心,它决定了目标的方位压缩位置;$2k_{new\_2}$ 表示信号的多普勒调频率,它决定了信号在方位向上的带宽;k_{new_3} 和 k_{new_4} 为高阶方位调制项。

选择场景中心点对目标的 RCM 轨迹进行一致校正后,目标的多普勒调频率仅为残余的空变调频率,这意味着场景中心点附近的目标多普勒带宽近似为 0,无法通过驻相点法求解目标精确的多普勒谱,也就无法通过 ANCS 等频域方法进行方位压缩。根据 $\phi_{new0}(t_a; R_f, t_n)$ 构造时域匹配因子可以实现高精度的方位时域压缩,但这将产生极大的运算量。根据奈奎斯特采样定理可知,信号的最大频率决定其所需的最低采样率,由于信号的多普勒带宽较小,将信号的中心频率移到 0 频处,就可以通过降低采样率的方式极大地减少时域压缩时的运算量。据此,本小节提出一种基于方位子区域 Deramp 处理的快速方位压缩方法。其原理如图 8-3所示,首先将每个距离单元对应的方位向成像区域划分成若干个子区域(见图 8-3(a)),在方位频域截取每个子区域对应的频域子带数据(见图 8-3(b)),然后将频域子带数据变换到时域进行 Deramp 聚焦处理(见图 8-3(c)),最后截取聚焦后方位子区域的有效区间进行拼接处理得到完整的聚焦方位像(见图 8-3(d))。

方位子区域的 Deramp 函数根据子区域的中心点进行构造,下面对成像子区域的划分、频域子带的截取以及有效聚焦子区域的截取与拼接进行详细说明。

1. 成像子区域的划分

(1) 确定有效的方位成像范围

在对成像子区域进行划分前,首先要确定每个距离单元对应的有效方位成像区间。有效的方位成像区间需满足两个要求:一是成像区间内所有散射点的最大残余距离单元徙动(Maximum Residual RCM,MRRCM)不超过半个距离分辨单元;二是成像区间内所有散射

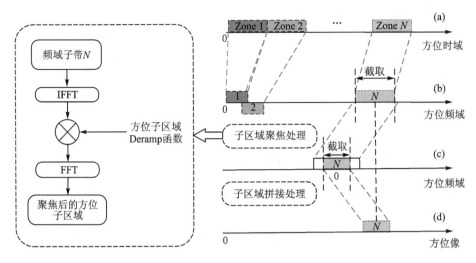

图 8 - 3　方位子区域 Deramp 成像示意图

点的多普勒谱不混叠。

机动 SAR 系统的合成孔径时间为 T,脉冲重复频率为 PRF,距离分辨率为 Δr,距离压缩后的回波数据有 N_r 个距离采样单元,其中距离压缩后第 i 个距离单元对应的斜距表示为 R_{f_i}。观察式(8 - 8)中 RCM 项 $\phi_1(t_a;R_n,t_n)$ 可知,Keystone 变换后残余的 RCM 为 $d_2(R_0;t_n)t^2 + 2d_3(R_0;t_n)t^3$,由于 $2d_3(R_n,t_n)t_a^3 \ll d_2(R_n,t_n)t_a^2$, $2d_3(R_n,t_n)t_a^3$ 对 RCMC 的影响可以忽略。因此,散射点的 MRRCM 可以近似在 $t_a = T/2$ 处获得,表示为

$$\mathrm{MRRCM}(R_{f\_i},t_n) = \frac{d_2(R_n(R_{f\_i},t_n),t_n)T^2}{4} \qquad (8-13)$$

在 SAR 成像中,RCMC 要求 MRRCM 不超过半个距离分辨单元,即

$$|\mathrm{MRRCM}(R_{f\_i},t_n)| \leqslant \frac{\Delta r}{2} \qquad (8-14)$$

点目标在聚焦平面上的最大多普勒频率(Maximum Doppler Frequency,MDF)可以表示为

$$\mathrm{MDF}(R_{f\_i},t_n) = k_{\mathrm{new}\_1}(R_{f\_i},t_n) + k_{\mathrm{new}\_2}(R_{f\_i},t_n)T \qquad (8-15)$$

为使多普勒频谱不混叠,$\mathrm{MDF}(R_{f\_i},t_n)$ 应满足

$$|\mathrm{MDF}(R_{f\_i},t_n)| \leqslant \frac{\mathrm{PRF}}{2} \qquad (8-16)$$

根据式(8 - 14)和式(8 - 16),采用泰勒展开或数值分析法可求得有效的方位成像区域为

$$S_{\mathrm{L}\_i} \leqslant t_n \leqslant S_{\mathrm{R}\_i} \qquad (8-17)$$

其中,S_{L_i} 和 S_{R_i} 分别表示第 i 个距离单元方位成像区域的左边界和右边界,设第 i 个距离单元的第 k 个子区域的左边界为 S_{L_ik},子区域宽度为 $2w_{ik}$,则子区域中心点为 $S_{\mathrm{C}\_ik} = S_{\mathrm{L}\_ik} + w_{ik}$,右边界为 $S_{\mathrm{R}\_ik} = S_{\mathrm{L}\_ik} + 2w_{ik}$,子区域的成像范围可表示为

$$S_{\mathrm{L}\_ik} \leqslant t_n \leqslant S_{\mathrm{R}\_ik} \qquad (8-18)$$

采用 Deramp 方法进行方位压缩时,需要去除目标的方位非线性调制相位,即

$$\phi_{\mathrm{NL}}(t_a;R_{f\_i},t_n) = 2\pi \sum_{m=2}^{4} k_{\mathrm{new}\_m}(R_{f\_i},t_n)t_a^m \qquad (8-19)$$

（2）计算子区域的宽度和起始点

方位压缩时，非线性相位误差决定了方位压缩质量，通过控制子区域边缘点的最大非线性相位可以确定子区域的宽度，后文提及的相位误差均指非线性相位误差。

以子区域中心点为参考点，进行 Deramp 处理后，子区域边缘点的最大相位误差（Maximum Phase Error，MPE）为

$$\phi_{\mathrm{MPE\_}ik}(w_{ik}) = \max\{\phi_{\mathrm{L\_}ik}(w_{ik}), \phi_{\mathrm{R\_}ik}(w_{ik})\} \tag{8-20}$$

其中，$\phi_{\mathrm{L\_}ik}$ 和 $\phi_{\mathrm{R\_}ik}$ 分别表示子区域左边缘点和右边缘点的最大相位误差，具体表示为

$$\begin{cases} \phi_{\mathrm{L\_}ik}(w_{ik}) = |\phi_{\mathrm{NL}}(T/2; R_{\mathrm{f\_}i}, S_{\mathrm{C\_}ik}) - \phi_{\mathrm{NL}}(T/2; R_{\mathrm{f\_}i}, S_{\mathrm{L\_}ik})| \\ \phi_{\mathrm{R\_}ik}(w_{ik}) = |\phi_{\mathrm{NL}}(T/2; R_{\mathrm{f\_}i}, S_{\mathrm{R\_}ik}) - \phi_{\mathrm{NL}}(T/2; R_{\mathrm{f\_}i}, S_{\mathrm{C\_}ik})| \end{cases}$$

子区域聚焦所允许的最大相位误差为 MPE，则子区域宽度 w_{ik} 应满足

$$\phi_{\mathrm{MPE\_}ik}(w_{ik}) = \mathrm{MPE} \tag{8-21}$$

为便于求解式（8-21），将非线性相位 $\phi_{\mathrm{NL}}(t_a; R_{\mathrm{f\_}i}, t_n)$ 在 $t_n = S_{\mathrm{L\_}ik}$ 处进行泰勒级数展开，并保留至二阶项

$$\phi_{\mathrm{NL}}(t_a; R_{\mathrm{f\_}i}, t_n) = \sum_{m=0}^{2} \phi_{\mathrm{NL\_}m}(t_a; R_{\mathrm{f\_}i}, S_{\mathrm{L\_}ik})(t_n - S_{\mathrm{L\_}ik})^m \tag{8-22}$$

其中，

$$\phi_{\mathrm{NL\_}m}(t_a; R_{\mathrm{f\_}i}, S_{\mathrm{L\_}ik}) = \frac{1}{k!}(\mathrm{d}^m \phi_{\mathrm{NL}}(t_a; R_{\mathrm{f\_}i}, t_n)/\mathrm{d}t_n^m)\Big|_{t_n = S_{\mathrm{L\_}ik}}$$

由于 ϕ_{NL} 的展开点为子区域的左边界，式（8-22）具有足够高的展开精度，不影响子区域方位压缩。MPE 的取值将影响子区域边缘点的聚焦质量，SAR 的方位压缩通常要求 MPE＝$\pi/4$。根据有效成像区间的左边界点 $S_{\mathrm{L\_}i}$，可以确定第一个子区域的范围为 $[S_{\mathrm{L\_}i}, S_{\mathrm{L\_}i} + 2w_{i1})$，第 n 个子区域范围为 $[S_{\mathrm{L\_}ik}, S_{\mathrm{L\_}ik} + 2w_{ik})$，其中，

$$\begin{cases} S_{\mathrm{L\_}i1} = S_{\mathrm{L\_}i} \\ S_{\mathrm{L\_}ik} = S_{\mathrm{L\_}i(k-1)} + 2w_{i(k-1)} \end{cases} \tag{8-23}$$

假设第 i 个距离单元共划分 Z_i 个子区域，则第 Z_i 个子区域为 $[S_{\mathrm{L\_}iZ_i}, S_{\mathrm{R\_}i}]$，此时满足

$$S_{\mathrm{L\_}iZ_i} + 2w_{ik} > S_{\mathrm{R\_}i} \tag{8-24}$$

2. 频域子带的截取处理

设子区域 $[S_{\mathrm{L\_}ik}, S_{\mathrm{L\_}ik} + 2w_{ik})$ 的频域子带中心频率为 $f_{\mathrm{ac\_}ik}$，$f_{\mathrm{ac\_}ik}$ 子区域中心点的中心频率决定，表示为

$$f_{\mathrm{ac\_}ik} = k_{\mathrm{new\_1}}(R_{\mathrm{f\_}i}, S_{\mathrm{L\_}ik} + w_{ik}) \tag{8-25}$$

设 $2B_{\mathrm{theory\_}ik}$ 为子区域的理论带宽，由子区域边缘点对应的中心频率和带宽决定，则 $2B_{\mathrm{theory\_}ik}$ 可表示为

$$2B_{\mathrm{theory\_}ik} = \max\{2B_{\mathrm{L\_}ik}, 2B_{\mathrm{R\_}ik}\} \tag{8-26}$$

其中，$2B_{\mathrm{L\_}ik}$ 和 $2B_{\mathrm{R\_}ik}$ 分别表示由子区域左边缘点和右边缘点决定的理论带宽，具体为

$$\begin{cases} B_{\mathrm{L\_}ik} = (f_{\mathrm{ac\_}ik} - [k_{\mathrm{new\_1}}(R_{\mathrm{f\_}i}, S_{\mathrm{L\_}ik}) - |k_{\mathrm{new\_2}}(R_{\mathrm{f\_}i}, S_{\mathrm{L\_}ik})|T]) \\ B_{\mathrm{R\_}ik} = ([k_{\mathrm{new\_1}}(R_{\mathrm{f\_}i}, S_{\mathrm{L\_}ik}) + |k_{\mathrm{new\_2}}(R_{\mathrm{f\_}i}, S_{\mathrm{L\_}ik})|T] - f_{\mathrm{ac\_}ik}) \end{cases} \tag{8-27}$$

频域子带应保存对应子区域的完整频域信息。然而，如图 8-4 所示，由于方位调制信号的时间长度有限，子区域的实际频谱存在一定的过渡带 β。采用式（8-26）计算的理论带宽 $2B_{\mathrm{theory\_}ik}$ 进行频域子带截取将会造成信号的能量损失，进而影响子区域方位边缘点的聚焦质量。

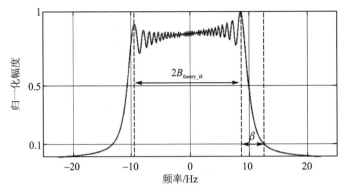

图 8 - 4　点目标的归一化频谱

为避免过渡带的能量损失，采用子区域的 10 dB 带宽 $2B_{10\_ik}$ 作为频域子带截取宽度（10 dB 带宽表示信号的频谱幅度降为最大值 0.1 倍时的带宽），即

$$2B_{10\_ik} = 2(B_{\text{theory}\_ik} + \beta_{10\_ik}) \tag{8-28}$$

其中，β_{10_ik} 表示子区域的 10 dB 过渡带宽度。目前，β_{10_ik} 并没有理论解析式，但根据傅里叶变换的不确定性原理可知，β_{10_ik} 正相关于信号带宽，反相关于信号时间长度，因此为 β_{10_ik} 建立如下所示的估计模型：

$$\beta_{10\_ik} = \frac{\alpha |K_a T_a| + C_0}{T_a} = \gamma_c \left(\alpha |K_a| + \frac{C_0}{T_a} \right) \tag{8-29}$$

其中，T_a 为信号时间长度；K_a 为调频率；$|K_a T_a|$ 表示信号带宽；α 和 C_0 为待估计的模型参数；γ_c 为模型修正系数，用于修正估计误差，其初始值为 $\gamma_c = 1$。根据式（8-12）中的方位信号调制模型，选用仿真分析的方法对 α 和 C_0 进行估计。通过仿真测量不同参数下的信号 10 dB 带宽，得出 α 和 C_0 的拟合结果为

$$\alpha = 0.25, \quad C_0 = 20.4 \tag{8-30}$$

需要说明的是，式（8-29）中的估计模型是一个近似模型，实验分析表明，采用式（8-30）中的参数值，式（8-29）的最大相对估计误差为 10%，即

$$\frac{|\tilde{\beta}_{10\_ik} - \bar{\beta}_{10\_ik}|}{\bar{\beta}_{10\_ik}} \leqslant 0.1 \tag{8-31}$$

其中，$\tilde{\beta}_{10\_ik}$ 为式（8-29）的估计值；$\bar{\beta}_{10\_ik}$ 为实际测量值。根据模型的最大估计误差，确定修正系数取值为 $\gamma_c = 1.1$。设 Δf_a 为信号 FFT 后的频域采样间隔，则子区域的频域截取点数表示为 $\lfloor 2\beta_{10\_ik}/\Delta f_a \rfloor$，$\lfloor \cdot \rfloor$ 表示向下取整。在工程应用中，为了能够采用 FFT 进行快速的时频域变换，子区域的频域截取点数 M_{sub_ik} 应为 2 的整数幂，即

$$M_{\text{sub}\_ik} = 2^{\text{nextpow2}\left(\lfloor 2\beta_{10\_ik}/\Delta f_a \rfloor \right)} \tag{8-32}$$

令 $p = \text{nextpow2}(x)$，则 p 表示满足下式的 2 的最小整数幂。

$$2^p \geqslant x$$

因此，在实际应用中，子区域实际截取的子带宽度为

$$2B_{p\_ik} = (M_{\text{sub}\_ik} - 1)\Delta f_a \tag{8-33}$$

将截取的频域子带 $(f_{ac\_ik} - B_{p\_ik}, f_{ac\_ik} + B_{p\_ik})$ 进行逆傅里叶变换可得降采样后的子区域时域调制相位为

$$\phi_{\text{sub\_}ik}(t_{\text{sub\_}ik};R_{\text{f\_}i},t_\text{n}) = 2\pi\left[k_{\text{new\_1}}(R_{\text{f\_}i},t_\text{n}) - k_{\text{new\_1}}(R_{\text{f\_}i},S_{\text{L\_}ik}+w_{ik})\right]t_{\text{sub\_}ik} +$$

$$2\pi k_{\text{new\_0}}(R_{\text{f\_}i},t_\text{n}) + 2\pi\sum_{k=2}^{4}k_{\text{new\_}k}(R_{\text{f\_}i},t_\text{n})t_{\text{sub\_}ik}^{k}$$

$$(8-34)$$

其中,$t_{\text{sub\_}ik}$ 表示采样率为 $B_{\text{p\_}ik}$ 的子区域方位采样时间序列,根据式(8-19)构造的子区域 Deramp 滤波因子为

$$H_{\text{deramp\_}ik} = \exp\left[-j\phi_{\text{NL}}(t_{\text{sub\_}ik};R_{\text{f\_}i},S_{\text{L\_}ik}+w_{ik})\right] \qquad (8-35)$$

Deramp 处理后,变换到子区域频域可得聚焦后的目标方位向位置为

$$Z_\text{a}(R_{\text{f\_}i},t_\text{n}) = k_{\text{new\_1}}(R_{\text{f\_}i},t_\text{n}) - k_{\text{new\_1}}(R_{\text{f\_}i},S_{\text{L\_}ik}+w_{ik}) \qquad (8-36)$$

根据子区域的成像范围 $[S_{\text{L\_}ik},S_{\text{L\_}ik}+2w_{ik})$ 可确定有效的方位向聚焦区域为

$$Z_\text{a}(R_{\text{f\_}i},S_{\text{L\_}ik}) \leqslant f_{\text{sub\_a}} < Z_\text{a}(R_{\text{f\_}i},S_{\text{L\_}ik}+2w_{ik}) \qquad (8-37)$$

其中,$f_{\text{sub\_a}}$ 表示子区域方位频率。

最后,根据子区域的位置对有效方向聚焦区域进行顺次拼接,即可得到整个距离单元完整的方位向聚焦结果。

从图 8-3 可以看出,本小节所提的基于方位子区域 Deramp 处理的方位压缩方法是在距离压缩后的方位频域进行的,因此仅需得到回波信号进行 Keystone 变换后的方位频域信息即可。Keystone 变换使信号由 $\text{Ss}(f_\text{r},t_\text{a};R_\text{n},t_\text{n})$ 变为 $\text{Ss}(f_\text{r},\zeta t_\text{a};R_\text{n},t_\text{n})$,其中 $\zeta = f_\text{c}/(f_\text{r}+f_\text{c})$。根据傅里叶的尺度变换性质,Keystone 变换后 $\text{Ss}(f_\text{r},\zeta t_\text{a};R_\text{n},t_\text{n})$ 对应的二维频域信号 $\text{SS}(f_\text{r},f_\text{a}/\zeta;R_\text{n},t_\text{n})$ 可通过下式得到

$$\text{SS}(f_\text{r},f_\text{a}/\zeta;R_\text{n},t_\text{n}) = \int_{-\infty}^{+\infty}\text{Ss}(f_\text{r},t_\text{a};R_\text{n},t_\text{n})\exp\left(-j2\pi\frac{f_\text{a}}{\zeta}t_\text{a}\right)\text{d}t_\text{a} \qquad (8-38)$$

式(8-38)可以通过 DFT 实现,但由于旋转因子的非对称特性,无法采用 FFT 进行高效的计算。为提高运算效率,本小节采用基于 FFT 运算的 CZT 完成式(8-38)的计算[17]。最终,整个机动平台大斜视 SAR 的成像处理流程如图 8-5 所示,其中方位压缩的详细处理流程如下:

① 根据式(8-21)和式(8-24)对所有距离单元的方位向成像区域进行子区域划分。

② 根据式(8-25)和式(8-33)对每个子区域的频域子带进行截取,并将截取的频域子带信号进行逆傅里叶变换得到对应的子区域时域信号。

③ 根据式(8-35)将时域子带信号进行 Deramp 处理,然后进行傅里叶变换得到聚焦后的子区域信号。

④ 根据式(8-37)截取有效的聚焦子区域信号,按子区域序号进行顺次拼接得到方位向聚焦结果。

3. 运算量分析

通常情况下,做 N 点 FFT 或 IFFT 运算需要 $5N\log_2 N$ 次浮点运算,做 N 点复数乘法运算需要 $6N$ 次浮点运算[2]。本小节方法主要包含基于 Keystone 变换的距离压缩和基于子区域 Deramp 处理的方位压缩两部分,其中距离向的 Keystone 变换可以借助基于 FFT 的 CZT 高效实现。下面重点分析基于子区域 Deramp 处理的方位压缩的运算量。

采用子区域 Deramp 处理进行方位压缩时,每个子区域的聚焦需要进行 1 次 FFT、1 次 IFFT 运算和 1 次复乘运算。因此方位压缩的浮点运算量可以表示为

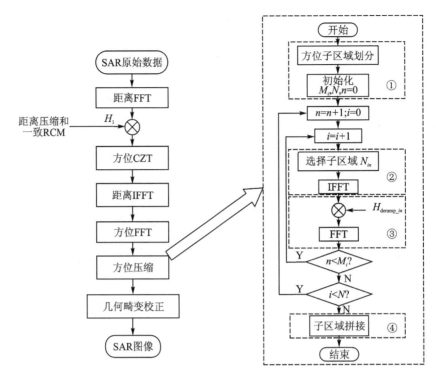

图 8 - 5　机动平台大斜视 SAR 成像处理流程

$$N_{a\_num} = \sum_{i=1}^{N_r} \sum_{k=1}^{Z_i} 10 M_{sub\_ik} \log_2 M_{sub\_ik} + 6 M_{sub\_ik} \tag{8-39}$$

现有的频域机动平台大斜视 SAR 成像算法普遍采用 ANCS 方法进行方位压缩[1-2,7-8,18]，ANCS 需要根据成像场景大小进行补零操作，并需要进行 3 次方位向 FFT 变换和 3 次复数乘法运算。在表 6 - 1 中的仿真参数下，根据式（8 - 39）计算可知，在同样大的成像场景下，基于子区域 Deramp 处理的方位压缩方法的运算量约为 ANCS 方法的 60%。因此，所提方法的方位压缩浮点运算量可近似表示为 1.8 次方位向 FFT 变换和 1.8 次复数乘法运算，即

$$N_{a\_num} \approx N_r N_a \times [9 \times \log_2 N_a + 10.8] \tag{8-40}$$

综合考虑距离向处理的运算量，所提算法的总运算量可近似表示为

$$C_{proposed\_1} \approx N_r N_a \times [10 \times \log_2 N_r + 39 \times \log_2 N_a + 40.8] \tag{8-41}$$

在表 6 - 1 中的参数下，取 $N_r = 2\,048$，$N_a = 4\,500$，根据式（8 - 41）计算可得所提方法的浮点运算量为 5.7G 次，常用的 TI 公司高性能数字信号处理器 TMS320C6678 的理论浮点运算速度可达每秒 20G 次，因此所提方法能够满足子孔径下的实时成像处理。

8.2.3　仿真分析

为验证所提算法的性能，本小节进行了仿真实验。对于机动平台大斜视 SAR 成像，扰动校正是一种有效的空变 RCMC 方法[8-9]，ANCS 是广泛采用的多普勒参数空变校正方法。因此，仿真选用文献[7]和文献[16]中的成像算法作为对比算法，其中文献[7]采用频域扰动（Frequency Domain Perturbation，FDP）校正 RCM 的方位空变性，采用 ANCS 校正方位聚焦参数的空变性，记为 FDP＋ANCS 方法；文献[16]采用 Keystone 变换校正空变的 RCM，采用

ANCS 校正方位聚焦参数的空变性,记为 Keystone+ANCS 方法。

仿真主要分 4 部分进行:Part Ⅰ分析了 PRF 和合成孔径时间(Synthetic Aperture Time, SAT)对有效成像范围的影响;Part Ⅱ分析了 MPE 的取值对子区域边缘点方位压缩质量的影响;Part Ⅲ通过分析地距平面点目标的二维聚焦效果进一步验证所提算法的性能;Part Ⅳ提供了仿真 SAR 场景的成像效果。为便于和 FDP+ANCS 算法进行比较,仿真统一采用含有加速度的二阶运动模型,无特殊说明的情况下,默认采用表 6 - 1 中的仿真参数,且 MPE 取值为 $\pi/4$,为有效地评估所提算法的成像范围,仿真时忽略了波束照射区域对成像范围的限制。

Part Ⅰ 本部分实验分析了 PRF 和 SAT 对成像范围的影响,所提算法的理论成像范围根据式(8 - 14)和式(8 - 16)计算。在表 6 - 1 中的参数下,SAR 系统的距离分辨率为 0.75 m,场景中心点的方位分辨率为 0.6 m,在不发生多普勒谱混叠的情况下,合成孔径时间内 MRRCM<0.375 m 的区域为所提方法的有效成像区域。在聚焦平面内,目标的方位向位置由方位时间表示。

图 8 - 6(a)所示给出了聚焦平面内不同的 PRF 对有效成像范围的约束。可以看出,当 PRF 较小时,算法的有效成像范围仅由 PRF 决定;当 PRF 较大时,有效成像范围由 MRRCM 和 PRF 共同决定。图 8 - 6(b)所示给出了聚焦平面内不同的 SAT 对有效成像范围的约束。可以看出,当 SAT 较小时,有效成像区域较大,这表明空变的 LRCM 为 RCM 的主要成分,而 Keystone 变换能够有效地去除这种线性成分,该情况主要对应短合成孔径时间的子孔径低分辨成像。而当 SAT 较大时,空变的 QRCM 对 RCMC 的影响将不能忽略,此时 MRRCM 决定的有效成像范围将明显减小,该情况主要对应于长合成孔径时间的全孔径高分辨成像,该问题将在下一节予以解决。

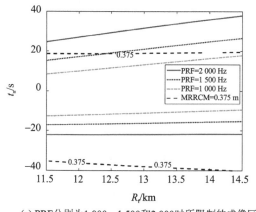
(a) PRF 分别为 1 000、1 500 和 2 000 时所限制的成像区域

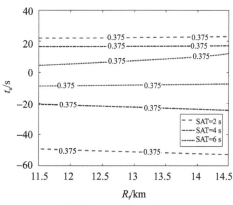
(b) SAT 分别为 2 s、4 s 和 6 s 时所限制的成像区域

图 8 - 6　PRF 和 SAT 对有效成像范围的约束

图 8 - 7 给出了在 MRRCM 和 PRF 的共同约束下,所提算法和 FDP+ANCS 算法在聚焦平面和地距平面的有效成像范围,其中 SAT 为 3 s,PRF 为 1 500 Hz。从图 8 - 7 中可以看出,所提算法的有效成像范围明显大于 FDP+ANCS 算法。需要说明的是,FDP+ANCS 算法采用 ANCS 方法进行方位压缩处理时,仅校正了方位调频率的一阶和二阶空变性以及三阶多普勒参数的一阶空变性。而当成像场景的方位向幅宽较大时,残余高阶空变项对方位向边缘点的影响将不可忽略。因此,在考虑方位压缩的影响后,FDP+ANCS 算法的实际有效成像范围要小于图 8 - 7(a)中 PRF 和 MRRCM 限制下的有效成像范围。而所提算法中的方位压缩处

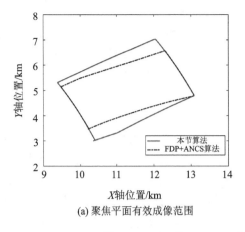
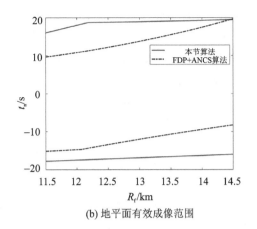

(a) 聚焦平面有效成像范围　　　　　　　　(b) 地平面有效成像范围

图 8 - 7　PRF 和 MRRCM 联合约束下的有效成像范围分析

理本质上属于一种快速的时域聚焦方法,不限制有效成像范围。

Part Ⅱ　方位压缩时,方位向子区域的长度是由子区域边缘点的最大相位误差 MPE 决定的。子区域的长度随 MPE 的增大而增大,尽管子区域长度的增加可以减少方位向子区域的个数,进而降低方位压缩的运算量,但也相应地降低子区域边缘点的聚焦质量,本部分实验主要分析 MPE 的取值对子区域边缘点聚焦质量的影响。在聚焦平面内,选择参考斜距 R_{ref} 上的两个方位子区域 A 和 B 进行仿真分析。其中,A 的中心点方位位置为 0 s,B 的中心点方位位置为 12 s,子区域 A 和 B 的长度根据式(8 - 20)和式(8 - 21)进行计算。在不同的 MPE 下,子区域 A 和 B 的右边缘点 A_{R} 和 B_{R} 方位向剖面图如图 8 - 8 所示。

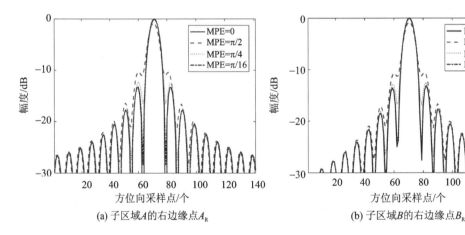

(a) 子区域 A 的右边缘点 A_{R}　　　　　　　　(b) 子区域 B 的右边缘点 B_{R}

图 8 - 8　子区域边缘点的方位向剖面图

图 8 - 8 中所有的方位向剖面图均基于 MPE＝0 时的方位剖面图峰值强度进行归一化处理。从图 8 - 8 可以看出,MPE 的增大将导致主瓣加宽、副瓣升高和零陷变浅。为进一步分析 MPE 对方位压缩的影响,选用 MW、PSLR、ISLR 及峰值损失(Peak Value Loss,PVL)等指标参数对 A_{R} 和 B_{R} 点的方位压缩结果进行量化分析,其中 MW 的单位为方位采样单元,结果如表 8 - 1 所列。从表 8 - 1 中可以看出,在不同的 MPE 下,边缘点 A_{R} 和 B_{R} 的指标参数基本一致,这表明子区域的聚焦质量仅与 MPE 有关,而与距场景中心点的远近无关。在 SAR 成像中,方位压缩所容忍的最大相位误差不超过 $\pi/4$,当 MPE＝$\pi/4$ 时,子区域边缘点方位聚焦质量损失极小,具体表现为:PVL 约为 -0.2 dB,主瓣展宽约为 1%,PSLR 和 ISLR 的损失约为

1.14 dB 和 0.76 dB。因此,选用 MPE＝π/4 进行方位子区域划分是合理的。

表 8-1　子区域边缘点方位聚焦质量分析

点目标	MPE	MW	PSLR/dB	ISLR/dB	PVL/dB
A_R	0	7.11	−13.26	−9.74	0
	π/2	7.56	−9.44	−7.57	−0.84
	π/4	7.23	−12.12	−8.98	−0.20
	π/16	7.12	−13.18	−9.73	−0.01
B_R	0	7.12	−13.27	−9.84	0
	π/2	7.57	−9.53	−7.63	−0.82
	π/4	7.24	−12.21	−9.04	−0.19
	π/16	7.13	−13.25	−9.84	−0.01

Part Ⅲ　为评估所提算法对地平面散射点的成像质量,在有效成像区域内选择一个 2×2 的点阵进行仿真分析。如图 8-9 所示,点阵的距离向宽度约为 3 km,方位向宽度约为 2 km,点目标的编号为 1、2、3 和 4,相应的坐标依次为(9 520,5 260)、(10 440,3 200)、(12 040,6 840)和(12 940,4 480)。为便于精确地分析 RCMC 结果,仿真采用 4 倍升采样。从图 8-9 中可以看出,2 号和 3 号点目标的位置明显地超出了 FDP＋ANCS 算法的有效成像区域,1 号和 4 号点目标紧挨着 FDP＋ANCS 算法的有效成像区域,其中 1 号目标位于成像区域外侧,4 号目标位于成像区域内侧。

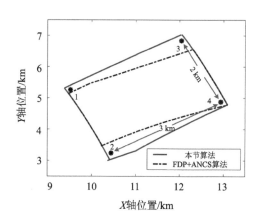

图 8-9　点目标分布示意图

图 8-10 所示给出了点目标的 RCMC 结果。由图 8-10 可以看出,FDP＋ANCS 算法的 RCMC 结果与点目标的位置分布特点一致,2 号和 3 号点目标有较大的残余 RCM,4 号目标的 MRRCM 小于 1 号目标,且未超出一个距离分辨单元(一个距离分辨单元宽度等于 4 个距离采样单元)。由于所有点目标均处在本节算法的有效 RCMC 区域内,因此图 8-10 中本节算法的 RCMC 效果明显好于 FDP＋ANCS 算法。由于仿真点目标的位置均接近有效成像区域的边缘,残余的空变 QRCM 使所提算法校正后的 RCM 轨迹依然存在一定程度的弯曲,且最大的残余 RCM 接近半个距离分辨单元,这也验证了本节给出的理论成像区域的准确性。

图 8-11 所示给出了点阵目标的二维等高线图。由图 8-11 可以看出,所提算法聚焦后的点阵目标主副瓣清晰,有良好的聚焦效果,而 FDP＋ANCS 算法的聚焦质量较差。尽管校正了空变的 RCM,但 Keystone＋ANCS 方法的聚焦结果依旧较差,这是由于该方法采用 ANCS 方法进行方位压缩,仅能校正多普勒调频率的一阶和二阶方位空变性,以及三阶多普勒参数的一阶方位空变性,当成像场景较大时,场景边缘点依然具有较大方位空变性,此时高阶多普勒参数的空变性对聚焦质量有较大影响,无法忽略。

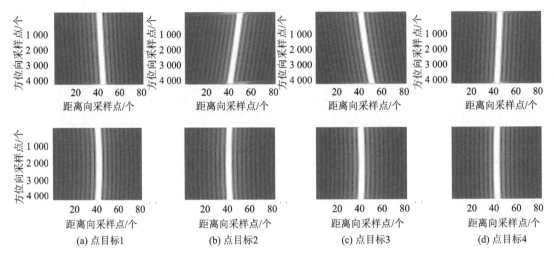

(a) 点目标1　　(b) 点目标2　　(c) 点目标3　　(d) 点目标4

图 8-10　FDP＋ANCS 算法(顶行)和本节算法(底行)的点阵目标 RCMC 结果

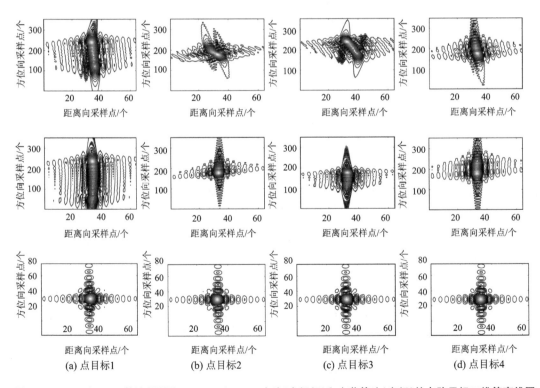

(a) 点目标1　　(b) 点目标2　　(c) 点目标3　　(d) 点目标4

图 8-11　FDP＋ANCS 算法(顶行)、Keystone＋ANCS 方法(中间行)和本节算法(底行)的点阵目标二维等高线图

为进一步精确地分析和评估点目标的聚焦效果,选用 PSLR、ILSR 和 MW 作为评价指标对点目标的距离和方位向聚焦质量进行量化分析,MW 的单位为采样单元。在不存在相位误差时,PSLR 和 ISLR 的理论值分别为 −13.26 dB 和 −9.80 dB,根据 6.3.2 小节相对理论分辨率计算方法可知,方位向 MW 的理论值为 7.11 个方位采样单元,距离向 MW 的理论值为 3.50 个距离采样单元。

表 8-2、表 8-3 和表 8-4 分别给出了本节方法、FDP+ANCS 算法和 Keystone+ANCS 方法下的点阵目标二维等高线图量化分析结果。在后两种对比算法中,目标的方位空变程度与其多普勒中心是成正相关的。为便于分析方位空变程度对参考算法的影响,表 8-3 和表 8-4 中给出了方位压缩时点阵目标的多普勒中心值。从表 8-2 中可以看出,本节方法的距离向测量指标与理论值基本一致,且点阵目标方位向的 PSLR、ISLR 和 MW 等指标参数均不低于表 8-1 中 MPE=π/4 对应的参考值,与理论设计一致,进一步验证了所提方位压缩方法的有效性。从表 8-3 中可以看出,采用 FDP+ANCS 算法对点阵目标进行聚焦时,方位向的测量指标远低于理论值,对比表 8-3 和表 8-4 可以发现,采用 Keystone 变换校正了残余的空变 RCM 后,Keystone+ANCS 中点目标的方位聚焦质量并无明显改善,这是由于 ANCS 方法的空变校正能力有限所导致的。

表 8-2　本节方法点目标聚焦质量量化分析

方　向	点目标	MW	PSLR/dB	ISLR/dB
方位向	1	7.21	−13.40	−10.30
	2	7.16	−12.53	−9.35
	3	7.13	−12.96	−9.55
	4	7.16	−12.81	−9.42
距离向	1	3.56	−13.38	−10.00
	2	3.51	−13.51	−9.86
	3	3.51	−13.49	−9.84
	4	3.47	−13.41	−9.76

表 8-3　FDP+ANCS 方法点目标聚焦质量量化分析

方　向	点目标	MW	PSLR/dB	ISLR/dB	多普勒中心/Hz
方位向	1	29.23	−1.74	−0.49	−745
	2	16.84	−12.71	−12.88	503
	3	18.16	−16.71	−10.82	−532
	4	23.16	−1.41	−1.58	560
距离向	1	3.62	−13.92	−10.71	—
	2	4.21	−12.07	−11.32	—
	3	3.81	−14.15	−11.04	—
	4	3.62	−13.41	−11.1	—

表 8 - 4　Keystone＋ANCS 方法的点目标聚焦质量量化分析

方　　向	点目标	MW	PSLR/dB	ISLR/dB	多普勒中心/Hz
方位向	1	27.23	−0.39	2.7	−725
	2	20.65	−2.25	−7.74	525
	3	17.58	−1.73	−0.54	−520
	4	28.16	−1.41	−4.58	555
距离向	1	3.55	−13.42	−10.61	—
	2	3.58	−13.91	−11.62	—
	3	3.55	−13.41	−10.79	—
	4	3.53	−13.56	−10.81	—

Part Ⅳ　为直观地展示所提方法的聚焦效果,图 8 - 12 给出了仿真 SAR 场景的成像结果,其中仿真的 SAR 场景为图 7 - 12(b)所示的水平翻转场景,仿真参数为表 6 - 1 中的参数,仿真 SAR 图像平行于 X 轴放置,图像中心为场景中心点。由于大斜视角的存在,所有算法的成像结果均是倾斜的。从放大的孤立散射点方位向剖面图中可以看出,与 FDP＋ANCS 方法和 Keystone＋ANCS 方法相比,本节方法具有最佳的聚焦质量,图 8 - 12(d)给出了孤立点目标的方位向剖面图,可以看出,两种对比算法均存在明显的主瓣展宽和峰值能量损失。

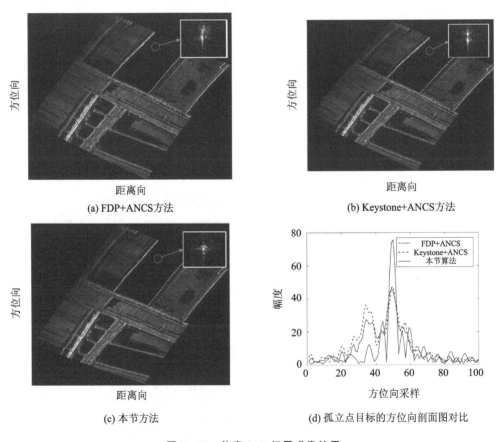

(a) FDP+ANCS方法　　　　　　　　(b) Keystone+ANCS方法

(c) 本节方法　　　　　　　　(d) 孤立点目标的方位向剖面图对比

图 8 - 12　仿真 SAR 场景成像结果

8.3 全孔径下的大场景高分辨成像

8.2 节采用 Keystone 变换去除了空变的 RCM,提出了一种基于方位子区域 Deramp 处理的大场景方位压缩方法,扩展了机动平台大斜视 SAR 的成像区域。但该方法对 RCM 进行了线性近似,仅适用于短合成孔径时间下机动平台大斜视 SAR 子孔径成像。对于合成孔径时间较长的全孔径高分辨成像,空变的距离弯曲无法忽略,本节将研究一种适用于全孔径高分辨大场景成像的机动平台大斜视 SAR 成像方法。

针对 Keystone 变换无法校正空变距离弯曲和高分辨条件下子区域划分数量较多的问题,本节在 8.2 节的基础上提出了一种基于扰动 Keystone 变换和子区域频域相位滤波的机动平台大斜视 SAR 成像方法。在进行高分辨成像时,机动平台大斜视 SAR 将主要工作在聚束模式。为解决 Keystone 变换产生的距离方位耦合,构造了基于斜距和方位角的斜距模型;为去除空变的 RCM,通过引入二维频域的扰动因子校正了方位依赖的距离弯曲,然后利用方位时域的 Keystone 变换校正了空变的 LRCM。在方位压缩处理中,去除了二维扰动因子的负面影响,重建了精确的方位时域调制相位,并提出了一种基于子区域相位滤波的方位压缩方法,该方法将每个距离单元划分成若干子区域,并对每个子区域内的信号进行频域相位滤波和 Deramp 成像处理,减少了子区域的划分数量,极大扩展了场景的方位向聚焦深度。

8.3.1 信号模型

基于斜距和方位角的机动平台大斜视 SAR 成像几何模型如图 8 - 13 所示,在一个合成孔径时间内,SAR 平台沿着曲线 ABC 进行机动,其中 B 点为曲线轨迹中点,也为方位零时刻点。$O - XYZ$ 为三维笛卡尔坐标系,O 点为 B 点在地面上的垂直投影点,X 轴正方向为平台在 B 点的水平速度方向。P_c 为平台在 B 点时的波束中心照射点,也为场景中心点,$R_{ref} = |\overrightarrow{BP_c}|$ 表示方位零时刻的场景中心斜距;场景中心地面斜视角 θ_c 定义为 $|\overrightarrow{OP_c}|$ 与 Y 轴正向的夹角;P_0 点为成像区域中的任意一点,P_0 点的斜视角 $\theta_c + \theta_0$ 为 $|\overrightarrow{OP_0}|$ 与 Y 轴正向的夹角,其中 θ_0 为 $\overrightarrow{OP_0}$ 与 $\overrightarrow{OP_c}$ 的夹角,表示点目标的相对地面斜视角,定义为 P_0 点的相对地面斜视角,则 P_0 点在地平面上的坐标 (x_0, y_0) 可表示为

$$\begin{cases} x_0(R_0, \theta_0) = \sin(\theta_c + \theta_0)\sqrt{R_0^2 - h^2} \\ y_0(R_0, \theta_0) = \cos(\theta_c + \theta_0)\sqrt{R_0^2 - h^2} \end{cases} \tag{8-42}$$

其中,$R_0 = |\overrightarrow{BP_0}|$ 为 P_0 点的方位零时刻斜距;h 表示平台在 B 点的高度。

假设平台具有 K 阶运动参数,第 i 阶运动参数的定义 $\boldsymbol{b}_i$ 同 6.2.1 小节,P_0 点在任意方位时刻 t_a 的瞬时斜距可表示为

$$R(t_a; R_0, \theta_0) = \sqrt{\left(x_0(R_0, \theta_0) - \sum_{i=1}^{4}\frac{b_{i\_x}}{i!}t_a^i\right)^2 + \left(y_0(R_0, \theta_0) - \sum_{i=1}^{4}\frac{b_{i\_y}}{i!}t_a^i\right)^2 + \left(h + \sum_{i=1}^{4}\frac{b_{i\_z}}{i!}t_a^i\right)^2} \tag{8-43}$$

为便于后续推导分析,将式(8-43)在 $t_a = 0$ 处进行四阶泰勒级数展开,可得

$$R(t_a; R_0, \theta_0) \approx R_0 + \sum_{i=1}^{4}k_i(R_0, \theta_0)t_a^i \tag{8-44}$$

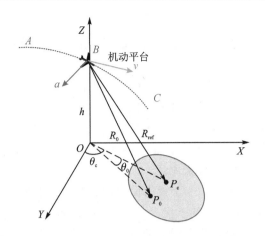

图 8 - 13 基于斜距和方位角的机动 SAR 成像几何模型

其中，$k_i(R_0,\theta_0)=(1/i!)(\mathrm{d}^iR(t_a;R_0,\theta_0)/\mathrm{d}t_a^i)|_{t_a=0}$ 表示第 i 阶泰勒级数展开系数。从式(8-44)中可以看出，机动平台大斜视 SAR 的 RCM 系数具有复杂二维空变性，极大地增加了对整个成像场景进行一致 RCMC 的难度，下面将具体分析空变 RCM 系数的影响。

以场景中心为参考点，则第 i 阶空变 RCM 系数可以表示为

$$d_i(R_0,\theta_0)=k_i(R_0,\theta_0)-k_i(R_{ref},0) \tag{8-45}$$

其中，$k_i(R_{ref},0)$ 表示场景中心点处的第 i 阶 RCM 系数。

假设机动平台大斜视 SAR 的合成孔径时间为 T，则在一个合成孔径时间内，$d_i(R_0,\theta_0)$ 所产生的第 i 阶 RCM 最大空变量表示为

$$r_{\mathrm{d}\_i}(R_0,\theta_0)=\begin{cases} \left| d_i(R_0,\theta_0)\,(T/2)^i \right|, & i=2,4 \\ \left| 2d_i(R_0,\theta_0)\,(T/2)^i \right|, & i=1,3 \end{cases} \tag{8-46}$$

为分析空变 RCM 的主要分量，图 8-14 给出了一到四阶 RCM 最大空变量的等高线分布图，数值单位为 m，仿真采用表 8-5 中的参数，成像区域以场景中心点为参考，距离向范围为 $-1\,000\,\mathrm{m}+R_{ref}\leqslant R_0\leqslant 1\,000\,\mathrm{m}+R_{ref}$，方位向范围为 $-\pi/20+\theta_c\leqslant\theta_0\leqslant\pi/20+\theta_c$。从图 8-14 中可以看出，LRCM 和 QRCM 是空变 RCM 的主要分量，而三阶和四阶空变距离弯曲远小于半个距离分辨单元，对 RCMC 的影响可以忽略。同时可以看出，QRCM 以方位向空变为主，距离向空变可以忽略，但 LRCM 的距离向和方位向空变均无法忽略。因此，为实现高分辨条件下的成像场景一致聚焦，需要校正 LRCM 的距离向和方位向空变以及 QRCM 的方位向空变。

表 8 - 5 仿真参数

参　数	数　值	参　数	数　值
载频/GHz	17	场景中心地面斜视角 $\theta_c/(°)$	65
距离带宽/MHz	500	平台高度/km	4
合成孔径时间/s	6	中心斜距/km	12
脉冲宽度/μs	5	速度/$(\mathrm{m}\cdot\mathrm{s}^{-1})$	(150, 0, −35)
脉冲重复频率/Hz	1 500	加速度/$(\mathrm{m}\cdot\mathrm{s}^{-2})$	(2.2, 1.2, −0.8)

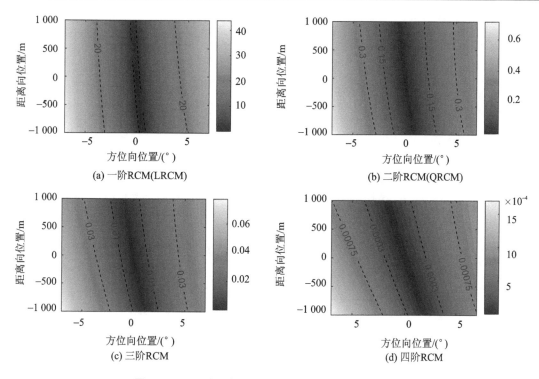

图 8 - 14　一到四阶 RCM 最大空变量的等高线分布图

8.3.2　空变的 RCMC

根据上一小节的分析可知,方位向空变的 QRCM 无法忽略。在 ANCS 方法中,引入方位频域的扰动函数可以校正多普勒调频率的方位空变性,同时方位频域扰动函数会在方位时域引入附加的空变线性相位,导致点目标聚焦后的方位位置偏离。与 ANCS 的空变校正原理一样,引入二维频域扰动函数可以实现 QRCM 的方位空变校正。目标点本身的空变 LRCM 和二维频域扰动函数引入的附加空变 LRCM 可以通过 Keystone 变换一并去除。

基于上述思想,本小节提出了一种二维频域扰动结合方位向 Keystone 变换的空变 RCMC 方法,具体原理如图 8 - 15 所示。在图 8 - 15 中,C 点为场景中心点,B 点和 D 点分别具有方位向和距离向空变,A 点具有距离和方位的耦合空变,A、B 和 D 三点的 RCM 轨迹主要由空变的 LRCM 和 QRCM 构成(见图 8 - 15(a)),采用二维频域扰动校正空变的 QRCM 后,所有点目标具有一致的距离弯曲轨迹和空变的 LRCM(见图 8 - 15(b))。经过方位向的 Keystone 变换处理,空变的 LRCM 被完全校正,此时所有点目标具有相同的 RCM 轨迹(见图 8 - 15(c)),可以通过一致的 RCMC 完成所有目标 RCM 轨迹的统一校正(见图 8 - 15(d)),具体理论推导过程如下。

假设 SAR 发射信号为 LFM 信号,则接收机收到的解调后的基带回波信号在距离频域可表示为

$$Ss(f_r, t_a; R_0, \theta_0) = \exp\left(-j\pi \frac{f_r^2}{K_r}\right) \exp\left\{-j \frac{4\pi(f_c + f_r)}{c}\left[R_0 + \sum_{i=1}^{4} k_i(R_0, \theta_0) t_a^i\right]\right\}$$

$$(8 - 47)$$

为便于推导,式(8 - 47)中忽略了距离向和方位向包络以及散射点的复散射系数。

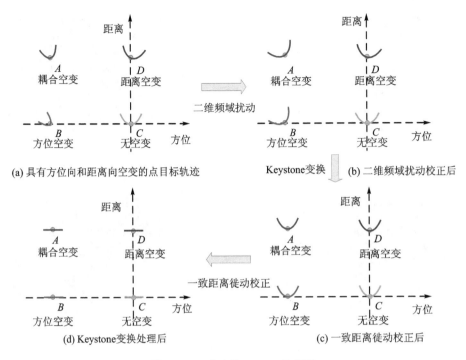

(a) 具有方位向和距离向空变的点目标轨迹

(b) 二维频域扰动校正后

(d) Keystone 变换处理后

(c) 一致距离徙动校正后

图 8 - 15　空变的 RCMC 示意图

为便于分析 RCM 系数的方位空变性,将 $k_i(R_0,\theta_0)$ 在 $\theta_0=0$ 处进行如下所示的泰勒级数展开

$$\begin{cases} k_1(R_0,\theta_0) \approx k_{10}(R_0) + k_{11}(R_0)\theta_0 + k_{12}(R_0)\theta_0^2 \\ k_2(R_0,\theta_0) \approx k_{20}(R_0) + k_{21}(R_0)\theta_0 + k_{22}(R_0)\theta_0^2 \\ k_3(R_0,\theta_0) \approx k_{30}(R_0) + k_{31}(R_0)\theta_0 \\ k_4(R_0,\theta_0) \approx k_{40}(R_0) \end{cases} \qquad (8-48)$$

首先,为去除距离方位耦合,以场景中心点为参考,构造如下所示的非空变 LRCMC 函数:

$$H_{\text{LRCMC}}(f_r,t_a) = \exp\left[-\text{j}\frac{4\pi(f_c+f_r)}{c}(k_{10\_r}t_a)\right] \qquad (8-49)$$

其中,$k_{10\_r} = k_{10}(R_{\text{ref}})$ 表示场景中心点处的 LRCM 系数。为简化公式表达,用 k_{x_r} 表示 $k_x(R_{\text{ref}})$。

将方位非空变的高阶 RCM 系数 $k_{i0}(R_0)$ 进行如下分解:

$$k_{i0}(R_0) = k_{i0v}(R_0) + k_{i0a}(R_0), \quad i=2,3,4 \qquad (8-50)$$

其中,$k_{i0v}(R_0)$ 和 $k_{i0a}(R_0)$ 分别表示 $k_{i0}(R_0)$ 中与速度和加速度相关的分量。

为去除加速度导致的回波信号多普勒谱混叠,以场景中心点为参考,构造如下所示的去加速度函数:

$$H_{\text{De-a}}(f_r,t_a) = \exp\left[-\text{j}\frac{4\pi(f_c+f_r)}{c}\left(\sum_{i=2}^{4}k_{i0a\_r}t_a^i\right)\right] \qquad (8-51)$$

空变的 RCMC 需要以场景中心点处的斜距为参考,为简化推导复杂度,下面以参考斜距 R_{ref} 上的散射点为例,推导空变 QRCM 的校正过程。

在进行 LRCMC 和去加速度处理后,参考斜距 R_{ref} 上散射点的回波信号可表示为

$$\mathrm{Ss}(f_r,t_a;\theta_0)=\mathrm{Ss}(f_r,t_a;R_{\mathrm{ref}},\theta_0)\cdot H_{\mathrm{LRCMC}}(f_r,t_a)\cdot H_{\mathrm{De\text{-}a}}(f_r,t_a)=$$

$$\exp\left(-\mathrm{j}\pi\frac{f_r^2}{K_r}\right)\exp\left\{-\mathrm{j}\frac{4\pi(f_c+f_r)}{c}\left[R_{\mathrm{ref}}+\sum_{i=1}^4 k_{i\_\mathrm{new}}(\theta_0)\,t_a^i\right]\right\}$$

$$(8-52)$$

其中,

$$\begin{cases}k_{1\_\mathrm{new}}(\theta_0)=k_{11\_r}\theta_0+k_{12\_r}\theta_0^2\\ k_{2\_\mathrm{new}}(\theta_0)=k_{20\mathrm{v}\_r}+k_{21\_r}\theta_0+k_{22\_r}\theta_0^2\\ k_{3\_\mathrm{new}}(\theta_0)=k_{30\mathrm{v}\_r}+k_{31\_r}\theta_0\\ k_{4\_\mathrm{new}}(\theta_0)=k_{40\mathrm{v}\_r}\end{cases}\quad(8-53)$$

采用级数反演法将式(8-52)变换到二维频域,并展开成关于 f_a 的多项式,得

$$\mathrm{Ss}_{\mathrm{ref}}(f_r,t_a;\theta_0)=\exp\left(-\mathrm{j}\pi\frac{f_r^2}{K_r}\right)\exp\left\{\mathrm{j}2\pi\left[\sum_{i=0}^4\phi_i(\theta_0)f_a^i(f_c+f_r)^{-(i-1)}\right]\right\}\quad(8-54)$$

其中, $\varphi_i(\theta_0)$ 的具体表达式为

$$\begin{cases}\varphi_0=\dfrac{f_c k_{1\_\mathrm{new}}^2}{2ck_{2\_\mathrm{new}}}+\dfrac{k_{3\_\mathrm{new}}f_c k_{1\_\mathrm{new}}^3}{4ck_{2\_\mathrm{new}}^2}+\dfrac{(-4k_{2\_\mathrm{new}}k_{4\_\mathrm{new}}+9k_{3\_\mathrm{new}}^2)f_c k_{1\_\mathrm{new}}^4}{32ck_{2\_\mathrm{new}}^5}\\[2mm]
\varphi_1=\dfrac{k_{1\_\mathrm{new}}}{2k_{2\_\mathrm{new}}}+\dfrac{3k_{3\_\mathrm{new}}k_{1\_\mathrm{new}}^2}{8k_{2\_\mathrm{new}}^3}+\dfrac{(-4k_{2\_\mathrm{new}}k_{4\_\mathrm{new}}+9k_{3\_\mathrm{new}}^2)k_{1\_\mathrm{new}}^3}{16k_{2\_\mathrm{new}}^5}\\[2mm]
\varphi_2=\dfrac{c}{8f_c k_{2\_\mathrm{new}}}+\dfrac{3ck_{3\_\mathrm{new}}k_{1\_\mathrm{new}}}{16f_c k_{2\_\mathrm{new}}^3}+\dfrac{3c(-4k_{2\_\mathrm{new}}k_{4\_\mathrm{new}}+9k_{3\_\mathrm{new}}^2)k_{1\_\mathrm{new}}^2}{64f_c k_{2\_\mathrm{new}}^5}\\[2mm]
\varphi_3=\dfrac{k_{3\_\mathrm{new}}c^2}{32k_{2\_\mathrm{new}}^3 f_c^2}+\dfrac{c^2(-4k_{2\_\mathrm{new}}k_{4\_\mathrm{new}}+9k_{3\_\mathrm{new}}^2)k_{1\_\mathrm{new}}}{64f_c^2 k_{2\_\mathrm{new}}^5}\\[2mm]
\varphi_4=\dfrac{c^3(-4k_{2\_\mathrm{new}}k_{4\_\mathrm{new}}+9k_{3\_\mathrm{new}}^2)}{512f_c^3 k_{2\_\mathrm{new}}^5}\end{cases}\quad(8-55)$$

为便于表示,式(8-55)中 $\varphi_i(\theta_0)$ 简记为 φ_i, $k_{i\_\mathrm{new}}(\theta_0)$ 简记为 k_{i_new}。

将 $\varphi_i(\theta_0)$ 在 $\theta_0=0$ 处进行如下所示的泰勒级数展开得

$$\begin{cases}\varphi_1(\theta_0)=\varphi_{11}\theta_0+\varphi_{12}\theta_0^2\\ \varphi_2(\theta_0)=\varphi_{20}+\varphi_{21}\theta_0+\varphi_{22}\theta_0^2\\ \varphi_3(\theta_0)=\varphi_{30}+\varphi_{31}\theta_0\\ \varphi_4(\theta_0)=\varphi_{40}\end{cases}\quad(8-56)$$

为校正参考斜距处的空变 QRCM,在二维频域构造如下所示的扰动函数

$$H_{\mathrm{2D\text{-}per}}(f_r,f_a)=\exp\left\{\mathrm{j}\left[\frac{2\pi(s_3-\varphi_{30})}{(f_c+f_r)^2}f_a^3+\frac{2\pi(s_4-\varphi_{40})}{(f_c+f_r)^3}f_a^4\right]\right\}\quad(8-57)$$

其中, s_3 和 s_4 为待定的频域扰动系数。

将式(8-54)乘以式(8-57)进行二维频域扰动,并采用级数反演法将扰动后的二维频域信号变换到距离频域-方位时域得

$$\mathrm{Ss}_{\mathrm{per}}(f_r,t_a;\theta_0)=\exp\left(-\mathrm{j}\pi\frac{f_r^2}{K_r}\right)\exp\left\{-\mathrm{j}\frac{4\pi(f_c+f_r)}{c}\left[R_{\mathrm{ref}}+r_{\mathrm{offset}}(\theta_0)+\sum_{i=1}^4 H_i(\theta_0)\,t_a^i\right]\right\}$$

$$(8-58)$$

其中, $H_i(\theta_0)$ 表示二维频域扰动后的第 i 阶 RCM 系数; $r_{\mathrm{offset}}(\theta_0)$ 为二维频域扰动函数引入的

距离向聚焦偏移；$H_i(\theta_0)$ 和 $r_{\text{offset}}(\theta_0)$ 的具体表达式与 $\varphi_i(\theta_0)$ 相似，不再重复给出。根据上一小节分析可知，在长的合成孔径时间下，QRCM 系数 $H_2(\theta_0)$ 的方位空变性对 RCMC 的影响无法忽略，将 $H_2(\theta_0)$ 在 $\theta_0=0$ 处进行二阶泰勒级数展开，得

$$H_2(\theta_0) = H_{20} + H_{21}\theta_0 + H_{22}\theta_0^2 \tag{8-59}$$

令 $H_2(\theta_0)$ 的一阶和二阶方位空变系数 H_{21} 和 H_{22} 为 0，可求得频域扰动系数 s_3 和 s_4 为

$$\begin{cases} s_3 = \dfrac{2\varphi_{20}\varphi_{21}}{3\varphi_{11}} \\[3mm] s_4 = \dfrac{\varphi_{20}(3\varphi_{11}^2\varphi_{31} - 2\varphi_{11}\varphi_{20}\varphi_{22} - \varphi_{11}\varphi_{21}^2 + 2\varphi_{12}\varphi_{20}\varphi_{21})}{3\varphi_{11}^3} \end{cases}$$

二维频域扰动校正后，为去除空变的 LRCM，对式(8-58)进行方位时间的 Keystone 变换，并将相位项沿距离频率展开至二阶项得

$$\text{Ss}_{\text{key}}(f_r, t_a; \theta_0) = \text{Ss}_{\text{per}}\left(f_r, \frac{f_r}{f_r + f_c}t_a; \theta_0\right) = \exp\left\{j\left[\sum_{i=0}^{2}\phi_i(t_a;\theta_0)f_r^i\right]\right\} \tag{8-60}$$

其中，

$$\begin{cases} \phi_0(t_a;\theta_0) = \dfrac{-4\pi f_c}{c}\left(\sum_{i=0}^{4}H_i(\theta_0)t_a^i\right) \\[3mm] \phi_1(t_a;\theta_0) = -\dfrac{4\pi}{c}\left[R_{\text{ref}} + r_{\text{offset}}(\theta_0) - H_2(0)t_a^2 - 2H_3(\theta_0)t_a^3 - 3H_4(\theta_0)t_a^4\right] \\[3mm] \phi_2(t_a;\theta_0) = -\dfrac{\pi}{K_r} - \dfrac{4\pi}{cf_c}\left[H_2(0)t_a^2 + 3H_3(\theta_0)t_a^3 + 6H_4(\theta_0)t_a^4\right] \end{cases}$$

$$\tag{8-61}$$

其中，ϕ_0 为方位调制项；ϕ_1 和 ϕ_2 分别为 RCM 项和距离压缩项。从 ϕ_1 中可以看出，Keystone 变换后 LRCM 被完全去除，二维频域扰动已经去除了距离弯曲项 $H_2(\theta_0)$ 的主要空变分量，因此忽略距离弯曲项的残余空变性，可构造如下所示的一致 RCMC 和距离压缩函数

$$H_{\text{bulk}}(f_r, t_a) = \exp\left\{j\left[\begin{matrix}-\dfrac{4\pi}{c}H_2(\theta_{\text{ref}})t_a^2 + 2H_3(\theta_{\text{ref}})t_a^3 + 3H_4(\theta_{\text{ref}})t_a^4 f_r + \\[3mm] \left(\dfrac{\pi}{K_r} + \dfrac{4\pi}{cf_c}(H_2(\theta_{\text{ref}})t_a^2 + 3H_3(\theta_{\text{ref}})t_a^3 + 6H_4(\theta_{\text{ref}})t_a^4)\right)f_r^2\end{matrix}\right]\right\}$$

$$\tag{8-62}$$

其中，$\theta_{\text{ref}} = 0$；$H_2(\theta_{\text{ref}}) = \dfrac{c}{8\varphi_{20}}$；$H_3(\theta_{\text{ref}}) = \dfrac{cs_3}{16\varphi_{20}^3}$；$H_4(\theta_{\text{ref}}) = \dfrac{c(\varphi_{11}^2 s_4 - \varphi_{20}\varphi_{21}^2)}{32\varphi_{20}^4\varphi_{11}^2}$。

将式(8-60)乘以式(8-62)，并进行距离向逆傅里叶变换，可得 RCMC 和距离压缩后的二维时域信号为

$$\text{ss}_{\text{ref}}(\tau, t_a; \theta_0) = \text{sinc}\{\tau - 2[R_{\text{ref}} + r_{\text{offset}}(\theta_0)]/c\}\exp\{j\phi_0(t_a;\theta_0)\} \tag{8-63}$$

式(8-63)中的距离向聚焦位置 $R_{\text{ref}} + r_{\text{offset}}(\theta_0)$ 和方位调制相位解析式 $\phi_0(t_a;\theta_0)$ 仅适用于参考斜距 R_{ref} 上的散射点，且方位时域调制相位 $\phi_0(t_a;\theta_0)$ 通过级数反演法求得，求解过程需要进行多次近似，无法用于对相位精度要求较高的方位压缩处理。下面将根据空变 RCM 的校正过程，推导任一距离单元上散射点的距离向聚焦位置和方位调制相位解析式。

对于斜距为 R_0，相对斜视角为 θ_0 的散射点，RCMC 和距离压缩后的回波信号可表示为

$$\text{ss}_{\text{ref}}(\tau, t_a; R_0, \theta_0) = \text{sinc}\{\tau - 2[R_0 + r_{\text{offset\_new}}(R_0, \theta_0)]/c\}\exp[j\phi_a(t_a; R_0, \theta_0)]$$

$$\tag{8-64}$$

其中,$r_{\text{offset\_new}}(R_0,\theta_0)$ 表示二维频域扰动校正引入的距离向聚焦偏移,需要在几何畸变校正时予以考虑;$\phi_a(t_a;R_0,\theta_0)$ 表示散射点的方位时域调制相位。本节提出的基于扰动 Keystone 变换的 RCMC 方法是在方位时域实现空变 RCM 的校正,共包括方位时域扰动校正、方位频域扰动校正和方位时域 Keystone 变换三部分,其中时域扰动校正包含 LRCMC 和去加速度处理两部分,Keystone 变换不影响时域的方位调制相位。因此,方位时域扰动校正和 Keystone 变换处理对 $\phi_a(t_a;R_0,\theta_0)$ 的影响可以直接得到,但二维频域扰动函数 $H_{\text{per}}(f_r,f_a)$ 的引入改变了信号的方位时域调制相位,导致 $\phi_a(t_a;R_0,\theta_0)$ 的精确解析式无法获得,进而影响方位聚焦。因此,为获取散射点的精确方位时域调制相位,需要去除 $H_{\text{per}}(f_r,f_a)$ 对方位时域调制相位的影响。

首先,将距离压缩后的回波信号变换到方位频域得

$$sS_{\text{ref}}(\tau,f_a;R_0,\theta_0)=\text{sinc}\{\tau-2[R_0+r_{\text{offset\_new}}(R_0,\theta_0)]/c\}\exp[j\Psi_a(f_a;R_0,\theta_0)]$$
$$(8-65)$$

其中,$\Psi_a(f_a;R_0,\theta_0)$ 表示频域的方位调制相位。

RCMC 和距离压缩后,可以根据式(8-57)可以在距离时域—方位频域构造如下所示的方位频域去扰动函数

$$H_{\text{de-per}}(\tau,f_a)=\exp\left\{j\left[\frac{2\pi(s_3-\varphi_{30})}{f_c^2}f_a^3+\frac{2\pi(s_4-\varphi_{40})}{f_c^3}f_a^4\right]\right\} \qquad (8-66)$$

将式(8-65)乘以式(8-66)进行方位频域去扰动处理,然后再变换到方位时域得

$$ss(\tau,t_a;R_0,\theta_0)=\text{sinc}\{\tau-2[R_0+r_{\text{offset\_new}}(R_0,\theta_0)]/c\}\exp[j\phi_{a0}(t_a;R_0,\theta_0)]$$
$$(8-67)$$

$\phi_{a0}(t_a;R_0,\theta_0)$ 为去除二维频域扰动后的方位时域调制相位,由于 Keystone 变换不影响方位时域调制相位,$\phi_{a0}(t_a;R_0,\theta_0)$ 的精确解析式应为时域扰动后的方位时域调制相位,表示为

$$\phi_{a0}(t_a;R_0,\theta_0)=-\frac{4\pi f_c}{c}\left[R_0+\sum_{i=1}^4 k_i(t_a;\theta_0)t_a^i-k_{10\_r}t_a-\sum_{i=2}^4 k_{i0a\_r}t_a^i\right]=$$
$$-\frac{4\pi f_c}{c}\left[R_0+\sum_{i=1}^4 g_i(R_0,\theta_0)t_a^i\right] \qquad (8-68)$$

其中,

$$\begin{cases} g_1(R_0,\theta_0)=k_1(R_0,\theta_0)-k_{10\_r} \\ g_i(R_0,\theta_0)=k_1(R_0,\theta_0)-k_{i0a\_r}, \quad i=2,3,4 \end{cases} \qquad (8-69)$$

距离压缩后,$\phi_{a0}(t_a;R_0,\theta_0)$ 距离依赖性可通过逐距离单元处理的方式解决,由于加速度、大斜视角和下降速度的存在,$\phi_{a0}(t_a;R_0,\theta_0)$ 具有强烈的方位空变性。ANCS 方法仅能去除有限阶数的多普勒参数方位空变性,限制了场景的方位向聚焦深度。接下来,将基于子区域划分的思想,研究高分辨条件下的大场景方位聚焦方法。

8.3.3　基于方位子区域频域相位滤波的方位压缩

8.2.2 小节中的子区域划分方法通过控制子区域边缘点的最大非线性相位来计算子区域的宽度,控制子区域边缘点的二次相位不超过 $\pi/4$ 时,方位向分辨率提高 1 倍,子区域的数量将变为原来的 4 倍,相邻的子区域对应的频域子带是重叠的,子区域的数量的大量增加将显著增加方位向处理的数据量和子区域划分和拼接所产生的额外开销,进而导致运算量的显著升

高。因此,8.2.2 小节的子区域 Deramp 成像方法不适用于高分辨成像。

为实现大场景的高分辨 SAR 成像,本小节基于 8.2.2 小节的子区域划分思想,提出一种基于方位子区域频域相位滤波的快速方位压缩方法,其核心思想是对子区域内散射点的二次相位的方位空变性进行校正,以此来增加子区域的宽度,减少子区域的划分数量,实现过程如图 8 - 16 所示。首先,将任一距离单元对应的方位向成像区域划分成若干个子区域(见图 8 - 16(a)),并在方位频域截取每个子区域对应的频域子带数据(见图 8 - 16(b)),然后对频域子带数据进行频域相位滤波和 Deramp 处理实现子区域的方位聚焦(见图 8 - 16(c)),最后截取子区域方位聚焦域的有效区间进行拼接处理得到完整的聚焦方位像(见图 8 - 16(d))。与 8.2 节的子区域 Deramp 方法相比,图 8 - 16 在子区域聚焦处理过程中增加了频域相位滤波处理,极大的增加了子区域的宽度,减少了子区域的数量。

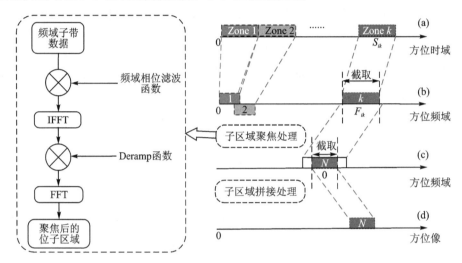

图 8 - 16　方位子区域频域相位滤波原理示意图

1. 子区域的划分与频域子带的截取

在进行子区域方位聚焦时,假设第 i 个距离单元(对应的斜距为 R_0)共划分为 K_i 个方位子区域,其中第 k 个子区域表示为 S_{ik},对应的频域子带表示为 F_{ik},则子区域 S_{ik} 的左、右边界点 S_{L_ik} 和 S_{R_ik} 分别表示为

$$S_{L\_ik} = \begin{cases} S_{L\_i}, & k = 1 \\ S_{L\_i(k-1)} + 2w_{i(k-1)}, & 1 < k \leqslant K_i \end{cases}, \quad S_{R\_ik} = \begin{cases} S_{L\_ik} + 2w_{ik}, & 1 \leqslant k < K_i \\ S_{R\_i}, & k = K_i \end{cases}$$

$$(8 - 70)$$

其中,S_{R_i} 和 S_{R_i} 分别表示第 i 个距离单元有效成像区域的左边界点和右边界点,w_{ik} 表示 S_{ik} 的角度域半宽度。

根据式(8 - 68)可知,$-\dfrac{2}{c}g_1(R_0, \theta_0)$ 和 $-\dfrac{4}{c}g_2(R_0, \theta_0)$ 分别表示散射点 (R_0, θ_0) 的多普勒中心和多普勒调频率。因此,频域子带 F_{ik} 的左、右边界点 F_{L_ik} 和 F_{R_ik} 可表示为

$$\begin{cases} F_{L\_ik} = -\dfrac{2}{c}g_1(R_0, S_{L\_ik}) - \dfrac{2T}{c}g_2(R_0, S_{L\_ik}) \\ F_{R\_ik} = -\dfrac{2}{c}g_1(R_0, S_{L\_ik}) + \dfrac{2T}{c}g_2(R_0, S_{L\_ik}) \end{cases}$$

$$(8 - 71)$$

其中，T 为合成孔径时间。

子区域 S_{ik} 的中心点为 $S_{C\_ik} = S_{L\_ik} + w_{ik}$，为使 S_{C_ik} 点的多普勒中心 $F_{C\_ik} = -\dfrac{2}{c} g_1 (R_0,$ $S_{C\_ik})$ 为频域子带 F_{ik} 的中心频率，F_{ik} 的半宽度 B_{sub_ik} 应满足

$$B_{sub\_ik} = \max\{F_{C\_ik} - F_{L\_ik}, F_{R\_ik} - F_{C\_ik}\} \qquad (8-72)$$

最终，频域子带 F_{ik} 在多普勒谱上的截取范围为

$$F_{C\_ik} - B_{sub\_ik} \leqslant f_a \leqslant F_{C\_ik} + B_{sub\_ik} \qquad (8-73)$$

由于频域子带的多普勒带宽较大，式(8-73)进行频域子带截取时，过渡带的能量损失可以忽略不计。

2. 子区域聚焦

设子区域 S_{ik} 内目标点的方位位置为 θ_s，满足 $-w_{ik} \leqslant \theta_s \leqslant w_{ik}$，$\theta_s$ 在整个方位成像区域中的位置为 $\theta_s + \theta_{sc}$，其中 $\theta_{sc} = S_{ik\_C}$ 表示子区域 S_{ik} 中心点的方位位置。

频域子带截取后，子带中心频率变为 0，将截取后的频域子带 F_{ik} 变换到时域需要补偿掉 θ_{sc} 对应的线性调制相位 $-\dfrac{4\pi f_c}{c} g_1 (R_0, \theta_{sc}) t_{sub}$，可得子区域的方位时域调制相位为

$$\begin{aligned}
\phi_{a\_sub} (t_{sub}; R_0, \theta_s, \theta_{sc}) &= \phi_{a0} (t_{sub}; R_0, \theta_s + \theta_{sc}) - \left[-\frac{4\pi f_c}{c} g_1 (R_0, \theta_{sc}) t_{sub} \right] = \\
&= -\frac{4\pi f_c}{c} \left[R_0 + g_{1\_new} (R_f, \theta_s, \theta_{sc}) t_{sub} + \sum_{i=2}^{4} g_i (R_0, \theta_s + \theta_{sc}) t_{sub}^i \right]
\end{aligned}$$
$$(8-74)$$

其中，$g_{1\_new} (R_f, \theta_s, \theta_{sc}) = g_1 (R_0, \theta_s + \theta_{sc}) - g_1 (R_0, \theta_{sc})$ 决定目标点在子带 F_{ik} 上的多普勒中心，t_{sub} 表示子区域的方位时域采样序列，对应的采样间隔为 $\Delta t_{sub} = 1/(2B_{sub\_ik})$。

为便于分析子区域的方位空变性，将 $g_{1\_new} (R_f, \theta_s, \theta_{sc})$ 和 $g_i (R_0, \theta_s + \theta_{sc})$ 进行如下所示的泰勒级数展开

$$\begin{cases}
g_{1\_new} (R_0, \theta_s, \theta_{sc}) \approx g_{1\_new1} (R_0, \theta_{sc}) \theta_s + g_{1\_new2} (R_0, \theta_{sc}) \theta_s^2 \\
g_2 (R_0, \theta_s + \theta_{sc}) \approx g_{20} (R_0, \theta_{sc}) + g_{21} (R_0, \theta_{sc}) \theta_s + g_{22} (R_0, \theta_{sc}) \theta_s^2 \\
g_3 (R_0, \theta_s + \theta_{sc}) \approx g_{30} (R_0, \theta_{sc}) + g_{31} (R_0, \theta_{sc}) \theta_s \\
g_4 (R_0, \theta_s + \theta_{sc}) \approx g_{40} (R_0, \theta_{sc})
\end{cases} \qquad (8-75)$$

采用级数反演法将式(8-74)变换到方位频域，并表示成子区域方位频率 f_{sub_a} 的多项式形式，得

$$\begin{aligned}
\Phi_{af\_sub} (f_{sub\_a}; R_f, \theta_s, \theta_{sc}) = 2\pi &\left[\varphi_{a0} f_c + (\varphi_{a11} \theta_s + \varphi_{a12} \theta_s^2) f_{sub\_a} + \frac{(\varphi_{a20} + \varphi_{a21} \theta_s + \varphi_{a22} \theta_s^2)}{f_c} f_{sub\_a}^2 + \right. \\
&\left. \frac{(\varphi_{a30} + \varphi_{a31} \theta_s)}{f_c^2} f_{sub\_a}^3 + \frac{\varphi_{a40}}{f_c^3} f_{sub\_a}^4 \right]
\end{aligned}$$
$$(8-76)$$

其中，φ_{ax} 的求解方法与式(8-56)中的 φ_x 相同。

为去除子区域多普勒调频率的一阶和二阶方位空变性，构造如下所示的子区域频域扰动函数

$$H_{sub\text{-}pert} (f_{sub\_a}; R_f, \theta_{sc}) = \exp\left\{ j2\pi \left[\frac{(p_3 - \varphi_{a30}) f_{sub\_a}^3}{f_c^2} + \frac{(p_4 - \varphi_{a40}) f_{sub\_a}^4}{f_c^3} \right] \right\} \qquad (8-77)$$

将式(8-77)的相位与式(8-76)相加进行子区域频域扰动,并将结果变换到方位时域可得

$$
\begin{aligned}
\phi_{\text{a\_sub-p}}(t_{\text{sub}};R_0,\theta_{\text{s}},\theta_{\text{sc}}) = & A(t_{\text{sub}};R_0,\theta_{\text{sc}}) + B(R_0,\theta_{\text{s}},\theta_{\text{sc}}) + \\
& C(R_0,\theta_{\text{sc}})t_{\text{sub}}\theta_{\text{s}} + D(R_0,\theta_{\text{sc}},p_3)t_{\text{sub}}\theta_{\text{s}}^2 + \\
& E(R_0,\theta_{\text{sc}},p_3)t_{\text{sub}}^2\theta_{\text{s}} + F(R_0,\theta_{\text{sc}},p_3,p_4)t_{\text{sub}}^2\theta_{\text{s}}^2 + \\
& G(R_0,\theta_{\text{sc}},p_3,p_4)t_{\text{sub}}^3\theta_{\text{s}}
\end{aligned}
\tag{8-78}
$$

其中,$A(t_{\text{sub}};R_0,\theta_{\text{sc}})$ 为非空变的方位聚焦项;$B(R_0,\theta_{\text{s}},\theta_{\text{sc}})$ 为常数相位,不影响方位聚焦;$C(R_0,\theta_{\text{sc}})$ 和 $D(R_0,\theta_{\text{sc}},p_3)$ 为多普勒中心的一阶和二阶空变系数,表示点目标的方位向聚焦位置;$E(R_0,\theta_{\text{sc}},p_3)$ 和 $F(R_0,\theta_{\text{sc}},p_3,p_4)$ 为多普勒调频率的一阶和二阶方位空变系数,是影响方位聚焦主要因素;$G(R_0,\theta_{\text{sc}})$ 为 3 次项的一阶方位空变系数,决定了有效的方位聚焦范围。为实现统一的方位聚焦,令多普勒调频率的一阶和二阶方位空变系数为 0,可得

$$
\begin{cases}
p_3 = \dfrac{2\varphi_{\text{a20}}\varphi_{\text{a21}}}{3} \\[2mm]
p_4 = \dfrac{\varphi_{\text{a20}}(3\varphi_{\text{a11}}^2\varphi_{\text{a31}} - 2\varphi_{\text{a21}}\varphi_{\text{a20}}\varphi_{\text{a22}} - \varphi_{\text{a11}}\varphi_{\text{a21}}^2 + 2\varphi_{\text{a12}}\varphi_{\text{a20}}\varphi_{\text{a21}})}{3\varphi_{\text{a11}}^3}
\end{cases}
\tag{8-79}
$$

代入式(8-79)后,可得一致的子区域方位 Deramp 因子为

$$
H_{\text{sub-deramp}}(t_{\text{sub}};R_0,t_{\text{c}}) = \exp\left\{-\text{j}\left[\frac{\pi}{2\varphi_{\text{a20}}}t_{\text{sub}}^2 - \frac{\pi p_3}{4\varphi_{\text{a20}}^3}t_{\text{sub}}^3 + \frac{\pi(p_4\varphi_{\text{a11}}^2 - \varphi_{\text{a20}}\varphi_{\text{a21}}^2)}{8\varphi_{\text{a20}}^4\varphi_{\text{a11}}^2}t_{\text{sub}}^4\right]\right\}
\tag{8-80}
$$

将式(8-80)中的相位与式(8-78)相加进行 Deramp 处理,然后将结果变换到方位频域,得点目标在频域子带中的方位聚焦位置为

$$
Z(R_0,\theta_{\text{s}},\theta_{\text{sc}}) = \frac{C(R_0,\theta_{\text{sc}})\theta_{\text{s}} + D(R_0,\theta_{\text{sc}},p_3)\theta_{\text{s}}^2}{2\pi}
\tag{8-81}
$$

根据子区域范围 $-w_{ik} \leqslant \theta_{\text{s}} \leqslant w_{ik}$ 可知,子区域方位谱上的有效聚焦区域为

$$
Z(R_0,-w_{ik},\theta_{\text{sc}}) \leqslant f_{\text{sub\_a}} \leqslant Z(R_0,w_{ik},\theta_{\text{sc}})
\tag{8-82}
$$

已知频域子带中心在全方位谱中的位置为 $-\dfrac{2f_{\text{c}}}{c}g_1(R_0,\theta_{\text{sc}})$,因此式(8-82)表示的子区域在全方位谱中的对应区域为

$$
Z(R_0,-w_{ik},\theta_{\text{sc}}) - \frac{2f_{\text{c}}}{c}g_1(R_0,\theta_{\text{sc}}) \leqslant f_{\text{a}} \leqslant Z(R_0,-w_{ik},\theta_{\text{sc}}) - \frac{2f_{\text{c}}}{c}g_1(R_0,\theta_{\text{sc}})
\tag{8-83}
$$

所提方法的成像流程如图 8-17 所示,其中子区域的具体聚焦过程如下所示:

① 确定总的距离单元数 I,根据式(8-70)完成每个距离单元内子区域的划分,明确每个距离单元的子区域数量 K_i,其中第 i 个距离单元的边界点和子区域宽度 w_{ik} 的计算见 8.3.4 小节"3. 子区域宽度的计算"。

② 对于第 i 个距离单元的第 k 个子区域 S_{ik},首先根据式(8-73)截取该子区域的频域子带数据,然后将频域子带数据与扰动因子 $H_{\text{sub-pert}}(f_{\text{a}};R_0,t_{\text{c}})$ 相乘,进行频域扰动处理。

③ 将扰动处理后的频域子带数据变换到时域,并与 Deramp 因子 $H_{\text{sub-deramp}}(t_{\text{sub}};R_0,t_{\text{c}})$ 相乘进行时域滤波处理,然后将结果变换到频域实现子区域的聚焦。

④ 根据式(8-82)对频域子带的有效聚焦区域进行截取,并将截取后的聚焦区域填充到

式(8-83)表示的全方位谱区域中。

　　⑤ 重复步骤②～④完成所有子区域的聚焦处理,即可得到整个距离单元的方位聚焦结果。

　　⑥ 重复步骤②～⑤,完成所有距离单元的方位聚焦。

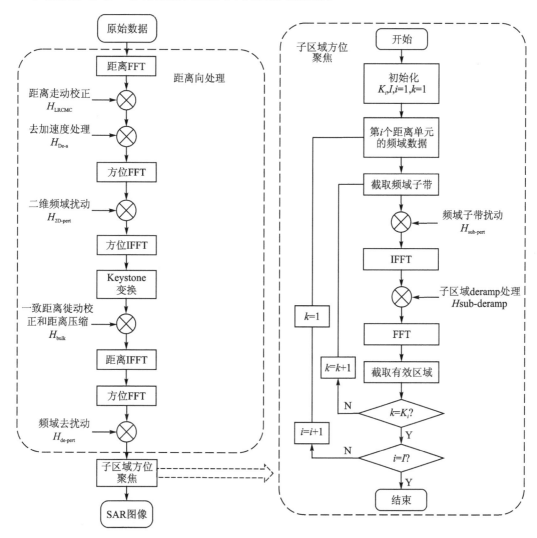

图 8-17　成像流程图

8.3.4　边界性能和算法效率分析

1. 信号的时域支撑区分析

　　机动平台大斜视 SAR 工作在聚束模式,回波信号的时域支撑区即为数据的方位录取时间[19],即 $-T/2 \leqslant t_a \leqslant T/2$。如图 8-18 所示,采用 FFT 将回波信号变换到方位频域后,信号的时域支撑区为其频域-相位变化率曲线在纵轴的投影区域 T_1,方位频域的相位滤波处理将会改变信号的频域相位变化率曲线,使回波信号的时域支撑区变为 T_2,下面从理论上详细分析二维频域扰动对回波信号时域支撑区的影响。

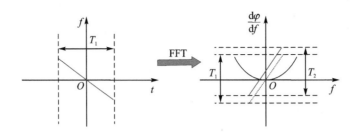

图 8 - 18　时域支撑区变化示意图

对于成像场景中的任一散射点 (R_0, θ_0)，根据式 $(8-68)$ 可知，LRCMC 和去加速度处理后的回波信号为

$$\mathrm{Ss}_0(f_{rr}, t_a; \theta_0) = \exp\left\{-\mathrm{j}\frac{4\pi f_{rr}}{c}\left[R_0 + \sum_{i=1}^{4} g_i(R_0, \theta_0) t_a^i\right]\right\} \tag{8-84}$$

其中，$f_{rr} = f_r + f_c$，为简化推导，式 $(8-84)$ 省略了发射信号的二阶距离频率调制项 $\exp(-\mathrm{j}\pi f_r^2 / K_r)$。

信号的方位频域支撑区为 $f_{a\_start}(R_0, \theta_0) f_{rr} \leqslant f_a \leqslant f_{a\_end}(R_0, \theta_0) f_{rr}$，其中，

$$\begin{cases} f_{a\_start}(R_0, \theta_0) = -\dfrac{2}{c} g_1(R_0, \theta_0) - \dfrac{2}{c} g_2(R_0, \theta_0) T + \dfrac{3}{c} g_3(R_0, \theta_0) \dfrac{T^2}{2} \\ f_{a\_end}(R_0, \theta_0) = -\dfrac{2}{c} g_1(R_0, \theta_0) + \dfrac{2}{c} g_2(R_0, \theta_0) T + \dfrac{3}{c} g_3(R_0, \theta_0) \dfrac{T^2}{2} \end{cases} \tag{8-85}$$

根据式 $(8-57)$ 可知，引入的二维频域扰动相位为

$$\Psi_{per}(f_{rr}, f_a) = 2\pi\left[\frac{(s_3 - \varphi_{30})}{f_{rr}^2} f_a^2 + \frac{(s_4 - \varphi_{40})}{f_{rr}^3} f_a^4\right] \tag{8-86}$$

扰动相位的变化率为

$$D\_\Psi_{per}(f_{rr}, f_a) = \frac{1}{2\pi}\frac{\mathrm{d}\Psi_{per}(f_{rr}, f_a)}{\mathrm{d}f_a} = \left[\frac{3(s_3 - \varphi_{30})}{f_{rr}^2} f_a^2 + \frac{4(s_4 - \varphi_{40})}{f_{rr}^3} f_a^3\right]$$

$$\tag{8-87}$$

根据式 $(8-85)$ 和式 $(8-87)$ 可知，频域扰动后的时域支撑区为 $t_{a\_start}(R_0, \theta_0) \leqslant t_a \leqslant t_{a\_end}(R_0, \theta_0)$，其中，

$$\begin{cases} t_{a\_start}(R_0, \theta_0) = -T/2 + \left[3(s_3 - \varphi_{30}) f_{a\_start}(R_0, \theta_0)^2 + 4(s_4 - \varphi_{40}) f_{a\_start}(R_0, \theta_0)^3\right] \\ t_{a\_end}(R_0, \theta_0) = T/2 + \left[3(s_3 - \varphi_{30}) f_{a\_end}(R_0, \theta_0)^2 + 4(s_4 - \varphi_{40}) f_{a\_end}(R_0, \theta_0)^3\right] \end{cases}$$

$$\tag{8-88}$$

从式 $(8-88)$ 可以看出，散射点的频域支撑区距离 0 点越远，二维频域扰动对信号时域支撑区的影响越大。因此，在进行大场景成像时，需要对时域数据进行补 0 处理。假设场景回波信号的总带宽为 B_{total}，则单侧的方位时间扩展为

$$T_{ext} = \max\left\{\left|D\_\Psi_{per}\left(f_{rr}, \frac{B_{total}}{2}\right)\right|, \left|D\_\Psi_{per}\left(f_{rr}, -\frac{B_{total}}{2}\right)\right|\right\} \tag{8-89}$$

通常情况下 $f_{rr} \ll f_c$，f_{rr} 近似为 f_c，大场景成像所需的双侧方位补零总点数为 $2 \cdot \mathrm{PRF} \cdot T_{ext}$。

2. 有效成像区域的计算

在进行空变的 RCMC 处理后，式 $(8-62)$ 进行了一致的 RCMC 和距离压缩处理，但残余

的空变 RCM 和距离频率二次相位将影响点目标的聚焦质量,限制场景的有效成像范围,下面进行具体分析。

采用级数反演法将式(8-84)变换到二维频域,并展开成 f_a 的多项式得

$$SS_0(f_{rr}, f_a; R_0, \theta_0) = \exp\left\{ j2\pi \left[-\frac{2R_0}{c} f_{rr} + \sum_{i=0}^{4} \psi_i(R_0, \theta_0) f_a^i f_{rr}^{-(i-1)} \right] \right\} \quad (8-90)$$

其中,$\psi_i(R_0, \theta_0)$ 的表达式与 $\varphi_i(\theta_0)$ 相似,不再重复给出。

进行式(8-57)的二维频域扰动后,式(8-90)中的 $\psi_3(R_0, \theta_0)$ 和 $\psi_4(R_0, \theta_0)$ 分别重写为

$$\begin{cases} \psi_{3\_new}(R_0, \theta_0) = \psi_3(R_0, \theta_0) + s_3 - \varphi_{30} \\ \psi_{4\_new}(R_0, \theta_0) = \psi_4(R_0, \theta_0) + s_4 - \varphi_{40} \end{cases} \quad (8-91)$$

采用驻相点法将二维频域扰动后的信号变换到距离频域-方位时域,得

$$Ss_{0\_per}(f_{rr}, t_a; R_0, \theta_0) = \exp\left\{ -j \frac{4\pi f_{rr}}{c} \left[R_0 + r_{offset\_new}(R_0, \theta_0) + \sum_{i=1}^{4} g_{i\_new}(R_0, \theta_0) t_a^i \right] \right\} \quad (8-92)$$

当信号的频域支撑区距离 0 点较远时,采用级数反演法计算的驻相点存在极大的误差,无法用于式(8-92)的求解。为此,本节采用卡丹尔法计算精确驻相点,并利用驻定相位原理得到式(8-92)的精确解析式。

代入 $f_{rr} = f_r + f_c$,对式(8-92)进行方位时域 Keystone 变换并将结果展开至 f_r^2 项得

$$Ss_{0\_key}(f_r, t_a; R_0, \theta_0) = Ss_{0\_per}\left(f_r, \frac{f_r}{f_r + f_c} t_a; R_0, \theta_0 \right) = \exp\left\{ j \left[\sum_{i=0}^{2} \phi_{i\_new}(t_a; R_0, \theta_0) f_r^i \right] \right\} \quad (8-93)$$

其中,

$$\begin{cases} \phi_{0\_new}(R_0, \theta_0) = -\frac{4\pi f_c}{c} \left[R_0 + r_{offset\_new}(R_0, \theta_0) + \sum_{i=1}^{N} g_{i\_new}(R_0, \theta_0) t_a^i \right] \\ \phi_{1\_new}(R_0, \theta_0) = -\frac{4\pi}{c} \left[R_0 + r_{offset\_new}(R_0, \theta_0) - \sum_{i=2}^{N} (i-1) g_{i\_new}(R_0, \theta_0) t_a^i \right] \\ \phi_{2\_new}(R_0, \theta_0) = -\frac{4\pi}{c f_c} \left[\sum_{i=2}^{N} \frac{i(i-1)}{2} g_{i\_new}(R_0, \theta_0) t_a^i \right] \end{cases} \quad (8-94)$$

在进行式(8-62)所示的一致 RCMC 后,残余的空变 RCM 表示为

$$Res_{rcm}(t_a; R_0, \theta_0) = -\sum_{i=2}^{N} \left[(i-1) g_{i\_new}(R_0, \theta_0) t_a^i \right] + \sum_{i=2}^{4} (i-1) H_i(0) t_a^i \quad (8-95)$$

残余的空变距离频率二次相位误差表示为

$$\phi_{r\_res}(t_a; R_0, \theta_0) = -\frac{4\pi}{c f_c} \left[\sum_{i=2}^{N} \frac{i(i-1)}{2} g_{i\_new}(R_0, \theta_0) t_a^i - \sum_{i=2}^{4} \frac{i(i-1)}{2} H_i(0) t_a^i \right] \quad (8-96)$$

根据式(8-88)和式(8-95)可知,在时域支撑区内,最大残余距离徙动 MRRCM 可以表示为

$$MRRCM(R_0, \theta_0) = \max\left\{ Res_{rcm}(t_{a\_start}(R_0, \theta_0); R_0, \theta_0), Res_{rcm}(t_{a\_end}(R_0, \theta_0); R_0, \theta_0) \right\} \quad (8-97)$$

最大的距离频率残余二次相位误差(Residual Quadratic Phase Error, RQPE)可以表示为

$$\mathrm{RQPE}(R_0,\theta_0)=\max\left\{\phi_{2\_\mathrm{res}}\left[t_{a\_\mathrm{start}}(R_0,\theta_0);R_0,\theta_0\right],\phi_{2\_\mathrm{res}}\left[t_{a\_\mathrm{end}}(R_0,\theta_0);R_0,\theta_0\right]\right\}$$

$$(8-98)$$

基于表 8-5 中的参数,在不同的距离单元下,图 8-19 展示了 MRRCM 的分布情况。从图 8-19 中可以看出,负方位角和近距离单元处的点目标具有更强的空变性。

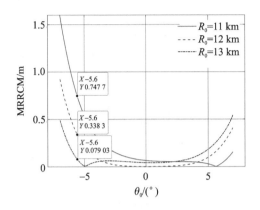

图 8-19　不同距离单元下的 MRRCM 分布

为说明式(8-97)的有效性,在表 8-5 的参数下,仿真分析了斜距-角度平面内坐标为 $(11\ \mathrm{km},-5.6°)$、$(12\ \mathrm{km},-5.6°)$ 和 $(13\ \mathrm{km},-5.6°)$ 的三个点目标插值放大后的 RCMC 结果,如图 8-20 所示,其中距离采样单元的宽度为 0.05 m。图 8-20(a)、(b)和(c)所示测量的 MRRCM 结果分别为 0.75 m、0.35 m 和 0.05 m,接近图 8-19 所示的式(8-97)计算的理论值 0.747 7 m、0.338 3 m 和 0.079 0 m,误差值小于量化误差 0.05 m,表明式(8-97)具有足够高的计算精度。相似地,式(8-98)也具有相同的精度,仿真结果不再重复给出。

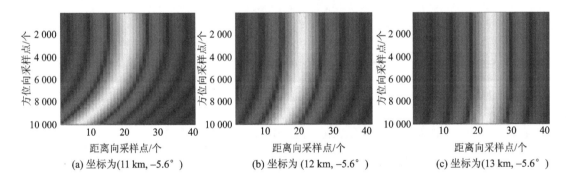

(a) 坐标为(11 km, −5.6°)　　　　(b) 坐标为 (12 km, −5.6°)　　　　(c) 坐标为 (13 km, −5.6°)

图 8-20　斜距-角度平面内点目标的 RCMC 插值放大结果

假设 SAR 系统的距离分辨率为 Δr,SAR 成像要求残余的 RCM 不超过 $\Delta r/2$,残余的最大距离频率二次相位 RQPE 不超过 $\pi/4$,因此成像区域应满足

$$\begin{cases}|\mathrm{MRRCM}(R_0,\theta_0)|\leqslant\Delta r/2\\|\mathrm{RQPE}(R_0,\theta_0)|\leqslant\pi/4\end{cases}$$

$$(8-99)$$

除此之外,为使回波信号的多普勒谱不混叠,所有散射点的方位频域支撑区应在 SAR 系统所允许的最大多普勒带宽之内,即

$$\begin{cases} f_{\text{a\_start}}(R_0, \theta_0) \geqslant -\dfrac{\text{PRF}}{2} \\[3mm] f_{\text{a\_end}}(R_0, \theta_0) \leqslant \dfrac{\text{PRF}}{2} \end{cases} \tag{8-100}$$

联立式(8-99)和式(8-100),采用数值分析法可确定有效的成像区域为

$$S_{\text{L}}(R_0) \leqslant \theta_0 \leqslant S_{\text{R}}(R_0) \tag{8-101}$$

其中,$S_{\text{L}}(R_0)$ 和 $S_{\text{R}}(R_0)$ 分别表示 R_0 所在距离单元方位成像区域的左边界点和右边界点,若 R_0 位于第 i 个距离单元,则 $S_{\text{L}}(R_0)$ 和 $S_{\text{R}}(R_0)$ 分别由 $S_{\text{L\_}i}$ 和 $S_{\text{R\_}i}$ 表示。

3. 子区域宽度的计算

频域相位滤波后,3 次空变项 $G(R_0, \theta_{\text{sc}}) t_{\text{sub}}^3 \theta_{\text{s}}$ 为主要的残余空变相位,当子区域的半宽度为 w_{ik} 时,在一个合成孔径时间 T 内,最大的残余 3 次相位误差 β 可表示为

$$\beta = \left| G(R_0, \theta_{\text{sc}}) w_{ik} \left(\frac{T}{2} \right)^3 - G(R_0, \theta_{\text{sc}}) w_{ik} \left(-\frac{T}{2} \right)^3 \right| = \left| G(R_0, \theta_{\text{sc}}) w_{ik} \frac{T^3}{4} \right| \tag{8-102}$$

在进行子区域划分时,需要从子区域的左边界点开始依次确定每个子区域的范围,子区域的左边界点 $S_{\text{L\_}ik}$ 是已知的,子区域中心可表示为 $\theta_{\text{sc}} = S_{\text{L\_}ik} + w_{ik}$,将 $G(R_0, S_{\text{L\_}ik} + w_{ik})$ 在 $w_{ik} = 0$ 处进行二阶泰勒级数展开得

$$G(R_0, \theta_{\text{sc}}) = G(R_0, S_{\text{L\_}ik} + w_{ik}) = G_0(R_0, S_{\text{L\_}ik}) + G_1(R_0, S_{\text{L\_}ik}) w_{ik} + G_2(R_0, S_{\text{L\_}ik}) w_{ik}^2 \tag{8-103}$$

根据 7.2.3 小节的分析可知,SAR 的方位聚焦要求最大的非线性相位误差不超过 $\pi/4$,即 $\beta \leqslant \pi/4$。

将式(8-103)代入式(8-102)可得

$$\left| (G_0(R_0, S_{\text{L\_}ik}) w_{ik} + G_1(R_0, S_{\text{L\_}ik}) w_{ik}^2 + G_2(R_0, S_{\text{L\_}ik}) w_{ik}^3) \frac{T^3}{4} \right| \leqslant \frac{\pi}{4} \tag{8-104}$$

根据式(8-104),利用一元 3 次方程的求根公式可求得子区域的宽度 w_{ik}。

4. 几何畸变校正

为获取无畸变的地距图像,需要对成像结果进行几何畸变校正。对于地平面成像区域内的任一点目标 (x_0, y_0),其在斜距-角度平面上的位置为

$$\begin{cases} R_0 = \sqrt{x_0^2 + y_0^2 + h^2} \\[3mm] \theta_0 = \arctan\left(\dfrac{x_0}{y_0} \right) - \theta_{\text{c}} \end{cases} \tag{8-105}$$

点目标最终的距离向聚焦位置为 $R_{\text{f}} = R_0 + r_{\text{offset\_new}}(R_0, \theta_0)$。根据式(8-81)可知,点目标在全方位谱中的方位向聚焦位置为

$$Z_{\text{f}} = \frac{C_{ik}(R_{\text{f}}, \theta_{\text{sc}}) \theta_{\text{s}} + D_{ik}(R_{\text{f}}, \theta_{\text{sc}}, p_3) \theta_{\text{s}}^2}{2\pi} - \frac{2f_{\text{c}}}{c} g_1(R_{\text{f}}, \theta_{\text{sc}}) \tag{8-106}$$

其中,$\theta_{\text{s}} = \theta_0 - \theta_{\text{sc}}$ 表示点目标在子区域中的相对位置,$C_{ik}(R_{\text{f}}, \theta_{\text{sc}})$ 和 $D_{ik}(R_{\text{f}}, \theta_{\text{sc}}, p_3)$ 分别表示点目标所在子区域 S_{ik} 的多普勒中心一阶和二阶空变系数。

在聚焦平面中通过 sinc 插值或最近邻插值的方法获取 $(R_{\text{f}}, Z_{\text{f}})$ 点处的复散射系数,即为

地平面(x_0, y_0)点的复散射系数。

5. 运算量分析

假设回波数据在距离向上有 N_r 个采样点,在方位向上有 N_a 个采样点,Keystone 变换采用插值的方式实现,其中插值核的点数为 N_{ker}。

如图 8-16 所示,所提方法包括距离向处理和子区域方位聚焦两个过程。距离向处理共包含 4 次复数乘法运算,2 次距离向 FFT/IFFT 运算,3 次方位向 FFT/IFFT 运算以及 1 次方位向上的 Keystone 变换运算。因此,距离向处理的浮点运算量为

$$C_{range} = N_r N_a \times [10 \times \log_2 N_r + 15 \times \log_2 N_a + 24 + 2(2N_{ker} - 1)] \quad (8-107)$$

所提的子区域聚焦方法需要将信号的全方位频谱划分成若干个重叠子带,每个子带需要进行 2 次 FFT/IFFT 运算和 2 次复数乘法运算来完成子区域的聚焦,假设频域子带 F_{ik} 包含的采样点数为 M_{ik},则子区域方位聚焦的运算量为

$$C_{azimuth} = \sum_{i=1}^{N_r} \sum_{k=1}^{K_i} (10 M_{ik} \log_2 M_{ik} + 12 M_{ik}) \quad (8-108)$$

重叠子带的划分增加了方位向处理的数据量。在表 8-5 的参数下,图 8-21 给出了 R_0 分别为 11 km、12 km(参考斜距)和 13 km 时,角度域和频域上的子区域划分结果。从图 8-21 中可以看出,在不同的距离单元上,子区域的数量基本一致,约为 21 个,所有子带的总带宽约为 3.5 倍的 PRF,即每个距离单元处理的方位向处理点数约为 $3.5 N_a$。数值分析表明,所提子区域聚焦方法的运算量可近似表示为 5 次 N_a 点 FFT/IFFT 运算和 7 次 N_a 点复数乘法运算,所需的浮点运算量约为

$$C_{azimuth} \approx N_r N_a \times (25 \times \log_2 N_a + 42) \quad (8-109)$$

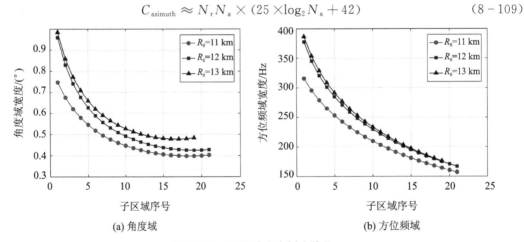

(a) 角度域   (b) 方位频域

图 8-21　子区域宽度划分结果

常规的 ANCS 方法需要进行 3 次方位向 FFT 变换和 3 次复数乘法运算,所需的浮点运算量可表示为

$$C_{ANCS} = N_r N_a \times (15 \times \log_2 N_a + 18) \quad (8-110)$$

所提的子区域方位聚焦方法的运算量约为 ANCS 方法的 1.7 倍。可以看出,相比 ANCS 方法,所提的子区域聚焦方法运算量稍高。

最终,所提方法的总浮点运算量约为

$$C_{proposed\_2} = C_{range} + C_{azimuth} \approx N_r N_a \times [10 \times \log_2 N_r + 40 \times \log_2 N_a + 66 + 2(2N_{ker} - 1)]$$

$$(8-111)$$

常规的 FDP＋ANCS[7] 和 Keystone＋ANCS[16] 频域成像方法的浮点运算量为

$$\begin{cases} C_{\text{FDP+ANCS}} = N_r N_a \times (10 \times \log_2 N_r + 25 \times \log_2 N_a + 30) \\ C_{\text{Keystone+ANCS}} = N_r N_a \times [10 \times \log_2 N_r + 20 \times \log_2 N_a + 30 + 2(2N_{\text{ker}} - 1)] \end{cases}$$

$$(8-112)$$

当 $N_a = N_r = 8192, N_{\text{ker}} = 8$ 时,所提方法的浮点运算量为 45G 次,采用 TMS320C6678 处理器在 5 s 的合成孔径时间内可完成成像处理,所提方法运算量与常规频域算法的比值为

$$\begin{cases} C_{\text{proposed\_2}} / C_{\text{FDP+ANCS}} \approx 1.54 \\ C_{\text{proposed\_2}} / C_{\text{Keystone+ANCS}} \approx 1.66 \end{cases}$$

$$(8-113)$$

从式(8-113)可以看出,所提方法的运算量略高于常规频域算法,具有较高的运算效率。

8.3.5　仿真分析

为验证所提方法的有效性,本小节采用表 8-5 中的参数进行仿真分析,其中场景中心点处的距离和方位分辨率约为 0.3 m。仿真选用 FDP＋ANCS[7] 和 Keystone＋ANCS[16] 作为对比算法。仿真实验主要分为三部分:Part Ⅰ 分析子区域划分对散射点方位压缩质量的影响,并分析 PRF、MRRCM 和 RQPE 对所提方法有效成像区域的影响;Part Ⅱ 分析了空变点目标的 RCMC 和方位压缩效果,并验证几何畸变校正方法的有效性;Part Ⅲ 采用真实 SAR 场景的回波模拟数据验证所提方法的有效性。为进一步精确地分析和评估所提方法的聚焦效果,采用 MW、PSLR 和 ISLR 等指标参数对点目标的聚焦结果进行量化分析。

Part Ⅰ　子区域散射点聚焦质量和有效成像区域分析

为扩展机动平台大斜视 SAR 的方位聚焦深度,本小节提出了基于子区域频域相位滤波的方位聚焦方法。为分析子区域划分对散射点聚焦质量的影响,在参考距离单元 $R_0 = 12$ km 上选择 A 和 B 两个子区域进行仿真分析。子区域 A 和 B 的中心点分别为 0° 和 5°,根据式(8-102)计算可得,子区域 A 和 B 的角度域宽度分别为 0.61° 和 0.47°,子区域 A 和 B 中心点和边缘点的方位向聚焦剖面图如图 8-22 所示。

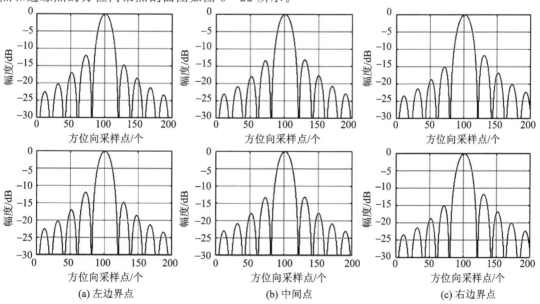

图 8-22　子区域 A(顶行)和子区域 B(底行)上边界点目标的方位向聚焦剖面图

从图 8-22 中可以看出,残余的 3 次空变相位会使子区域边缘点的单侧副瓣电平升高,且不同的子区域边缘点具有相同的方位聚焦结果。这表明,子区域内散射点的方位聚焦质量仅与距离子区域中心点的距离有关,而与子区域中心点所处的绝对位置无关,因此通过子区域划分可以有效地提高场景的方位聚焦深度。子区域散射点方位向剖面图的量化分析结果如表 8-6 所列,其中 MW 的单位为方位采样单元,X_L、X_C 和 X_R 分别表示子区域 X 的左边界点、中心点和右边界点。

表 8-6　子区域散射点方位向剖面图的量化分析结果

点目标	MW	PSLR/dB	ISLR/dB	点目标	MW	PSLR/dB	ISLR/dB
A_C	17.70	−13.23	−9.80	B_C	17.72	−13.21	−9.84
A_R	18.04	−11.80	−9.70	B_R	17.99	−11.85	−9.70
A_L	17.48	−12.01	−9.71	B_L	17.45	−12.14	−9.71

从表 8-6 中可以看出,3 次空变相位对 MW 和 ISLR 的影响较小,对 PSLR 的影响较大,当最大 3 次空变相位 β 不超过 $\pi/4$,PSLR 不低于 −11.80 dB。因此通过调整 β 的大小可以实现对场景方位向聚焦质量的控制。

基于式(8-99)和式(8-100),图 8-23(a)所示分析了 PRF、MRRCM 和 RQPE 等因素对有效成像区域的影响。可以看出,PRF 和 MRRCM 是限制有效成像区域的主要因素,适当地增加 SAR 系统的 PRF 可以扩展有效成像区域,图 8-23(b)和(c)分别给出了 PRF、MRRCM 和 RQPE 共同决定的聚焦平面和地距平面上的有效成像区域。

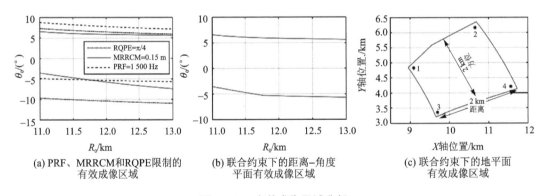

(a) PRF、MRRCM 和 RQPE 限制的有效成像区域　　(b) 联合约束下的距离−角度平面有效成像区域　　(c) 联合约束下的地平面有效成像区域

图 8-23　有效成像区域分析

Part II　空变点目标的成像质量分析

在图 8-23(c)所示的有效成像区域内,选择空变性较强的 4 个点目标进行仿真分析。如图 8-23(c)所示,点目标的编号分别为 1、2、3 和 4,对应的坐标依次为(9 060,4 800)、(10 670,6 250)、(9 680,3 300)和(11 540,4 180)。图 8-24 给出了 FDP+ANCS 方法、Keystone+ANCS 方法和本节方法的 RCMC 结果。可以看出,由于没有校正空变的 LRCM,FDP 方法校正后的 RCM 轨迹存在明显的越距离单元徙动现象;尽管 Keystone 变换可以有效地校正空变的 LRCM,但未校正的 QRCM 使 RCM 轨迹跨越了多个距离采样单元;而所提方法通过引入二维频域的扰动因子校正了空变的 QRCM,采用方位向 Keystone 变换处理校正了空变的 LRCM,使 4 个点目标均有理想的 RCMC 效果。

ANCS 方法能够校正空变的多普勒参数,是一种有效的方位聚焦方法,被广泛应用于大斜

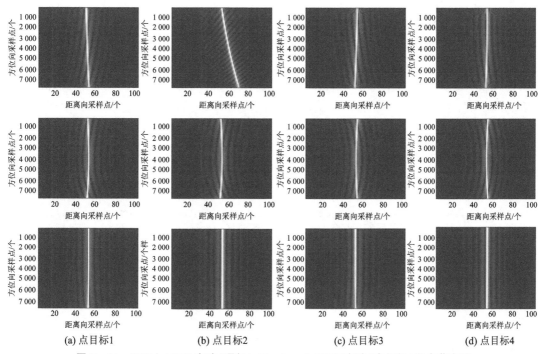

(a) 点目标1　　　　(b) 点目标2　　　　(c) 点目标3　　　　(d) 点目标4

图 8-24　FDP＋ANCS 方法（顶行）、Keystone＋ANCS 方法（中间行）和本节方法
（底行）处理的成像场景边缘点目标 RCMC 结果

视 SAR 成像中。但当 SAR 平台机动时，强烈的多普勒参数空变性限制了 ANCS 方法的聚焦深度，使其无法用于大场景成像。为体现本节子区域相位滤波法的优势，在采用扰动 Keystone 变换进行 RCMC 的基础上，同时采用 ANCS 方法和子区域相位滤波法进行方位聚焦，图 8-25 给出了点目标聚焦后的方位向剖面图。可以看出，由于点目标具有较强的方位空变性，而 ANCS 方法仅能校正多普勒调频率的一阶和二阶方位空变性，残余的高阶空变多普勒参数使 ANCS 方法聚焦后的方位剖面图有明显的主瓣展宽和副瓣升高现象。本小节子区域相位滤波法通过对成像区域进行子区域划分，极大地降低了每个子区域内散射点的多普勒参

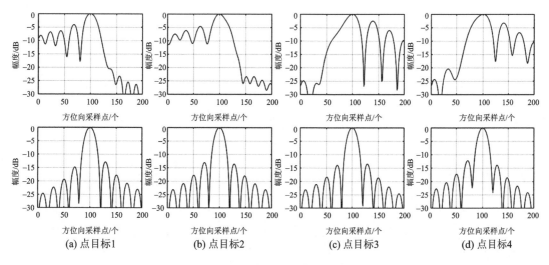

(a) 点目标1　　　　(b) 点目标2　　　　(c) 点目标3　　　　(d) 点目标4

图 8-25　ANCS 方法（顶行）和本节子区域相位滤波方法（底行）的方位向剖面图对比

数空变性,能够实现大场景的理想方位聚焦。

为直观表示所提方法的成像优势,图 8 - 26 所示给出了 4 个点目标在 FDP＋ANCS 方法、Keystone＋ANCS 方法和本节方法下的聚焦结果二维等高线图。可以看出,由于存在未校正的空变 RCM 和多普勒参数空变性,FDP＋ANCS 方法和 Keystone＋ANCS 方法聚焦后的点目标有明显的散焦现象,而所提算法可以实现点目标的理想聚焦。为进一步评估点目标的聚焦质量,表 8 - 7 所列给出了以上 3 种方法聚焦点目标的方位向量化分析结果,其中 MW 的结果为方位采样单元。从表 8 - 7 中可以看出,FDP＋ANCS 方法和 Keystone 变换＋ANCS 方法的点目标测量指标与理论值均有较大差距。而所提方法的测量指标与理论值较接近,且 4 个点目标的方位向 PSLR 值均不低于−12 dB,表明了子区域划分的有效性。

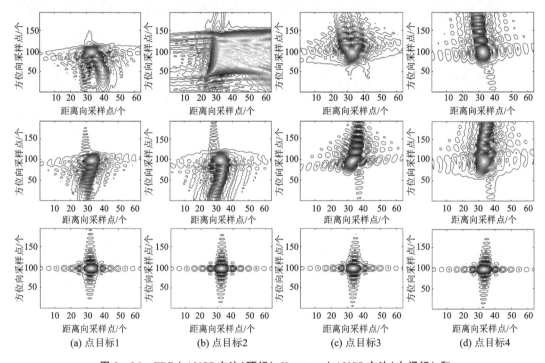

(a) 点目标1　　(b) 点目标2　　(c) 点目标3　　(d) 点目标4

图 8 - 26　FDP＋ANCS 方法(顶行)、Keystone＋ANCS 方法(中间行)和
本节方法 (底行)聚焦的点目标二维等高线图

表 8 - 7　空变点目标方位向剖面图量化分析结果

点目标	FDP＋ANCS 算法			Keystone＋ANCS 算法			本节方法		
	MW	PSLR/dB	ISLR/dB	MW	PSLR/dB	ISLR/dB	MW	PSLR/dB	ISLR/dB
1	11.35	−10.35	−9.93	11.08	−4.23	−3.15	8.75	−12.85	−10.4
2	61.47	−0.15	−16.99	14.66	−4.63	−2.01	8.52	−13.01	−9.91
3	17.72	−9.04	−7.78	14.48	−4.34	−5.09	8.65	−13.52	−10.44
4	20.34	−5.38	−6.39	22.28	−4.55	−2.43	8.62	−12.71	−10.3

为验证所提几何畸变校正方法的有效性,在地平面 XOY 上沿方位零时刻的雷达视线投影方向及其垂向布下一个 11×11 的点阵,相邻点目标间的距离均为 100 m,几何畸变校正时,地平面网格的间距为 1 m,插值方法采用最近邻插值。图 8 - 27(a)和(b)分别给出了点阵目标

在聚焦平面的成像结果和几何畸变校正后的地距平面成像结果,可以看出,由于斜视角、加速度和下降速度的存在,聚焦平面的成像结果具有明显的几何畸变,利用 8.3.4 小节"4. 几何畸变校正"所提的几何畸变校正方法可以获得无畸变的地距图像。

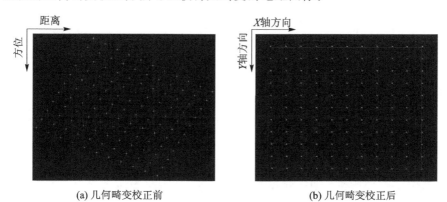

(a) 几何畸变校正前　　　　　　　　　　　　(b) 几何畸变校正后

图 8 - 27　点阵目标的几何畸变校正结果

Part Ⅲ　为进一步展示所提方法的有效性,图 8 - 28 给出了仿真 SAR 场景的成像结果,其中 SAR 场景平行于 X 轴放置,仿真采用表 8 - 5 中的参数。由于大斜视角的存在,图 8 - 28 中的 SAR 图像也是倾斜的。从图 8 - 28(d)中可以看出,所提的几何畸变校正方法可以有效地恢复地距图像。图像熵和对比度被用于评价图像的聚焦质量,结果如表 8 - 8 所列,可以看出所提方法具有最大的对比度和最小的熵值,表明图像具有最好的聚焦质量。

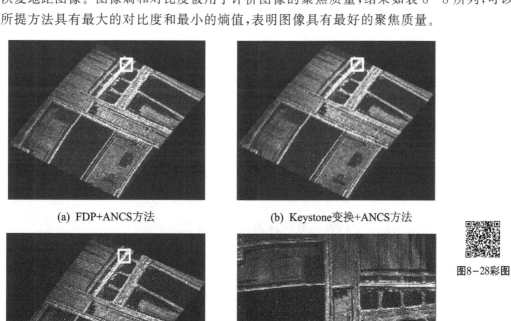

(a) FDP+ANCS方法　　　　　　　　　　(b) Keystone变换+ANCS方法

图8-28彩图

(c) 所提方法　　　　　　　　　　　(d) 子图(c)的几何畸变校正结果

图 8 - 28　真实 SAR 场景成像结果

表 8 - 8　场景聚焦质量评价

算　　法	熵　值	对比度
FDP＋ANCS	13.28	20.62
Keystone＋ANCS	13.27	21.55
所提算法	13.11	30.61

　　为直观地展示聚焦效果,图 8 - 29 放大显示了图 8 - 28 中的红色矩形框区域。图 8 - 29 (a)、(b)和(c)分别由 FDP＋ANCS 方法、Keystone＋ANCS 方法和本节方法聚焦。由于存在未校正的空变 RCM 和高阶多普勒参数,图 8 - 29(a)和(b)中依旧存在明显的散焦现象,而本节方法则具有良好的聚焦效果,如图 8 - 29(c)所示。图 8 - 29(d)展示了孤立散射点聚焦后的方位向剖面图,图例中 KT＋ANCS 表示 Keystone＋ANCS 方法。可以看出,参考方法聚焦的散射点存在明显的主瓣展宽和副瓣升高,所提方法具有良好的聚焦效果。

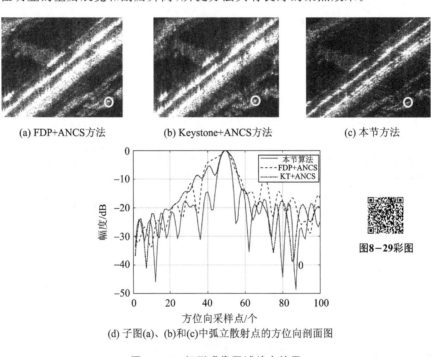

(a) FDP+ANCS方法　　　　　(b) Keystone+ANCS方法　　　　　(c) 本节方法

(d) 子图(a)、(b)和(c)中弧立散射点的方位向剖面图

图 8 - 29　矩形成像区域放大结果

8.4　本章小结

　　本章针对全采样条件下机动平台大斜视 SAR 成像问题,分别研究了子孔径下的大场景快速成像方法和全孔径下的大场景高分辨成像方法。在子孔径下,合成孔径时间较短,8.2 节方法对空变 RCM 进行线性近似,并通过 Keystone 变换去除空变的 LRCM,采用子区域 Deramp 处理的方法校正了高阶空变的方位聚焦参数,极大地扩展了方位聚焦深度;对于全孔径高分辨成像,由于合成孔径时间较长,空变的 LRCM 和 QRCM 均无法忽略,8.3 节方法采用二维频域扰动去除空变的 QRCM,然后采用 Keystone 变换去除空变的 LRCM,为解决高分辨条件下

8.2 节方法子区域划分数量过多的问题,提出了基于子区域频域相位滤波的方位压缩方法,并给出了详细的子区域划分和拼接方法,分析了所提方法的理论成像范围,实现了全孔径下的大场景高分辨成像。

在实际应用中,8.2 节的子孔径成像方法不需要进行方位向的补零操作,其运算量不依赖成像场景的大小,可以实现大场景的快速成像;8.3 节的全孔径高分辨方法需要根据成像场景大小进行补零操作,在对大场景进行成像时,8.3 节方法的运算量要明显高于 8.2 节方法。因此,8.3 节的高分辨成像方法不适用于子孔径的快速大场景成像。在机动平台上应用所提方法时,可根据分辨率需求选择子孔径成像或全孔径成像,根据平台的高精度惯导信息确定成像所需的三维高阶运动参数。

参考文献

［1］An Daoxiang, Huang Xiaotao, Jin Tian, et al. Extended Nonlinear Chirp Scaling Algorithm for High-Resolution Highly Squint SAR Data Focusing[J]. IEEE Transactions on Geoscience & Remote Sensing, 2012, 50(9): 3595-3609.

［2］Li Dong, Lin Huan, Liu Hongqing, et al. Focus Improvement for High-Resolution Highly Squinted SAR Imaging Based on 2-D Spatial-Variant Linear and Quadratic RCMs Correction and Azimuth-Dependent Doppler Equalization[J]. IEEE Journal of Selected Topics in Applied Earth Observations & Remote Sensing, 2017, 10(1): 168-183.

［3］Li Yu, Huang Puming, Lin Chenchen. Focus improvement of highly squint bistatic synthetic aperture radar based on non-linear chirp scaling[J]. IET Radar, Sonar & Navigation, 2017, 11(1): 171-176.

［4］Liao Yi, Zhou Song, Yang Lei. Focusing of SAR With Curved Trajectory Based on Improved Hyperbolic Range Equation[J]. IEEE Geoscience & Remote Sensing Letters, 2018, 15(3): 454-458.

［5］Jiang Huai, Zhao Huichang, Han Min, et al. An imaging algorithm for missile-borne SAR with downward movement based on variable decoupling[J]. Acta Phys Sin, 2014, 63(7): 380-390.

［6］Zeng Tao, Li Yinghe, Ding Zegang, et al. Subaperture Approach Based on Azimuth-Dependent Range Cell Migration Correction and Azimuth Focusing Parameter Equalization for Maneuvering High-Squint-Mode SAR[J]. IEEE Transactions on Geoscience & Remote Sensing, 2015, 53(12): 6718-6734.

［7］Dang Yanfeng, Liang Yi, Bie Bowen, et al. A Range Perturbation Approach for Correcting Spatially Variant Range Envelope in Diving Highly Squinted SAR With Nonlinear Trajectory[J]. IEEE Geoscience & Remote Sensing Letters, 2018, 15(6): 858-862.

［8］Li Zhenyu, Xing Mengdao, Liang Yi, et al. A Frequency-Domain Imaging Algorithm for Highly Squinted SAR Mounted on Maneuvering Platforms With Nonlinear Trajectory[J]. IEEE Transactions on Geoscience & Remote Sensing, 2016, 54(7): 4023-4038.

［9］Tang Shiyang, Zhang Linrang, So Hing. Focusing High-Resolution Highly-Squinted Airborne SAR Data with Maneuvers[J]. Remote Sensing, 2018, 10(6): 862.

[10] Hang Ruan, Wu Yanhong, Xin Jia, et al. Novel ISAR Imaging Algorithm for Maneuvering Targets Based on a Modified Keystone Transform[J]. IEEE Geoscience & Remote Sensing Letters, 2013, 11(1): 128-132.

[11] Dong Li, Zhan Muyang, Liu Hongqing, et al. A Robust Translational Motion Compensation Method for ISAR Imaging Based on Keystone Transform and Fractional Fourier Transform Under Low SNR Environment[J]. IEEE Transactions on Aerospace & Electronic Systems, 2017, 53(5): 2140-2156.

[12] Jia Zhao, Min Zhang, Xin Wang. ISAR Imaging Algorithm of Multiple Targets with Complex Motions Based on the Fractional Tap Length Keystone Transform[J]. IEEE Transactions on Aerospace & Electronic Systems, 2018, 54(1): 64-76.

[13] Yang Jungang, Huang Xiaotao, Tian Jin, et al. New Approach for SAR Imaging of Ground Moving Targets Based on a Keystone Transform[J]. IEEE Geoscience & Remote Sensing Letters, 2011, 8(4): 829-833.

[14] Yang Jiefang, Zhang Yunhua, Kang Xueyan. A Doppler Ambiguity Tolerated Algorithm for Airborne SAR Ground Moving Target Imaging and Motion Parameters Estimation[J]. IEEE Geoscience & Remote Sensing Letters, 2015, 12(12): 2398-2402.

[15] Hua Zhong, Zhang Yanjun, Chang Yuliang, et al. Focus High-Resolution Highly Squint SAR Data Using Azimuth-Variant Residual RCMC and Extended Nonlinear Chirp Scaling Based on a New Circle Model[J]. IEEE Geoscience & Remote Sensing Letters, 2018, 15(4): 547-551.

[16] Sun Zhichao, Wu Junjie, Li Zhongyu, et al. Highly Squint SAR Data Focusing Based on Keystone Transform and Azimuth Extended Nonlinear Chirp Scaling[J]. IEEE Geoscience & Remote Sensing Letters, 2015, 12(1): 145-149.

[17] Zhao Yongbo, Wang Juan, Lei Huang, et al. Low complexity keystone transform without interpolation for dim moving target detection[C]//Proceedings of 2011 IEEE CIE International Conference on Radar. IEEE, 2011, 2: 1745-1748.

[18] An Daoxiang, Chen Leping, Huang Xiaotao. Modified nonlinear chirp scaling algorithm for one-stationary bistatic low frequency ultrawideband synthetic aperture radar imaging[J]. Journal of Applied Remote Sensing, 2015, 9(1): 095056.

[19] 龚汉华. SAR 成像技术与 SAR 图像可视化增强研究[D]. 北京:中国科学院大学,2007.

第 9 章　稀疏采样数据下的机动平台大斜视 SAR 成像

9.1　引　言

第 8 章给出的机动平台大斜视 SAR 成像方法属于 MF 类成像方法,仅能用于全采样的回波数据。当无人机载 SAR 雷达工作在多功能交织和抗干扰模式下时,SAR 回波数据是稀疏采样的。在稀疏采样条件下,MF 类成像方法将产生大量的欠采样噪声,从而降低图像质量。传统的 CS-SAR 成像方法可以在降采样的条件下对成像场景进行高精度重建,但巨大的测量矩阵尺寸导致其仅能用于小场景成像,基于近似观测的 CS-SAR 成像方法,有效地降低了测量矩阵尺寸,提高了成像效率。本章将主要研究适用于机动平台大斜视 SAR 的快速近似观测算子,并解决稀疏采样下的非稀疏场景成像问题。

问题描述　为减少 SAR 系统的回波数据量并降低前端的 A/D 采样速率,CS-SAR 成像方法受到了广泛的关注。传统的 CS-SAR 成像方法需要将成像场景和回波数据重排成一维向量,极大地增加了测量矩阵的维度,使其仅能用于小场景成像。近年来,中科院电子所吴一戎院士团队研究了基于近似观测算子的 CS-SAR 成像方法[1-2],成功地将传统 MF 类 SAR 成像算法和 CS 理论相结合,极大地减小了测量矩阵的规模,降低了稀疏重构运算量。对于稀疏采样数据,基于近似观测的 CS-SAR 成像方法可以有效地解决 MF 成像方法产生的强烈欠采样噪声,被广泛用于常规机载和星载 SAR 的稀疏场景成像[3-4]。

稀疏场景的假设对于海面上的舰船目标以及沙漠和草原上的坦克等金属目标是合理的。但在很多情况下,成像场景是非稀疏的,如城市地区以及自然的地形地貌特征。为了改善非稀疏场景的成像能力,CAMP 算法被用于重建背景区域图像,在全采样条件下取得了较好的效果,但当采样率较低时,L1 范数的约束使背景区域的幅度信息有极大的损失[4]。非稀疏场景重建的主要难点在于,复值 SAR 图像所具有的随机分布相位是难以被压缩的。通常情况下,SAR 场景的幅度信息具有同光学图像相似的特征,可以通过 DFT、DCT、DWT 和全变分等光学图像变换方法进行稀疏表示[5-6]。在稀疏采样的条件下,MF 方法生成的图像具有大量的欠采样噪声,与其他光学变换方法相比,全变分正则化在抑制噪声和保留图像边缘信息等方面具有更好的效果,而且 SAR 图像的幅度在梯度域可以被更好地稀疏表示。因此,全变分正则化用于 SAR 图像的幅度约束可以更好地实现欠采样条件下的非稀疏场景成像。目前,全变分正则化主要用于 SAR 图像的斑点噪声抑制,例如,Zhao[7]基于自适应全变分正则化提出了一种 SAR 图像的斑点噪声抑制方法;Markarian[8]在本章文献[9]基础上利用最大后验估计和高阶全变分正则化进一步改善了斑点噪声抑制能力;Ozcan[10]基于乘性的斑点噪声模型提出了一种稀疏驱动的全变分去斑方法。由于斑点噪声模型在形成机理上不同于欠采样噪声,因此基于全变分的斑点噪声去除方法无法直接用于稀疏采样条件下的非稀疏场景成像。

问题小结 ① 现有的 CS - SAR 成像算法主要针对的是常规机载和星载 SAR 的稀疏场景成像，在机动平台大斜视 SAR 成像中，严重的距离方位耦合和成像参数空变使这些方法无法有效适用；② SAR 场景难以稀疏表示，常规的 CS - SAR 成像模型无法用于非稀疏场景成像。

解决方案 为在稀疏采样条件下实现机动平台大斜视 SAR 的稀疏和非稀疏场景成像，本章将研究适用于机动平台大斜视工作模式的 CS - SAR 稀疏场景成像方法，和基于全变分正则化的 CS - SAR 非稀疏场景成像方法，具体章节安排如下：

9.2 节研究稀疏场景的 CS - SAR 成像，提出机动平台大斜视 SAR 的 CS 成像方法。首先，介绍常规的 CS - SAR 成像模型；然后，基于时域扰动函数构造快速的频域成像算子，建立基于近似观测的 CS - SAR 稀疏重构模型；接着，采用 CAMP 算法对成像场景进行稀疏重构；最后，采用点目标和真实 SAR 场景的仿真实验对所提算法进行验证。

9.3 节研究非稀疏场景 CS - SAR 成像，提出基于全变分正则化的 CS 成像方法。首先，构建基于近似观测和全变分正则化的非稀疏场景成像模型，在梯度域对幅度进行全变分约束；然后，将非稀疏场景的重建问题转化为双参数优化问题，并采用坐标下降法对模型进行求解；最后，由于非稀疏场景的 CS - SAR 成像模型不依赖于成像模式，采用星载 SAR 的实测回波数据对所提算法进行验证。

9.4 节对本章进行总结。

9.2　稀疏场景的 CS - SAR 成像

9.2.1　常规的 CS - SAR 成像模型

假设成像区域中共含有 PQ 个散射点，在一个合成孔径时间内，离散的二维回波数据可表示为

$$s(\tau_n, t_m) = \sum_{k=1}^{PQ} g(k) \cdot p\left[\tau_n - 2R(k, t_m)/c\right] \cdot \exp\left[-j4\pi R(k, t_m)/\lambda\right]$$

$$m = 1, 2, \cdots, M; \quad n = 1, 2, \cdots, N \tag{9-1}$$

其中，τ_n 和 t_m 分别表示离散的距离向和方位向采样时刻；N 和 M 分别表示距离向和方位向上的采样点数；$g(k)$ 表示第 k 个散射点的复散射系数；$R(k, t_m)$ 表示成像区域中的第 k 个散射点在方位向采样时刻 t_m 的瞬时斜距；c 和 λ 分别表示光速和发射信号波长；$p(\tau)$ 表示发射的基带 LFM 信号，具体为

$$p(\tau) = \text{rect}(\tau/T_{\text{p}}) \exp(j\pi K_r \tau^2) \tag{9-2}$$

其中，T_{p} 表示发射信号的脉冲持续时间；K_r 表示距离调频率。

在考虑噪声的情况下，式 (9 - 1) 可矩阵化表示为

$$s = Ag + n_0 \tag{9-3}$$

其中，$s = \text{vec}(S) \in \mathbb{C}^{MN \times 1}$ 表示由二维回波矩阵 S 重排成的一维回波向量；$g = \text{vec}(G) \in \mathbb{C}^{PQ \times 1}$ 为由二维成像场景散射系数矩阵 G 重排成的一维向量；$n_0 \in \mathbb{C}^{MN \times 1}$ 为一维的加性复高斯白噪声向量；$A \in \mathbb{C}^{MN \times PQ}$ 表示精确的回波观测矩阵，其具体形式为

$$A = \left[a(\tau_1, t_1), \cdots, a(\tau_N, t_1), a(\tau_1, t_2), \cdots, a(\tau_N, t_2), \cdots, a(\tau_1, t_M), \cdots, a(\tau_N, t_M)\right]^{\text{T}}$$

$$\tag{9-4}$$

其中,$(\,\cdot\,)^{\mathrm{T}}$ 表示转置运算。

$$\boldsymbol{a}\,(\tau_n,t_m)=[a\,(\tau_n,t_m,1)\,,a\,(\tau_n,t_m,2)\,,\cdots,a\,(\tau_n,t_m,PQ)]^{\mathrm{T}} \qquad (9-5)$$

$$a\,(\tau_n,t_m,k)=p\,[\tau_n-2R(k,t_m)/c]\exp[-\mathrm{j}4\pi R(k,t_m)/\lambda] \qquad (9-6)$$

在 CS-SAR 模型中,稀疏采样的回波数据表示为

$$\boldsymbol{s}_{\mathrm{s}}=\boldsymbol{H}\boldsymbol{A}\boldsymbol{g}+\boldsymbol{n}_{\mathrm{s}} \qquad (9-7)$$

其中,$\boldsymbol{s}_{\mathrm{s}}$ 和 $\boldsymbol{n}_{\mathrm{s}}$ 分别表示稀疏采样的一维回波向量和噪声向量;$\boldsymbol{H}\in\mathbb{C}^{MN\times MN}$ 是一个对角元素仅由 0 和 1 构成的稀疏采样矩阵。

当 $\boldsymbol{g}$ 是一个稀疏信号($\boldsymbol{g}$ 的大部分元素为 0)时,CS 理论表明,$\boldsymbol{g}$ 可以利用远低于奈奎斯特采样率的少量采样数据,从式(9-7)中的欠定线性问题中恢复。通常情况下,对于一个病态的线性问题 $\boldsymbol{s}_{\mathrm{s}}=\boldsymbol{\Xi}\boldsymbol{g}$($\boldsymbol{\Xi}\equiv\boldsymbol{H}\boldsymbol{A}$),当 $\boldsymbol{g}$ 足够稀疏且感知矩阵 $\boldsymbol{\Xi}$ 满足 RIP 时,$\boldsymbol{g}$ 可以通过 L_{p}($0\leqslant p\leqslant 1$)数优化问题进行精确重建,即

$$\min_{g}\|g\|_{\mathrm{p}},\quad\mathrm{s.t.}\quad\boldsymbol{s}_{\mathrm{s}}=\boldsymbol{\Xi}\boldsymbol{g} \qquad (9-8)$$

其中,向量 $\boldsymbol{x}$ 的 L_{p} 范数定义为 $\|\boldsymbol{x}\|_{\mathrm{p}}=\left(\sum_i|\boldsymbol{x}_i^p|\right)^{1/p}$。

式(9-8)可以进一步等效转化为如下所示的正则化优化问题

$$\min_{g}\left\{\frac{1}{2}\|\boldsymbol{s}_{\mathrm{s}}-\boldsymbol{\Xi}\boldsymbol{g}\|_2^2+\gamma\|\boldsymbol{g}\|_p^p\right\} \qquad (9-9)$$

其中,γ 为正则化参数。

式(9-9)中的优化问题可以通过 ITA 进行高效求解,此时 $\boldsymbol{g}$ 通过下式进行迭代更新。

$$\boldsymbol{g}^{(i+1)}=E_{p,\gamma\mu}(\boldsymbol{g}^{(i)}+\mu\boldsymbol{\Xi}^H(\boldsymbol{s}_{\mathrm{s}}-\boldsymbol{\Xi}\boldsymbol{g}^{(i)})) \qquad (9-10)$$

其中,$\boldsymbol{g}^{(i)}$ 表示第 i 次迭代 $\boldsymbol{g}$ 的值;μ 为步长,用于控制迭代收敛速度;$E_{p,\sigma}$($\sigma=\gamma\mu$)被称为门限算子,定义为

$$E_{p,\sigma}(\boldsymbol{g})=\{e_{p,\sigma}[g(1)]\,,e_{p,\sigma}[g(2)]\,,\cdots,e_{p,\sigma}[g(MN)]\}^{\mathrm{T}} \qquad (9-11)$$

当 p 的取值为 0、1/2、2/3 和 1 时,$e_{p,\sigma}$ 算子具有理论解析式,其中 $p=0$ 或 $p=1$ 时,可以分别得到被广泛使用的迭代硬阈值(Iterative Hard Thresholding,IHT)[11] 和迭代软阈值(Iterative Soft Thresholding,IST)[12] 算子,具体为

$$e_{0,\sigma}(x)=\begin{cases}x,&|x|\geqslant\sigma\\0,&|x|<\sigma\end{cases},\quad e_{1,\sigma}(x)=\begin{cases}\mathrm{sgn}(x)(|x|-\sigma),&|x|\geqslant\sigma\\0,&|x|<\sigma\end{cases} \qquad (9-12)$$

式(9-9)中基于精确观测的 CS-SAR 成像模型需要将二维的散射场景和回波数据拉成一维向量,感知 $\boldsymbol{\Xi}$ 的维度为 $MN\times PQ$。观察式(9-10)可知,采用 ITA 重建场景散射矩阵 $\boldsymbol{g}$ 时,需要进行时域相关运算 $\boldsymbol{\Xi}^H\boldsymbol{\Xi}\boldsymbol{g}$,这将产生巨大的运算量和内存占用量,因此式(9-9)仅能用于小场景成像,限制了 CS-SAR 成像方法的实际应用。

为解决传统 CS-SAR 成像算法运算量高和内存占用大的问题,中科院电子所吴一戎院士团队将 MF 成像与 CS 成像结合到了一起,提出了基于近似观测的 CS-SAR 成像方法。在 CS-SAR 成像中,观测算子与 MF 成像之间的关系如图 9-1 所示,其中 $M(\,\cdot\,)$ 算子表示基于 MF 原理的 SAR 成像算子。$M(\,\cdot\,)$ 算子根据常规的 SAR 成像方法构造,对于频域 SAR 成像方法,$M(\,\cdot\,)$ 仅包含矩阵点乘和 FFT 运算,具有极高的运算效率。从图 9-1 中可以看出,利用 $M(\,\cdot\,)$ 的逆运算即回波模拟算子 $M^{-1}(\,\cdot\,)$ 也可得到原始回波,但由于 MF 成像结果仅是真实成像场景的近似,通过 $M^{-1}(\,\cdot\,)$ 得到的回波数据被称为近似观测。由于 MF 成像结果与真实成像场景之间的差异性较小,可以采用 $M^{-1}(\,\cdot\,)$ 来替代精确观测矩阵 $\boldsymbol{A}$,进而极大地提高

CS – SAR 的运算效率和降低内存占用量。

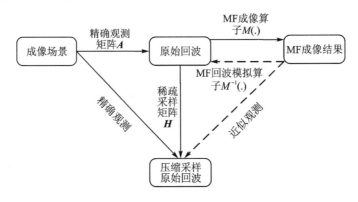

图 9 – 1　CS – SAR 成像中观测算子与 MF 成像之间的关系

9.2.2　机动平台大斜视 SAR 频域近似观测算子

对于 CS – SAR 成像，近似观测算子的提出极大地降低了观测矩阵的维度，提高了稀疏重构效率并扩展了成像场景范围[1]。近似观测算子的运算量决定了 CS – SAR 成像算法的效率，本小节将基于时-频域的扰动滤波研究一种适合于机动平台大斜视 SAR 的高效频域成像算法。算法主要包括空变的 RCMC 和基于多普勒参数空变校正的方位压缩两个过程。

1. 空变的 RCMC

SAR 接收到的基带回波信号在距离频域-方位时域可表示为

$$Ss(f_r,t_a;R_n,t_n)=\exp\left(-j\pi\frac{f_r^2}{K_r}\right)\exp\left\{-j\frac{4\pi(f_c+f_r)}{c}\left[R_n+\sum_{i=1}^{4}k_i(R_n;t_n)(t_a-t_n)^i\right]\right\}$$

$$(9-13)$$

式（9 – 13）采用了式（6 – 7）中基于 t_n 展开的斜距模型，该斜距模型更便于计算时域的高阶扰动系数。

为去除距离方位耦合，以场景中心为参考，构造如下所示 LRCMC 函数：

$$H_{\text{LRCM}}(f_r,t_a)=\exp\left[j\frac{4\pi(f_c+f_r)}{c}k_{10}t_a\right] \qquad (9-14)$$

其中，$k_{10}=k_1(R_{\text{ref}};0)$ 表示非空变的 LRCM 项。

LRCMC 后，信号可表示为

$$Ss_{\text{LRCM}}(f_r,t_a;R_{\text{LRCM}},t_n)=\exp\left(-j\pi\frac{f_r^2}{K_r}\right)\exp\left\{-j\frac{4\pi(f_c+f_r)}{c}\left[R_{\text{LRCM}}+k_{\text{res}}(R_{\text{LRCM}};t_n)(t_a-t_n)\right]\right\}\times$$

$$\exp\left\{-j\frac{4\pi(f_c+f_r)}{c}\left[\sum_{i=2}^{4}k_i(R_{\text{LRCM}};t_n)(t_a-t_n)^i\right]\right\} \qquad (9-15)$$

其中，$R_{\text{LRCM}}=R_n-k_{10}t_n$ 为 LRCMC 引入的新斜距；$k_{\text{res}}(R_{\text{LRCM}};t_n)=k_1(R_{\text{LRCM}};t_n)-k_{10}$ 为空变的 LRCM 项；$k_i(R_{\text{LRCM}};t_n)$ 为由 R_{LRCM} 表示的斜距展开系数。为校正斜距展开系数的方位空变性，引入如下所示的高阶时域扰动函数

$$H_{\text{pert}}(f_r,t_a)=\exp\left[\frac{j4\pi(f_c+f_r)}{c}(q_2t_a^2+q_3t_a^3+q_4t_a^4)\right] \qquad (9-16)$$

其中，q_2、q_3 和 q_4 为待定的时域扰动系数。

对于子孔径 SAR 成像，线性分量是斜距展开系数的主要成分，将 $k_{\mathrm{res}}(R_{\mathrm{LRCM}};t_n)$、$k_2(R_{\mathrm{LRCM}};t_n)$ 和 $k_3(R_{\mathrm{LRCM}};t_n)$ 在 $t_n=0$ 处进行一阶泰勒级数展开得

$$
\begin{cases}
k_{\mathrm{res}}(R_{\mathrm{LRCM}};t_n) \approx k_{\mathrm{res\_a1}} t_n \\
k_2(R_{\mathrm{LRCM}};t_n) \approx k_{20} + k_{2\_a1} t_n \\
k_3(R_{\mathrm{LRCM}};t_n) \approx k_{30} + k_{3\_a1} t_n
\end{cases}
\tag{9-17}
$$

其中，$k_{x0}=k_x(R_{\mathrm{ref}};0)$，$k_{x\_a1}=\partial k_x(R_{\mathrm{ref}};t_n)/\partial t_n|_{t_n=0}$，斜距展开系数的距离向空变一般通过距离向分块来解决，因此式（9-17）中的泰勒展开系数取 $R_{\mathrm{LRCM}}=R_{\mathrm{ref}}$。将式（9-16）乘以式（9-15）并代入式（9-17）中，可得时域扰动校正后的信号为

$$
\mathrm{Ss}_{\mathrm{pert}}(f_r,t_a;R_{\mathrm{LRCM}},t_n) = \exp\left(-\mathrm{j}\pi\frac{f_r^2}{K_r}\right)\exp\left\{-\mathrm{j}\frac{4\pi(f_c+f_r)}{c}\left[R_{\mathrm{new}}+\sum_{i=1}^{4}k_{\mathrm{new}i}(t_a-t_n)^i\right]\right\}
\tag{9-18}
$$

其中，$R_{\mathrm{new}}=R_{\mathrm{LRCM}}-q_2 t_n^2-q_3 t_n^3-q_4 t_n^4$，$k_{\mathrm{new}i}$ 表示为

$$
\begin{cases}
k_{\mathrm{new}1}=k_{\mathrm{res\_a1}} t_n-2q_2 t_n-3q_3 t_n^2-4q_4 t_n^3 \\
k_{\mathrm{new}2}=k_{20}-q_2+k_{2\_a1} t_n-3q_3 t_n-6q_4 t_n^2 \\
k_{\mathrm{new}3}=k_{30}-q_3+k_{3\_a1} t_n-4q_4 t_n \\
k_{\mathrm{new}4}=k_{40}-q_4
\end{cases}
\tag{9-19}
$$

式（9-18）中四阶系数的空变性对 RCMC 的影响可以忽略[13]，即 $k_{40}=k_4(R_{\mathrm{ref}};0)$。令 $k_{\mathrm{new}1}$、$k_{\mathrm{new}2}$ 和 $k_{\mathrm{new}3}$ 的一次方位空变分量为 0，可求得

$$
q_2=k_{\mathrm{res\_a1}}/2, \quad q_3=k_{2\_a1}/3, \quad q_4=k_{3\_a1}/4
\tag{9-20}
$$

式（9-19）中，$k_{\mathrm{new}1}$ 中的 $3q_3 t_n^2+4q_4 t_n^3$ 和 $k_{\mathrm{new}2}$ 中的 $6q_4 t_n^2$ 为时域扰动校正引入的附加方位高次空变分量，对 RCMC 的影响可以忽略。代入式（9-20）可得时域扰动校正后的斜距系数为

$$
\begin{cases}
k_{\mathrm{new}1}=0 \\
k_{\mathrm{new}2}=k_{20}-q_2
\end{cases}, \quad
\begin{cases}
k_{\mathrm{new}3}=k_{30}-q_3 \\
k_{\mathrm{new}4}=k_{40}-q_4
\end{cases}
\tag{9-21}
$$

采用级数反演法将式（9-18）变换到二维频域，并将相位项在 $f_r=0$ 处进行二阶泰勒级数展开得

$$
\mathrm{SS}_{\mathrm{pert}}(f_r,f_a)=\exp\left(-\mathrm{j}\pi\frac{f_r^2}{K_r}\right)\exp\left[-\mathrm{j}2\pi f_a t_n+\mathrm{j}\Phi(f_r,f_a)\right]
\tag{9-22}
$$

其中，

$$
\Phi(f_r,f_a)\approx\phi_{r\_0}(f_a)+\phi_{r\_1}(f_a)f_r+\phi_{r\_2}(f_a)f_r^2
\tag{9-23}
$$

式（9-23）中 $\phi_{r\_0}(f_a)$ 为方位调制项，$\phi_{r\_1}(f_a)$ 为一致的 RCM 项，$\phi_{r\_2}(f_a)$ 为二次距离压缩项。在二维频域构造如下所示的一致 RCMC 和距离压缩函数：

$$
H_2(f_r,f_a)=\exp\left\{-\mathrm{j}\left[\phi_{r\_1}(f_a)f_r+\left(\phi_{r\_2}(f_a)-\frac{\pi}{K_r}\right)f_r^2\right]\right\}
\tag{9-24}
$$

将式（9-22）乘以式（9-24），然后变换到二维时域，得到 RCMC 和距离压缩后的信号为

$$
\mathrm{ss}_{\mathrm{rc}}(\tau,t_a;R_{\mathrm{new}})=p_r\left(\tau-\frac{2}{c}R_{\mathrm{new}}\right)w_a(t_a)\exp\left[\mathrm{j}\Phi_a(t_a;R_{\mathrm{new}})\right]
\tag{9-25}
$$

其中，R_{new} 表示目标的距离向聚焦位置，可以看出，LRCMC 和时域扰动校正使目标的距离向位置产生了畸变。

2. 基于时-频域相位滤波的方位压缩方法

式(9-25)中,$\Phi_a(t_a; R_{new})$表示由$\phi_{r\_0}(f_a)$求得的目标方位时域调制相位,$\Phi_a(t_a; R_{new})$中包含太多的近似误差,影响方位压缩效果。定义R_f表示 RCMC 后的距离单元,在 RCMC 过程中,仅有 LRCMC 和时域扰动校正影响了方位时域调制相位,方位压缩前,方位时域调制相位的精确形式可以表示为

$$\Phi_a(t_a; R_f, t_n) = -\frac{4\pi f_c}{c}\left[R_{pro}(t_a; R_n(R_f, t_n), t_n) - k_{10}t_a - \sum_{i=2}^{4} q_i t_a^i\right] \quad (9-26)$$

其中,R_{pro}为未展开的精确斜距模型,具体见式(6-4),$R_n(R_f, t_n)$表示为

$$R_n(R_f, t_n) = R_f + k_{10}t_n + q_2 t_n^2 + q_3 t_n^3 + q_4 t_n^4$$

将$\Phi_a(t_a; R_f, t_n)$在$t_a = t_n$处进行四阶泰勒级数展开,可得

$$\Phi_a(t_a; R_f, t_n) = \sum_{i=0}^{4} \varphi_i(R_f, t_n)(t_a - t_n)^i \quad (9-27)$$

其中,$\varphi_i(R_f, t_n)$为第i阶泰勒级数展开系数,表示信号的第i阶多普勒参数。$\varphi_4(R_f, t_n)$的空变性对方位压缩的影响可以忽略,取$\varphi_4(R_f, t_n) = \varphi_4(R_{ref}, 0)$。

将$\varphi_i(R_f, t_n)$在$t_n = 0$处进行二阶泰勒级数展开,得

$$\varphi_i(R_f, t_n) = \sum_{k=0}^{2} \varphi_{i\_k}(R_f) t_n^k \quad (9-28)$$

为去除一至三阶多普勒参数的空变性,首先构造如下所示的方位时域相位补偿函数

$$H_3(t_a, R_f) = \exp\left[j\left(\sum_{i=1}^{4} p_i t_a^i\right)\right] \quad (9-29)$$

其中,

$$\begin{cases} p_1 = \varphi_{1\_0}(R_f) \\ p_2 = \varphi_{1\_1}(R_f)/2 \end{cases}, \quad \begin{cases} p_3 = \varphi_{2\_1}(R_f)/3 \\ p_4 = \varphi_{3\_1}(R_f)/4 \end{cases}$$

式(9-29)中p_1用于去除距离依赖的多普勒中心,p_2、p_3和p_4用于去除一到三阶多普参数的方位一阶空变性,其求解方法同式(9-20)。将式(9-29)乘以式(9-25),得到方位时域相位补偿后的信号为

$$ss_{a\_TDPC}(\tau, t_a; R_f) = p_r\left(\tau - \frac{2}{c}R_f\right)w_a(t_a)\exp\left[j\sum_{i=0}^{4} \varphi_{newi}(R_f, t_n)(t_a - t_n)^i\right] \quad (9-30)$$

其中,

$$\varphi_{new1}(R_f, t_n) = (\varphi_{1\_2}(R_f) - 3p_3)t_n^2$$

$$\varphi_{new2}(R_f, t_n) = \varphi_{2\_0}(R_f) - p_2 + (\varphi_{2\_2}(R_f) - 6q_4)t_n^2$$

$$\varphi_{new3}(R_f, t_n) = \varphi_{3\_0}(R_f) - p_3 + \varphi_{3\_2}(R_f)t_n^2$$

$$\varphi_{new4}(R_f, t_n) = \varphi_{4\_0}(R_f) - p_4 + \varphi_{4\_2}(R_f)t_n^2$$

采用级数反演法将式(9-30)变换到方位频域,然后将相位项在$f_a = 0$处进行四阶泰勒级数展开得

$$sS_{a\_TDPC}(\tau, t_a; R_f) = p_r\left(\tau - \frac{2}{c}R_f\right)w_a(t_a)\exp\left[j\sum_{i=0}^{4} \phi_{af\_i}(t_n)f_a^i\right] \quad (9-31)$$

将$\phi_{af\_1}(t_n)$和$\phi_{af\_2}(t_n)$在$t_n = 0$处进行二阶泰勒级数展开得

$$\begin{cases} \phi_{\mathrm{af\_1}}(t_{\mathrm{n}}) = -2\pi t_{\mathrm{n}} + \phi_{\mathrm{af\_12}} t_{\mathrm{n}}^2 \\ \phi_{\mathrm{af\_2}}(t_{\mathrm{n}}) = \phi_{\mathrm{af\_20}} + \phi_{\mathrm{af\_22}} t_{\mathrm{n}}^2 \end{cases}$$

为去除方位调频率的一阶和二阶方位空变性，构造如下所示的频域相位滤波函数：

$$H_4(f_{\mathrm{a}}, R_{\mathrm{f}}) = \exp\{-\mathrm{j}\left[\phi_{\mathrm{af\_3}}(f_{\mathrm{a}}, 0) f_{\mathrm{a}}^3 + (\phi_{\mathrm{af\_4}}(f_{\mathrm{a}}, 0) - s_4) f_{\mathrm{a}}^4\right]\} \qquad (9-32)$$

将式(9-31)乘以式(9-32)，并采用级数反演法变换到方位时域得

$$ss_{\mathrm{FDPF}}(t_{\mathrm{a}}; R_{\mathrm{f}}, t_{\mathrm{n}}) = \exp\{\mathrm{j}[E_0(R_{\mathrm{f}}, t_{\mathrm{n}}) + 2\pi s_4 \phi_{\mathrm{af\_20}}^4 t_{\mathrm{a}}^4 + 2\pi \phi_{\mathrm{af\_20}}(t_{\mathrm{n}} - \phi_{\mathrm{af\_12}} t_{\mathrm{n}}^2) t_{\mathrm{a}} + (-\pi \phi_{\mathrm{af\_20}} + \pi(12 \phi_{\mathrm{af\_20}}^4 s_4 - \phi_{\mathrm{af\_22}}) t_{\mathrm{n}}^2) t_{\mathrm{a}}^2]\} \qquad (9-33)$$

其中，$E_0(R_{\mathrm{f}}, t_{\mathrm{n}})$ 为固定相位项，不影响方位压缩。令二次项的二阶方位空变项为 0，可求得

$$s_4 = \phi_{\mathrm{af\_22}} / (12 \phi_{\mathrm{af\_20}}^4) \qquad (9-34)$$

频域相位滤波后，在方位时域构造的 Deramp 及高次相位补偿函数如下所示：

$$H_5(t_{\mathrm{a}}, R_{\mathrm{f}}) = \exp\left[\mathrm{j}\pi\left(\phi_{\mathrm{af\_20}} t_{\mathrm{a}}^2 - \frac{\phi_{\mathrm{af\_22}}}{6} t_{\mathrm{a}}^4\right)\right] \qquad (9-35)$$

最后，将式(9-33)与式(9-35)相乘，并做方位向傅里叶变换，即可得到聚焦后的 SAR 图像，所提的机动平台大斜视 SAR 频域成像处理流程如图 9-2 所示。在图 9-2 所示的成像处理流程中，频域成像算法仅包含 2 次距离向 FFT/IFFT 运算，5 次方位向 FFT/IFFT 运算和 5 次矩阵点乘运算，运算量与文献[14]中的频域成像算法一致。文献[14]采用 ANCS 方法对多普勒参数的一阶和二阶空变性进行校正，需要求解 5 个待定的高次滤波系数，求解过程需要多次近似处理，系数表示形式复杂，且存在不同的加速度条件下尺度因子难以确定的问题。本小节所提方法通过引入 $H_3(t_{\mathrm{a}}, R_{\mathrm{f}})$ 在时域去除了多普勒参数的一阶空变性，仅需求解 $H_4(t_{\mathrm{a}}, R_{\mathrm{f}})$ 中 1 个待定的频域高次滤波系数，求解过程和系数的表示形式更简洁，且无需确定尺度因子，提高了算法的适用性。

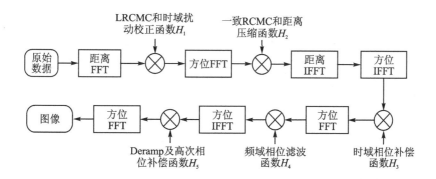

图 9-2　机动平台大斜视 SAR 频域成像处理流程

相位滤波函数 H_1 同时包含了 LRCMC 和时域扰动校正处理，表示为

$$H_1(f_{\mathrm{r}}, t_{\mathrm{a}}) = \exp\left[\mathrm{j} \frac{4\pi(f_{\mathrm{c}} + f_{\mathrm{r}})}{c}(k_{10} t_{\mathrm{a}} + q_2 t_{\mathrm{a}}^2 + q_3 t_{\mathrm{a}}^3 + q_4 t_{\mathrm{a}}^4)\right] \qquad (9-36)$$

9.2.3　基于近似观测的 CS-SAR 成像方法

已知接收机收到的原始二维回波数据为 $S \in \mathbb{C}^{M \times N}$，根据图 9-2 中的机动平台大斜视 SAR 频域成像算法流程可将成像过程矩阵化表示为

$$G = \Gamma(S) = F_a(F_a^H(F_a(F_a^H(F_r^H(F_a(F_r(S) \circ H_1) \circ H_2)) \circ H_3) \circ H_4) \circ H_5) \tag{9-37}$$

其中，$\Gamma(\cdot)$ 表示基于 MF 的成像算子；H_i 表示由相位滤波函数 H_i 生成的相位滤波矩阵，其他符号的定义与式(7-20)一致，G 表示成像场景的二维散射矩阵。式(9-37)是一个仅包含矩阵乘法和矩阵点乘的运算，本章文献[1]已证明这种运算是线性可逆的，且满足 $\Gamma^{-1}(\cdot) = \Gamma^H(\cdot)$。因此，在已知 G 的情况下，可通过 $\Gamma^H(\cdot)$ 来生成回波 S，即

$$S = \Gamma^H(G) = F_r^H(F_a^H(F_r(F_a(F_a^H(F_a(F_a^H G \circ H_5^*) \circ H_4^*) \circ H_3^*)) \circ H_2^*) \circ H_1^*) \tag{9-38}$$

其中，" $*$ "表示矩阵的共轭。计算 $\Gamma(\cdot)$ 和 $\Gamma^H(\cdot)$ 所需的维度与原始回波数据一致，极大地降低了观测算子的内存占用和运算量。

在含有噪声的情况下，基于近似观测算子的 CS-SAR 成像模型可以写为

$$S_s = L \circ \Gamma^H(G) + N_s \tag{9-39}$$

其中，S_s 和 N_s 表示分别表示稀疏采样的二维回波矩阵和复高斯白噪声矩阵；L 为二维稀疏采样矩阵，是一个仅包含 0 和 1 的二进制随机矩阵，设 ξ_a 表示方位向上的降采样率，ξ_r 表示距离向上的降采样率，则 L 共有 $N\xi_a$ 个非零列，每一列有 $M\xi_r$ 个 1，具体表示为

$$L = \begin{bmatrix} 1 & 0 & 1 & \cdots & 0 \\ 0 & 0 & 1 & \cdots & 1 \\ 1 & 0 & 0 & \cdots & 1 \\ \vdots & \vdots & \vdots & & \vdots \\ 1 & 0 & 1 & \cdots & 0 \end{bmatrix}_{N \times M} \tag{9-40}$$

在降采样的条件下，式(9-39)是一个欠定线性系统。定义矩阵的 L_p 范数为 $\| X \|_p = (\sum_{i,j} | X_{i,j}^p |)^{1/p}$，可以通过求解如下所示的 L_p 范数正则化问题得到 G，即

$$\min_G \left\{ \frac{1}{2} \| S_s - L \circ \Gamma^H(G) \|_F^2 + \gamma \| G \|_p^p \right\} \tag{9-41}$$

其中，$\| \cdot \|_F$ 表示矩阵的 Frobenius 范数，γ 为正则化因子。

受限于近似观测算子的运算形式，式(9-41)仅能计算 $\Gamma^H(\cdot)$ 的共轭转置算子 $\Gamma(\cdot)$，因此 ITA 是少数可用的能够求解式(9-41)的稀疏重建方法，此时 G 的迭代求解形式为

$$G^{(i+1)} = E_{p,\gamma\mu}(G^{(i)} + \mu L \cdot \Gamma(S_s - L \circ \Gamma^H(G^{(i)}))) \tag{9-42}$$

基于 ITA 的 IST、IHT 等方法可对场景散射系数矩阵 G 中的稀疏目标进行重建，但均无法保留非稀疏的背景信息。CAMP[15]是一种基于 L1 范数正则化和 ITA 的快速、高精度稀疏重构算法，能够在精确重建场景中稀疏目标的同时保留非稀疏的背景信息[4]。因此，本小节采用 CAMP 算法对式(9-41)进行求解，求解步骤如表 9-1 所列的 L1-CAMP 算法所示。其中 $\delta = \xi_a\xi_r$ 表示原始数据采样率，$|\widetilde{G}^{(t)}|_{k+1}$ 表示第 t 次重建的非稀疏图像的第 $k+1$ 个最大值，k 表示场景的稀疏度，$E_{1,\hat{\sigma}_t\mu}$ 表示 IST 算子，$E_{1,\hat{\sigma}_t\mu}^R$ 和 $E_{1,\hat{\sigma}_t\mu}^I$ 分别表示 $E_{1,\hat{\sigma}_t\mu}$ 的实部和虚部，$\langle \cdot \rangle$ 表示均值函数，$\partial E_{1,\hat{\sigma}_t\mu}^R / \partial x$ 和 $\partial E_{1,\hat{\sigma}_t\mu}^I / \partial y$ 分别表示对 $E_{1,\hat{\sigma}_t\mu}$ 的实部和虚部求偏导。

表 9 - 1　**L1 - CAMP 算法**

流　程	内　容
输入	稀疏采样回波 $\boldsymbol{S}_s$,稀疏采样矩阵 $\boldsymbol{L}$,成像算子 $\Gamma(\cdot)$,近似观测算子 $\Gamma^H(\cdot)$
初始化	$\hat{\boldsymbol{G}}^{(0)}=0$,$\boldsymbol{W}^{(0)}=\boldsymbol{S}_s$,最大迭代次数 $N_{iter}=20$,迭代步长 $\mu=2$,误差门限 $\varepsilon=0.001$
迭代过程	当 $t<N_{iter}$ 且 Residual$>\varepsilon$ 时, ① $\tilde{\boldsymbol{G}}^{(t)}=\Gamma(\boldsymbol{W}^{(t-1)})+\hat{\boldsymbol{G}}^{(t-1)}$; ② $\hat{\sigma}_t=\lvert\tilde{\boldsymbol{G}}^{(t)}\rvert_k$; ③ $\gamma_R^{(t)}=\langle\partial E^R_{1,\hat{\sigma}_t\mu}(\tilde{\boldsymbol{G}}^{(t)}/\partial x)\rangle$,$\gamma_I^{(t)}=\langle\partial E^I_{1,\hat{\sigma}_t\mu}(\tilde{\boldsymbol{G}}^{(t)}/\partial y)\rangle$; ④ $\gamma^{(t)}=(\gamma_R^{(t)}+\gamma_I^{(t)})/(2\delta)$; ⑤ $\boldsymbol{W}^{(t)}=\boldsymbol{S}_s-\boldsymbol{L}\circ\Gamma^H(\hat{\boldsymbol{G}}^{(t-1)})+\boldsymbol{W}^{(t-1)}\gamma^{(t)}$; ⑥ $\hat{\boldsymbol{G}}^{(t)}=E_{1,\hat{\sigma}_t\mu}(\tilde{\boldsymbol{G}}^{(t)})$; ⑦ Residual$=\lVert\hat{\boldsymbol{G}}^{(t)}-\tilde{\boldsymbol{G}}^{(t)}\rVert_F$; ⑧ $t=t+1$
输出	重建的稀疏图像 $\hat{\boldsymbol{G}}^{(t)}$,非稀疏图像 $\tilde{\boldsymbol{G}}^{(t)}$

9.2.4　仿真分析

本小节主要通过点目标成像和仿真场景成像两部分来验证所提算法的有效性,仿真采用的三维速度和加速度分别为 $v=(150,0,-35)\,\mathrm{m/s}$ 和 $a=(2.2,1.2,-0.8)\,\mathrm{m/s^2}$,其他参数同表 6 - 1 所列一致。为便于说明,基于本小节所提的图 9 - 2 中频域成像算法构造的成像算子记为 PIO(Proposed Imaging Operator),采用 L1 - CAMP 算法得到的稀疏和非稀疏 CS - SAR 成像方法分别命名为 PIO - SR - SAR 和 PIO - NSR - SAR,其中 PIO - SR - SAR 用 $\hat{\boldsymbol{G}}^{(t)}$ 作为 SR 结果,PIO - NSR - SAR 用 $\tilde{\boldsymbol{G}}^{(t)}$ 作为非稀疏重建(Non - parse Reconstruction,NSR)结果。为便于进行对比分析,将本章文献[14]中的频域成像算法构造的参考成像算子记为 RIO (Reference Imaging Operator)。相应地,基于 RIO 构造的参考 CS - SAR 成像方法分别记为 RIO - SR—SAR 和 RIO - NSR - SAR。仿真采用的 CAMP 算法参数设置为 $N_{iter}=20$,$\mu=2$,$\varepsilon=0.01$,$k=10^3$(用于点目标成像)和 $k=10^5$(用于仿真场景成像),原始数据的采样率表示为 δ,距离和方位向上的采样率满足 $\xi_a=\xi_r=\sqrt{\delta}$。RIO 和 PIO 均属于 MF 类成像算子,使用 PIO 和 RIO 直接进行 MF 成像的方法分别记为 PIO - MF - SAR 和 RIO - MF - SAR 方法。为进一步量化分析成像质量,MW、PSLR 和 ISLR 等测量指标对用于点目标方位向聚焦质量进行量化分析,其中 MW 的单位为方位向采样单元。

1. 点目标成像校验

仿真采用的点阵目标在 X 方向上的宽度为 1 km,在 Y 方向上的宽度为 500 m,标号分别为 1~9,其中 5 号点目标为场景中心点,点阵目标的位置分布如图 9 - 3 所示。首先分析所提算法对点目标的稀疏重建能力,图 9 - 4 给出了在不同的降采样率下,所提的 PIO - MF - SAR、PIO - SR - SAR 和 PIO - NSR - SAR 方法对 5 号点目标的成像结果。

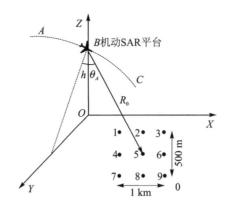

图 9 - 3　点阵目标的分布示意图

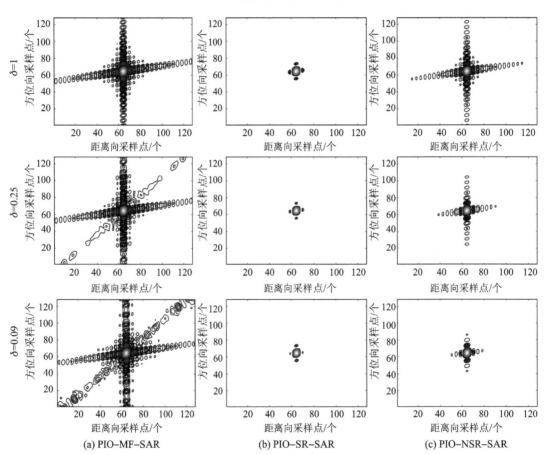

(a) PIO-MF-SAR　　　　(b) PIO-SR-SAR　　　　(c) PIO-NSR-SAR

图 9 - 4　采样率 δ 分别为 1(顶行)、0.25(中行)和 0.09(底行)时场景中心点的等高线图

从图 9 - 4 中可以看出,在降采样的条件下,PIO - MF - SAR 方法存在明显的欠采样噪声,PIO - NSR - SAR 方法可以压制这种欠采样噪声,并对原始副瓣进行一定程度的恢复,而 PIO - SR - SAR 则可以实现对整体副瓣电平的有效压制。表 9 - 2 所列给出了图 9 - 4 中点目标聚焦质量的量化分析结果,可以看出原始数据的降采样会使 PIO - MF - SAR 方法的 ISLR 明显升高,而 PIO - SR - SAR 和 PIO - NSR - SAR 方法均可以有效地降低点目标的 PSLR、ISLR 和 MW,其中 PIO - SR - SAR 方法具有更好的成像效果,可以使点目标的 PSLR 和 IS-LR 分别降低到约 -22 dB 和 -23 dB,并提高约 10% 的分辨率。

表 9 - 2　场景中心点的方位向量化分析

采样率	成像方法	MW	PSLR/dB	ISLR/dB
1	PIO - MF - SAR	5.48	-13.24	-9.83
	PIO - SR - SAR	4.93	-22.01	-23.68
	PIO - NSR - SAR	5.21	-16.81	-14.11
0.25	PIO - MF - SAR	5.46	-13.44	-6.58
	PIO - SR - SAR	4.90	-22.41	-24.44
	PIO - NSR - SAR	5.08	-18.71	-17.52
0.09	PIO - MF - SAR	5.45	-13.04	-4.16
	PIO - SR - SAR	4.88	-22.48	-24.93
	PIO - NSR - SAR	4.98	-20.35	-19.27

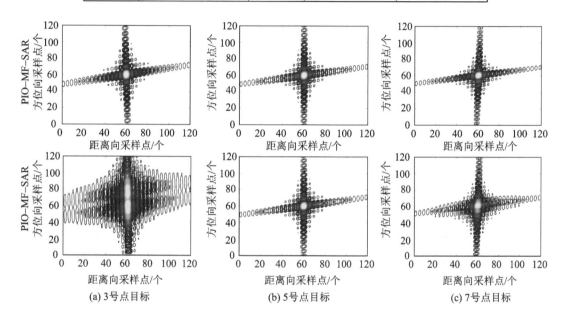

(a) 3号点目标　　　　　(b) 5号点目标　　　　　(c) 7号点目标

图 9 - 5　全采样条件下 PIO - MF - SAR(顶行)和 RIO - MF - SAR(底行)方法的点目标成像结果

　　为分析成像算子精度对点目标重建的影响,选择标号分别为 3、5、7 的三个点目标进行仿真分析,其中 3 号和 7 号点目标具有较强的空变性,5 号为不含有空变性的参考点目标。图 9 - 5 给出了全采样条件下,三个点目标在 PIO - MF - SAR 和 RIO - MF - SAR 两种成像方法下的聚焦等高线图。可以看出,PIO - MF - SAR 方法可以使三个点目标均具有良好的聚焦效果,而 RIO - MF - SAR 方法聚焦的 3 号和 7 号点目标均存在较明显的散焦现象,这主要是由于 RIO - MF - SAR 方法所采用的式(6 - 2)斜距模型无法精确地描述地平面上空变散射点的相位历程所导致的。表 9 - 3 给出了图 9 - 5 中成像结果的方位向量化分析结果。可以看出,PIO - MF - SAR 方法聚焦的点目标,其测量指标接近理论值,而 RIO - MF - SAR 方法聚焦的 3 号和 7 号点目标,PSLR、ISLR 以及 MW 等测量指标都有一定程度的恶化,其中 3 号点目标的 MW 接近理论值的 2.5 倍。

表 9 - 3　空变点目标 MF 成像结果的方位向量化分析

成像方法	点目标	MW	PSLR/dB	ISLR/dB
PIO - MF - SAR	3	6.24	−12.90	−10.30
	5	5.48	−13.24	−9.86
	7	4.68	−13.01	−10.23
RIO - MF - SAR	3	15.21	−0.84	−1.48
	5	5.48	−13.24	−9.86
	7	5.21	−7.06	−7.37

为进一步分析成像算子精度对稀疏重构性能的影响,图 9 - 6 给出了 25% 降采样率条件下,三个点目标稀疏重构结果的二维等高线图。从图 9 - 6 中可以看出,PIO - SR - SAR 对三个点目标均有较好的 SR 结果。而由于成像算子存在较大的匹配误差,RIO - SR - SAR 方法聚焦的 3 号和 7 号点目标存在明显的散焦现象。

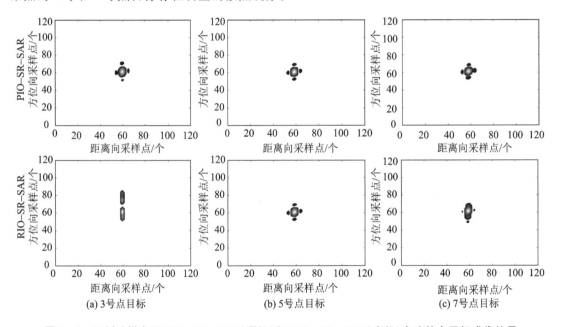

(a) 3号点目标　　　　　　　　(b) 5号点目标　　　　　　　　(c) 7号点目标

图 9 - 6　25% 采样率下 PIO - SR - SAR(顶行)和 RIO - SR - SAR(底行)方法的点目标成像结果

2. 仿真场景成像校验

由于机动平台大斜视 SAR 的实测数据还难以获取,本部分实验采用仿真的成像场景对所提算法进行验证,仿真参数为表 6 - 1 所列的参数,回波模拟方法为第 7 章方法。仿真场景选用等比例缩小的加拿大温哥华地区的港口码头,场景的幅度和相位信息来自于全采样数据的 MF 成像结果。仿真场景大小为 1 024×512 个像素点,相邻像素点间的距离为 1 m,场景的位置分布如图 9 - 7 所示。

图 9 - 8 给出了全采样条件下,本小节成像算子和参考成像算子的成像结果。从图 9 - 8 中可以看出,在全采样的条件下,MF 方法存在一定程度的海杂波和强散射点副瓣干扰,SR 方法虽然能够有效地抑制这种干扰,但其仅能对强散射点进行重建,丢失了重要的背景信息从而

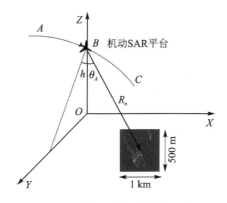

图 9-7　仿真场景位置分布示意图

影响 SAR 图像的解译。而 NSR 方法则可以在 SR 的结果上保留背景信息,从而提高 SAR 图像的质量。

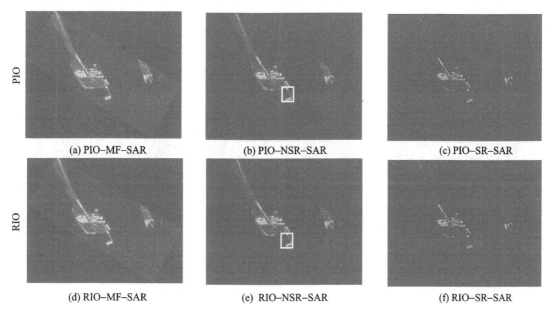

图 9-8　全采样条件下不同成像方法的仿真场景成像结果

为进一步表明本小节成像算子的优势,图 9-9(a)和(b)对图 9-8(b)和 (e)中的矩形区域进行了放大显示,图 9-9(c)给出了图 9-9(a)和(b)中圆形区域的方位向剖面图。从图 9-9 中可以看出,斜距模型误差使 RIO-NSR-SAR 方法的重建结果存在明显的能量损失和主瓣展宽,而 PIO-SR-SAR 方法则有较好的聚焦效果。

图 9-8 彩图

为分析所提方法在降采样条件下对非稀疏场景的成像性能,图 9-10 给出了采样率分别为 0.81 和 0.36 时所提方法的成像结果。可以看出,在降采样的条件下,强散射点欠采样噪声严重降低了 PIO-MF-SAR 方法的成像质量,PIO-SR-SAR 和 PIO-NSR-SAR 方法均可以有效地抑制杂波和强散射点的欠采样噪声,同时 PIO-NSR-SAR 方法还可以恢复场景的背景信息。但当采样率较低时,PIO-NSR-SAR 方法对杂波和强散射点副瓣的抑制能力将减弱,同时背景信息强度也会有明显的衰减。

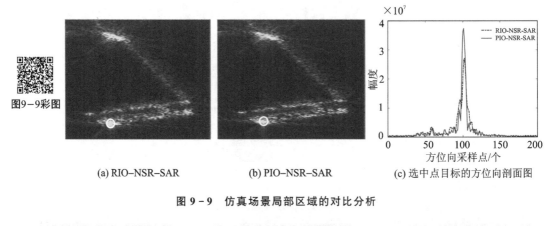

(a) RIO—NSR—SAR   (b) PIO—NSR—SAR   (c) 选中点目标的方位向剖面图

图 9 - 9　仿真场景局部区域的对比分析

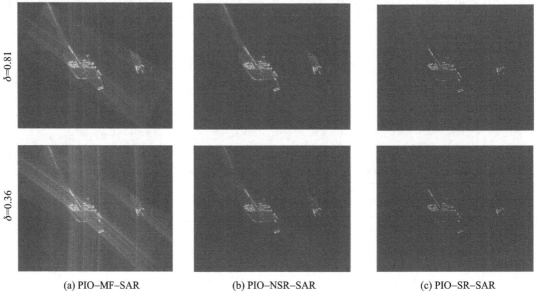

(a) PIO—MF—SAR   (b) PIO—NSR—SAR   (c) PIO—SR—SAR

图 9 - 10　采样率 δ 分别为 0.81(顶行)和 0.36(底行)时本小节方法对仿真场景的成像结果

9.3　非稀疏场景的 CS - SAR 成像

9.2 节设计了机动平台大斜视 SAR 快速频域成像算子,构造了基于近似观测的机动平台大斜视 SAR 压缩感知成像方法,解决了稀疏采样条件下的机动平台大场景成像问题。但所采用 CS - SAR 成像模型中的 L1 范数正则化对弱散射点能量有明显的衰减,导致非稀疏背景信息存在较严重的强度损失。为实现稀疏采样数据下的非稀疏场景重建,本节基于场景幅度全变分正则化提出一种新的基于近似观测的 CS - SAR 成像模型。需要说明的是,在 CS - SAR 成像中,近似观测算子仅是一种回波观测方法,非稀疏场景的成像能力仅与所采用的先验信息和所构建的稀疏约束模型有关,而与近似观测算子的具体构造方法无关。因此,非稀疏场景的成像能力无需采用机动平台大斜视下的回波数据进行验证,本节采用常规的 CSA 构造近似观测算子,并利用 Radarst1 中的实测星载 SAR 原始数据对所提成像模型进行验证。

9.3.1　基于 CSA 的近似观测算子

在常规的水平匀速直线运动模型下,CSA 无需插值运算,具有较高的运算效率,用于构造近似观测算子,可以极大地提高 CS-SAR 成像算法的效率。图 9-11 给出了 CSA 的成像流程图[16]。

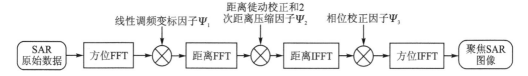

图 9-11　CSA 成像流程图

用 $M(\cdot)$ 算子表示成像过程,则 $M(\cdot)$ 可以矩阵化表示为

$$G = M(S) = F_a^H(F_r^H(F_r(F_a(S) \circ \Psi_1) \circ \Psi_2) \circ \Psi_3) \tag{9-43}$$

其中,Ψ_1 和 Ψ_3 分别表示线性调频变标因子和相位校正因子的矩阵形式,Ψ_2 表示 RCMC 和 2 次距离压缩因子的矩阵形式。Ψ_1、Ψ_2 和 Ψ_3 的具体形式为[16]

$$\Psi_1(f_a, \tau) = \exp\left\{j\pi K_m(f_a; r_{ref}) C(f_a)\left[\tau - \frac{\tau_{ref}}{D(f_a, v_{ref})}\right]^2\right\} \tag{9-44}$$

$$\Psi_2(f_a, f_\tau) = \exp\left[j\pi \frac{f_\tau^2}{K_m(f_a; r_{ref})(C(f_a)+1)}\right]\exp\left[j4\pi \frac{C(f_a) r_{ref}}{cD(f_a, v_{ref})}f_\tau\right] \tag{9-45}$$

$$\Psi_3(f_a, f_\tau) = \exp\left[-j\pi \frac{K_m(f_a; r_{ref})(C(f_a)+1)C(f_a)}{D^2(f_a, v_{ref})}(\tau - \tau_{ref})^2\right] \tag{9-46}$$

其中,r_{ref} 表示参考斜距;v_{ref} 表示平台速度;τ_{ref} 表示对应 r_{ref} 的参考时间,r_0 为最近斜距;$K_m(f_a; r_{ref})$ 表示距离多普勒域的距离向线性调频率,具体为

$$K_m(f_a; r) = \frac{K_r}{1 - K_r \dfrac{cr_0 f_a^2}{2V_r^2 f_c^2 D(f_a, v_{ref})}} \tag{9-47}$$

其中,

$$D(f_a, v_{ref}) = \sqrt{1 - \left(\frac{f_a \lambda}{2v_{ref}}\right)^2} \tag{9-48}$$

调频变标因子 $C(f_a)$ 为

$$C(f_a) = \frac{D(f_{a_{ref}}, v_{ref})}{D(f_a, v_{ref})} - 1 \Bigg|_{f_{a_{ref}} = 0} \tag{9-49}$$

根据 CSA 的成像逆过程,可知 SAR 的回波近似观测算子为

$$S = M^H(G) = F_a^H(F_r^H(F_r(F_a(G) \circ \Psi_3^*) \circ \Psi_2^*) \circ \Psi_1^*) \tag{9-50}$$

在二维高斯白噪声背景下,基于近似观测 CS-SAR 成像模型可表示为

$$S_s = L \circ M^H(G) + N_s \tag{9-51}$$

当 G 是直接稀疏矩阵时,式(9-51)可以采用 ITA 进行高效求解。

9.3.2　基于全变分正则化的非稀疏场景成像方法

当 G 为非稀疏场景时,采用 ITA 对 G 重建是不精确的。基于 SAR 场景幅度可以稀疏地表示先验信息,本小节将构建一种新的 CS－SAR 成像模型。

假设 $\boldsymbol{B}$ 和 $\boldsymbol{P}$ 分别表示复值 SAR 图像 $\boldsymbol{G}$ 的幅度和相位,则可得到如下等式:

$$|\boldsymbol{P}_{i,j}| = \left| \frac{\boldsymbol{G}_{i,j}}{\boldsymbol{B}_{i,j}} \right| = \frac{|\boldsymbol{G}_{i,j}|}{\boldsymbol{B}_{i,j}} = 1 \tag{9-52}$$

其中,$|\cdot|$ 表示取模运算;$\boldsymbol{X}_{i,j}$ 表示矩阵 $\boldsymbol{X}$ 第 i 行第 j 列的元素。当 $\boldsymbol{G}$ 是一个非稀疏矩阵时,根据 $\boldsymbol{P}$ 的模为 1 和 $\boldsymbol{B}$ 可以被稀疏表示的先验信息,构造式(9-53)所示的基于 L1 范数正则化的非限制性优化问题:

$$\langle \boldsymbol{G}, \boldsymbol{B} \rangle = \min_{\boldsymbol{G},\boldsymbol{B}} \left\{ \| \boldsymbol{S}_{\mathrm{s}} - \boldsymbol{L} \circ M^{\mathrm{H}}(\boldsymbol{G}) \|_{\mathrm{F}}^2 + \alpha_1 \| |\boldsymbol{G}| \circ \boldsymbol{B}^{(-1)} - 1 \|_{\mathrm{F}}^2 + \alpha_2 \| \phi(\boldsymbol{B}) \|_1 \right\}$$
$$\tag{9-53}$$

其中,$\boldsymbol{B}^{(-1)}$ 表示对 $\boldsymbol{B}$ 中的每个元素取倒数;α_1 和 α_2 为正则化参数;$\phi(\cdot)$ 为幅度稀疏变换。可以看出,式(9-53)的第二项在 $|\boldsymbol{G}| = \boldsymbol{B}$ 时达到最小值,该项用于保证所估计的 $\boldsymbol{G}$ 不远离 $\boldsymbol{B}$,在该条件下,式(9-53)中用于幅度约束的第三项才是有意义的。在多数情况下,SAR 图像具有极大的动态范围,这导致 SAR 图像幅度在变换域是非稀疏的。为此,本小节通过幅度域的自然对数变换来降低整体的动态范围,令 $\boldsymbol{U} = 2\ln \boldsymbol{B}$,式(9-53)可以重写为

$$\langle \boldsymbol{G}, \boldsymbol{U} \rangle = \min_{\boldsymbol{G},\boldsymbol{U}} \left\{ \| \boldsymbol{S} - \boldsymbol{L} \circ M^{\mathrm{H}}(\boldsymbol{G}) \|_{\mathrm{F}}^2 + \alpha_1 \| \mathrm{e}^{-\boldsymbol{U}/2} \circ |\boldsymbol{G}| - 1 \|_{\mathrm{F}}^2 + \alpha_2 \| \phi(\boldsymbol{U}) \|_1 \right\}$$
$$\tag{9-54}$$

式(9-54)中的目标函数是一个 $\boldsymbol{G}$ 和 $\boldsymbol{U}$ 的双参数优化问题,将其分离为两个凸的子问题后,可以通过坐标下降法进行求解。然而,$\boldsymbol{G}$ 和 $\boldsymbol{U}$ 的单变量优化子问题均是非凸的,需要进行凸近似处理。固定 $\boldsymbol{G}$,可以得到式(9-55)所示关于 $\boldsymbol{U}$ 的优化函数为

$$\boldsymbol{U} = \min_{\boldsymbol{U}} \left\{ \| \mathrm{e}^{-\boldsymbol{U}/2} \circ |\boldsymbol{G}| - 1 \|_{\mathrm{F}}^2 + \frac{\alpha_2}{\alpha_1} \| \phi(\boldsymbol{U}) \|_1 \right\} \tag{9-55}$$

尽管式(9-55)的第一项是非凸的,可以发现其在 $\boldsymbol{U} = 2\ln |\boldsymbol{G}|$ 处达到最小值。因此,式(9-55)可以在 $\boldsymbol{U} = 2\ln |\boldsymbol{G}|$ 处进行二阶泰勒级数展开实现凸近似。用全变分函数作为幅度稀疏变换,式(9-55)可以表示为

$$\boldsymbol{U} = \min_{\boldsymbol{U}} \left\{ \frac{1}{2\beta} \| \boldsymbol{U} - \boldsymbol{U}_0 \|_{\mathrm{F}}^2 + \| \phi_{\mathrm{TV}}(\boldsymbol{U}) \|_1 \right\} \tag{9-56}$$

其中,$\boldsymbol{U}_0 = 2\ln |\boldsymbol{G}|$;$\beta = \alpha_2 / 2\alpha_1$ 表示新的正则化参数。假设 SAR 场景是一个 $N \times N$ 的二维矩阵,则全变分正则化约束 $\|\phi_{\mathrm{TV}}(\boldsymbol{U})\|_1$ 定义为[17]

$$\| \phi_{\mathrm{TV}}(\boldsymbol{U}) \|_1 = \sum_{1 \leqslant i,j \leqslant N} |(\nabla \boldsymbol{U})_{i,j}| = \sum_{1 \leqslant i,j \leqslant N} \sqrt{[(\nabla \boldsymbol{U})_{i,j}^x]^2 + [(\nabla \boldsymbol{U})_{i,j}^y]^2} \tag{9-57}$$

其中,$(\nabla \boldsymbol{U})_{i,j} = [(\nabla \boldsymbol{U})_{i,j}^x, (\nabla \boldsymbol{U})_{i,j}^y]$,上标 x 和 y 分别表示图像的行和列方向的梯度,即

$$(\nabla \boldsymbol{U})_{i,j}^x = \begin{cases} \boldsymbol{U}_{i+1,j} - \boldsymbol{U}_{i,j}, & i < N \\ 0, & i = N \end{cases}, \quad (\nabla \boldsymbol{U})_{i,j}^y = \begin{cases} \boldsymbol{U}_{i,j+1} - \boldsymbol{U}_{i,j}, & i < N \\ 0, & i = N \end{cases}$$

式(9-56)中的优化函数本质上是一个基于全变分的图像去噪模型,存在多种求解方法[2,19]。本小节采用 Chambolle 提出的对偶算法[18]进行求解,该算法已经被证明具有高的收敛效率。在该对偶算法中,求解式(9-56)等同于求解如下所示的优化问题[18]

$$\min \| \beta \mathrm{div}\, p - \boldsymbol{U}_0 \|_{\mathrm{F}} \text{ 满足 } |p_{i,j}|^2 \leqslant 1 \tag{9-58}$$

其中,$p = (p^x, p^y)$,算子 div 表示为

$$(\mathrm{div}\, p)_{i,j} = \begin{cases} p_{i,j}^x - p_{i-1,j}^x, & 1 < i < N \\ p_{i,j}^x, & i = 1 \\ -p_{i-1,j}^x, & i = N \end{cases} + \begin{cases} p_{i,j}^y - p_{i,j-1}^y, & 1 < j < N \\ p_{i,j}^y, & j = 1 \\ -p_{i,j-1}^y, & j = N \end{cases}$$

式(9-56)的求解伪代码在表 9-4 中的对偶-全变分算法中被给出。

表 9-4　对偶-全变分算法

步　骤	内　容
输入	对数域 SAR 图像 U_0
初始化	$k=0, p^x=0, p^y=0, \varepsilon<0.25, N_{\text{iter}}=30$
迭代过程	当 $k<N_{\text{iter}}$ 时， ① $p_{i,j}^{(k+1)} = \dfrac{p_{i,j}^{(k+1)} + \varepsilon (\nabla (\text{div} p^{(k)} - U_0/\beta))_{i,j}}{1 + \varepsilon \mid (\nabla (\text{div} p^{(k)} - U_0/\beta))_{i,j} \mid}$； ② $k=k+1$，回到步骤①
输出	$U=U_0 - \beta \text{div} p^k$

固定 U，可以得到如下所示的关于 G 的优化函数：

$$G = \min_G \{ \parallel S_s - L \circ M^H(G) \parallel_F^2 + \alpha_1 \parallel e^{-U/2} \circ \mid G \mid -1 \parallel_F^2 \} \tag{9-59}$$

由于 $\mid G \mid$ 的存在，式(9-59)中的优化函数也是非凸的。尽管式(9-59)的第二项在 $\mid G \mid = e^{U/2}$ 处达到最小值，但 G 的解是无穷多的，因此泰勒级数展开的方法不能用于对其进行凸近似。式(9-59)的第二项可以进行如下展开

$$\parallel e^{-U/2} \circ \mid \widetilde{G} \mid -1 \parallel_F^2 = \sum_{i,j} (\mid e^{-U_{i,j}/2} \widetilde{G}_{i,j} \mid -1)^2 \tag{9-60}$$

在此，提出了一种二阶凸近似方法，分析如下：假定 $k_0(x-b)^2$ 是 $(\mid x \mid -1)^2$ 的二阶凸近似，其中 x 是一个复变量，k_0 和 b 是实数。对于 $\mid x \mid = 1$，当 $b \neq 0$ 时，最大的近似误差是 $k_0(1+\mid b \mid)^2$，当 $b=0$ 时，近似误差为 k_0。因此，当 $\mid x \mid = 1$ 时，$k_0 x^2$ 是 $(\mid x \mid -1)^2$ 的最佳二阶凸近似。k_0 的值越小，近似精度越高。基于此，式(9-59)的最佳二阶凸近似可以表示为

$$G = \min_G \{ \parallel S_s - L \circ M^H(G) \parallel_F^2 + \alpha \parallel e^{-U/2} \circ G \parallel_F^2 \} \tag{9-61}$$

其中，$\alpha = k_0 \alpha_1$ 表示新的正则化参数，k_0 表示二阶凸近似的系数。

式(9-61)中凸优化问题的理论解为

$$\text{vec}(G) = \{ R^T R + \text{diag}[\text{vec}(\alpha e^{-U})] \}^{-1} R^T \text{vec}(S_s) \tag{9-62}$$

其中，R 和 R^T 为由近似观测算子表示的高维线性变换矩阵，其具体形式是无法表示的，因此式(9-62)中的矩阵求逆运算 $\{ R^T R + \text{diag}[\text{vec}(\alpha e^{-U})] \}^{-1}$ 是无法计算的。但由于 R 和 R^T 满足 $R \cdot \text{vec}(X) = \text{vec}[L \circ M^H(X)]$ 和 $R^T \cdot \text{vec}(X) = \text{vec}[M(L \circ X)]$，式(9-62)中的矩阵求逆运算可以采用共轭梯度(Conjugate Gradient，CG)法进行求解。

在对 G 和 U 进行凸近似处理后，可以得到如表 9-5 所列的伪代码来求解式(9-54)和重建非稀疏场景。

表 9-5　非稀疏场景压缩感知成像方法

流　程	内　容
输入	稀疏采样回波 S_s，稀疏采样矩阵 L
初始化	$k=0, G^{(0)} = M(S), U^{(0)} = 2\ln G^{(0)}, N_{\text{iter}} = 6$

流　程	内　　容
迭代过程	当 $k < N_{\text{iter}}$ 时, ① 通过共轭梯度法求解如下所示的优化函数: $$\widetilde{\boldsymbol{G}}^{(k)} = \min_{G} \left\{ \| \boldsymbol{S}_s - \boldsymbol{L} \circ M^{\mathrm{H}}(\widetilde{\boldsymbol{G}}) \|_{\mathrm{F}}^2 + \alpha \| \mathrm{e}^{-U^{(k)}} \circ \widetilde{\boldsymbol{G}} \|_{\mathrm{F}}^2 \right\}$$ ② 通过对偶-全变分算法求解如下所示的优化函数: $$\boldsymbol{U}^{(k)} = \min_{U} \left\{ \frac{1}{2\beta} \| \boldsymbol{U} - 2\ln|\widetilde{\boldsymbol{G}}^{(k)}| \|_{\mathrm{F}}^2 + \| \phi(\boldsymbol{U}) \|_1 \right\}$$ ③ $k = k+1$,回到步骤①
输出	$|\boldsymbol{G}^{(k)}|$

对于所提的非稀疏场景成像模型,有以下问题需要解释:

(1) 收敛性

本小节提出式(9 – 54)中的模型中有两个优化参数,收敛性分析是必不可少的。将式(9 – 54)表示为如下所示的代价函数:

$$J_t(\boldsymbol{U}, \boldsymbol{G}) = \| \boldsymbol{S}_s - \boldsymbol{L} \circ M^{\mathrm{H}}(\boldsymbol{G}) \|_{\mathrm{F}}^2 + \alpha_1 \| \mathrm{e}^{-\frac{U}{2}} \circ |\boldsymbol{G}| - 1 \|_{\mathrm{F}}^2 + \alpha_2 \| \phi(\boldsymbol{U}) \|_1 \quad (9 – 63)$$

在对式(9 – 63)进行凸近似后,寻找使 $J_t(\boldsymbol{U}, \boldsymbol{G})$ 最小的 $\boldsymbol{U}$ 等同于求解式(9 – 56),寻找使 $J_t(\boldsymbol{U}, \boldsymbol{G})$ 最小的 $\boldsymbol{G}$ 等同于求解式(9 – 61)。因此,所提的 SAR 图像重建算法本质上是一个块坐标下降算法[21],表示为

$$\boldsymbol{G}^{(k+1)} = \arg \min_{G} J_t(\boldsymbol{G}, \boldsymbol{U}^{(k)}) \quad (9 – 64)$$

$$\boldsymbol{U}^{(k+1)} = \arg \min_{U} J_t(\boldsymbol{G}^{(k+1)}, \boldsymbol{U}) \quad (9 – 65)$$

定义序列 $J_k = J_t(\boldsymbol{G}^{(k+1)}, \boldsymbol{U}^{(k)})$,从式(9 – 64)和式(9 – 65)可以得到

$$J_t(\boldsymbol{G}^{(k+1)}, \boldsymbol{U}^{(k)}) \leqslant J_t(\boldsymbol{G}^{(k)}, \boldsymbol{U}^{(k)}) \quad (9 – 66)$$

$$J_t(\boldsymbol{G}^{(k+1)}, \boldsymbol{U}^{(k+1)}) \leqslant J_t(\boldsymbol{G}^{(k+1)}, \boldsymbol{U}^{(k)}) \quad (9 – 67)$$

则 $J_k - J_{k-1}$ 可以被表示为

$$J_k - J_{k-1} = \left[J_t(\widetilde{\boldsymbol{G}}^{(k+1)}, \boldsymbol{U}^{(k)}) - J_t(\widetilde{\boldsymbol{G}}^{(k)}, \boldsymbol{U}^{(k)}) \right] + \left[J_t(\widetilde{\boldsymbol{G}}^{(k)}, \boldsymbol{U}^{(k)}) - J_t(\widetilde{\boldsymbol{G}}^{(k)}, \boldsymbol{U}^{(k-1)}) \right]$$

$$(9 – 68)$$

根据式(9 – 66)和式(9 – 67)可得,$J_k - J_{k-1} \leqslant 0$,这表明序列 J_k 是递减的。由于递减且有下界,可以证明 J_k 是收敛的。需要说明,本小节所提方法仅能保证收敛到局部最优解而非全局最优解,因此寻找一个合适的初值是必要的。

(2) 应用范围

尽管本小节算法是针对非稀疏场景成像设计的,但由于稀疏和非稀疏场景在梯度域均是稀疏的,因此本小节所提的基于全变分正则化的方法可同时用于稀疏和非稀疏场景成像。

(3) 正则化参数选择

本小节所提的非稀疏场景重建模型中含有 α 和 β 两个正则化参数。在所提的非稀疏场景成像方法伪代码中,步骤②可以看作是一个加权 L2 -范数最小化优化问题,步骤③是一个基于全变分的图像去噪模型。通常情况下,一个小的 α 意味着更弱的场景稀疏度约束,一个小的 β 值意味着更强的图像去噪能力。在本小节所提的方法中,推荐的正则化参数取值为 $\alpha = 0.01$

和 $\beta = 0.01$。

（4）停止标准

选择一个适当的停止标准对于提高算法效率、节省算法运行时间具有重要意义。所提算法共包括 CG 算法和对偶-全变分算法两个子算法，分别需要 6 次和 30 次迭代（更多的迭代次数将极大地增加运算量，但对图像质量的提升很小）。在本小节所提算法中，$\boldsymbol{G}^{(k)}$ 的迭代差分值被定义为

$$\text{Difference} = \parallel \boldsymbol{G}^{(k+1)} - \boldsymbol{G}^{(k)} \parallel_2 / \parallel \boldsymbol{G}^{(k+1)} \parallel_2 \qquad (9-69)$$

图 9-12 所示给出了式（9-69）中的差分值随迭代次数的下降曲线，可以看出，6 次迭代后，曲线下降速率非常缓慢，差分值趋近于 0。更多的迭代次数对于成像质量无明显改善，因此本小节推荐的迭代次数为 6 次。除此之外，Difference $\leqslant 0.001$ 也可选择作为算法停止标准。

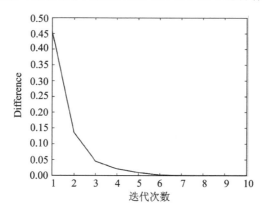

图 9-12　差分值随迭代次数的变化曲线

9.3.3　算法性能评价

1. 数据集和参考方法

为证明所提方法的有效性，本小节采用 RADARSAT-1 精细波束 2 模式下的原始回波数据集进行实验分析[22]。RADARSAT-1 是一个工作在 C 波段的星载条带 SAR，原始数据和读数据所需的 matlab 代码可以从本章的文献[22]中获得。原始数据中的波束照射区域位于加拿大不列颠哥伦比亚省的三角洲。如图 9-13 所示，本小节实验选取具有不同大小、不同动态范围和不同稀疏度的 3 个典型区域，分别为英吉利海湾、航运基地和斯阔米什地区。英吉利海湾可以看作是具有小块陆地和少数强散射点的稀疏场景；航运基地是包含陆地和强散射点的具有大动态范围的非稀疏场景；斯阔米什地区是包含丰富地形地貌特征的非稀疏场景。为便于突出本小节算法的性能，实验中选择基于 CSA 的 MF 方法，L1-CAMP 方法和全变分图像去噪方法作为对比算法，其中 MF 方法的聚焦结果作为全变分图像去噪方法的输入。

2. 成像质量评价方法

本小节重点关注成像场景的幅度信息，并采用 $\boldsymbol{G}$ 作为所提算法的最终输出结果。为表明所提方法对非稀疏场景重建的有效性，采用目标背景比（Target-to-Background Ratio，TBR）[23] 量化分析强散射点伪峰和旁瓣的抑制性能，TBR 定义为

(a) 大小为 1 024×1 024 的英吉利海湾　　(b) 大小为 1 536×1 536 的航运基地　　(c) 大小为 1 536×1 536 的斯阔米什地区

图 9 - 13　全采样数据下 MF 方法对加拿大三角洲部分场景的成像结果

$$\text{TBR}(\boldsymbol{X}) \overset{\text{def}}{=} 20\log_{10}\left[\frac{\max_{(p,q)\in T}|\boldsymbol{X}_{(p,q)}|}{(1/N_B)\sum\limits_{(u,v)\in B}|\boldsymbol{X}_{(u,v)}|}\right] \tag{9-70}$$

其中,(p,q) 和 (u,v) 分别表示目标区域 T 和背景区域 B 中的散射点,TBR 的值越高,表明稀疏散射点的成像性能越好。

为了量化比较不同成像方法对非稀疏场景的成像性能,SSIM[24] 和边缘强度相似度(Edge—Strength SIMilarity,ESSIM)[25] 被用于评价图像整体重建质量,采用幅度相关系数(Amplitude Correlation Coefficient,ACC)[26] 评价不同强度散射点的重建能力。选择全采样条件下的 MF 成像结果作为参考图像,用于计算 SSIM、ESSIM 和 ACC。

假设重建的图像为 x,参考图像为 y,x 和 y 之间的 SSIM 可通过如下方式计算[24]:

$$\text{SSIM}(x,y) = \frac{(2\mu_x\mu_y + c_1)(2\sigma_{xy} + c_2)}{(\mu_x^2 + \mu_y^2 + c_1)(\sigma_x^2 + \sigma_y^2 + c_2)} \tag{9-71}$$

其中,μ_x 和 μ_y 分别表示 x 和 y 的均值,σ_x^2 和 σ_y^2 分别表示 x 和 y 的方差,σ_{xy} 表示 x 和 y 之间的协方差,c_1 和 c_2 为常数。

ESSIM 定义为

$$\text{ESSIM}(x,y) = \frac{1}{N}\sum_{i=1}^{N}\frac{2\text{Es}(y,i)\text{Es}(x,i) + \boldsymbol{C}}{[\text{Es}(y,i)]^2 + [\text{Es}(x,i)]^2 + C} \tag{9-72}$$

其中,Es 表示边缘能量;C 表示尺度参数,具体定义见本章的参考文献[25]。

ACC 定义为[26]

$$\text{ACC}(f_1(\rho),f_2) = \frac{E(f_1(\rho)f_2)}{\sqrt{E(f_1(\rho)^2)E(f_2^2)}} \tag{9-73}$$

其中,$E(\cdot)$ 表示求数学期望;ρ 表示图像强度百分比;$f_1(\rho)$ 表示重建图像 x 中强度排名前 $\rho(0<\rho<1)$ 的散射点;f_2 表示参考图像 y 中与 $f_1(\rho)$ 对应位置相同的散射点。SSIM、ESSIM 和 ACC 的范围均为 0~1,其值越大,表明图像重建效果越好。

3. 正则化参数的敏感性分析

SAR 成像是一个反卷积过程,SAR 场景真实的散射系数是未知的,对于复杂的非稀疏场景,对重建图像进行精确评价是非常困难的。因此,正则化参数 α 和 β 的最优值也难以获得。为了使重建图像具有更好的视觉效果,SSIM 和 ESSIM 被选择作为图像评价准则,并采用网格搜索的方式来获取最优的 α 和 β。SSIM 和 ESSIM 主要反应了重建图像的整体特征,它们对图像细节的变化并不敏感。

图 9-14 利用 49%($\xi_a = \xi_r = 0.7$)的斯阔米什地区原始数据对正则化参数 α 和 β 进行了网格搜索,可以看出,在一个很大的正则化参数变化范围内($10^{-6} < \alpha < 10^{-1}$, $\beta < 1$),重建图像均具有稳定的重建效果,类似的结果通过其他的图像和数据率采样率也可以得到,本节推荐的正则化参数取值为 $\alpha = 0.01$ 和 $\beta = 0.01$。

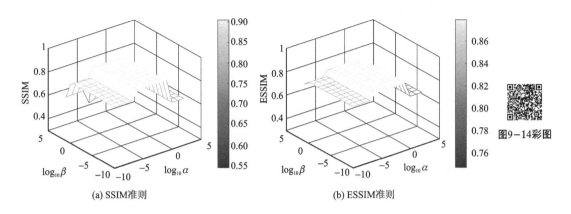

(a) SSIM准则　　　　　　　　　　　　　　(b) ESSIM准则

图 9-14　最优正则化参数的对数域网格搜索

9.3.4　实测数据验证

英吉利海湾、航运基地和斯阔米什地区等 3 个测试场景被用于验证所提方法的有效性。为不失一般性,本小节实验采用 3 组不同数据量,分别为全采样数据的 36%、49% 和 64%,对应的方位和距离采样率分别为 $\xi_a = \xi_r = 0.6$、0.7 和 0.8。每个采样率下,利用蒙塔卡罗的方法获取 SSIM 和 ESSIM 以及 AAC 的均值,正则化参数的取值固定为 $\alpha = 0.01$ 和 $\beta = 0.01$。

图 9-15 给出了英吉利海湾的成像结果,从图 9-15(a)～(c)中可以看出,在降采样的条件下,MF 方法的成像结果存在大量的伪峰,海面上舰船等强散射点在方位向上存在严重的欠采样噪声。全变分去噪算法能够去除一些弱伪峰并保留图像的边缘信息,但其无法去除强散射点的欠采样噪声,因此在图 9-15(d)～(f)中可以看到明显的方位向亮线。从图 9-15(g)～(l)中可以看出,L1-CAMP 算法和本小节方法均能有效地抑制伪峰和强散射点的欠采样噪声,具有良好的视觉效果,且本小节方法可以更好地保留背景信息。

为进一步分析 36% 数据量条件下的稀疏散射点聚焦效果,在图 9-15(c)、(f)、(i)和(l)中用矩形框选取了 3 个舰船目标,分别命名为 Region 1、Region 2 和 Region 3。采用 TBR 分析了舰船目标的副瓣和伪峰抑制效果,结果如表 9-6 所列。为便于比较,表 9-6 最后一列给出了全采样条件下 MF 成像结果的 TBR,作为参考值。可以看出,对于稀疏强散射点,L1-CAMP 方法具有最好的副瓣和伪峰抑制能力,其 TBR 值高于参考值 1～3 dB,本小节方法也具有较好的稀疏目标重建能力,其 TBR 值与参考值接近,高于 MF 方法和全变分去噪方法 8～10 dB。L1-CAMP 方法的 TBR 值高于所提方法,这是由于 L1-CAMP 方法采用标准的 L1 范数正则化稀疏重构模型,可以产生更稀疏的解,本小节方法采用 L2 范数正则化稀疏重构模型,稀疏约束弱于 L1 范数正则化。因此,对于稀疏强散射点,L1-CAMP 方法具有更好的伪峰和副瓣抑制能力,也具有更高的 TBR 值。然而,强的稀疏约束使 L1-CAMP 方法极大地衰减了场景中非稀疏部分的能量,而本小节方法通过轻微地牺牲稀疏目标成像质量获取了更

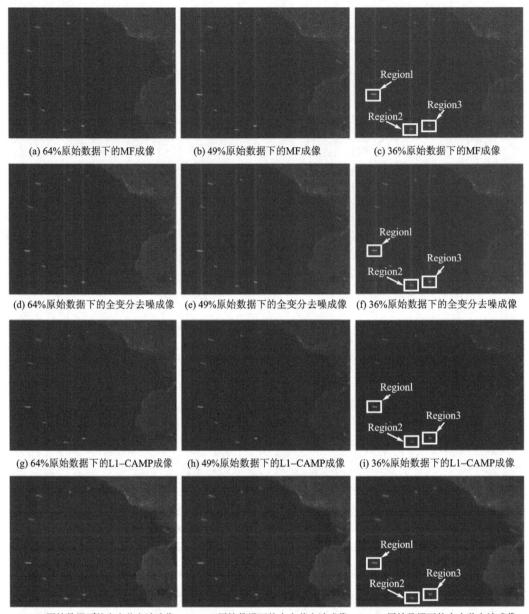

(a) 64%原始数据下的MF成像　　　(b) 49%原始数据下的MF成像　　　(c) 36%原始数据下的MF成像

(d) 64%原始数据下的全变分去噪成像　(e) 49%原始数据下的全变分去噪成像　(f) 36%原始数据下的全变分去噪成像

(g) 64%原始数据下L1-CAMP成像　(h) 49%原始数据下的L1-CAMP成像　(i) 36%原始数据下的L1-CAMP成像

(j) 64%原始数据下的本小节方法成像　(k) 49%原始数据下的本小节方法成像　(l) 36%原始数据下的本小节方法成像

图 9-15　英吉利海湾成像结果

好的非稀疏场景成像结果。因此,对于完全稀疏的成像场景,例如海中的舰船目标,沙漠和草原中的装甲目标,L1-CAMP 方法具有更好的效果;而对于局部稀疏场景,如靠近海岸的舰船,本小节方法更适合。

图 9-15 彩图

表 9-6　稀疏场景中选定区域的 TBR 值(dB)

区　域	MF	全变分去噪	L1-CAMP	本小节方法	参考值
Region 1	42.9	42.8	54.3	52.1	52.0
Region 2	40.4	40.3	51.5	48.3	48.5
Region 3	36.8	36.6	48.1	47.1	45.5

图 9-16 和图 9-17 展示了非稀疏场景的成像结果,从图 9-16 (g)~(i) 和图 9-17 (g)~(i)可以看出,在稀疏采样的条件下,MF 方法、全变分去噪方法和 L1-CAMP 方法聚焦的图像均有较差的视觉效果。对于非稀疏场景,尽管 L1-CAMP 方法可以很好地重建其中的强散射点,但成像结果中非稀疏背景区域的图像强度非常弱,且存在大量的伪峰,这种现象在低采样率下更加明显,这是由于 L1 范数正则化对于弱散射点有更强的惩罚性,当需要重建大量的散射点时,需要采用更弱的稀疏约束,这导致非稀疏背景区域的成像结果趋近于 MF 方法成像结果,产生大量的伪峰。受益于全变分正则化和加权 L2 范数约束,所提方法对非稀疏场景有更好的重建能力。观察图 9-16(j)~(l)的红色矩形框区域可以看出,当采样率过低时,在本小节方法下,具有极弱强度的背景信息也会丢失。

图 9-16 彩图

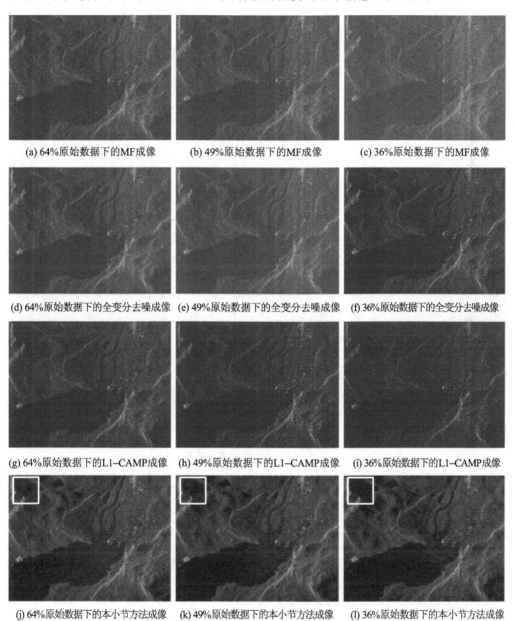

(a) 64%原始数据下的MF成像　(b) 49%原始数据下的MF成像　(c) 36%原始数据下的MF成像

(d) 64%原始数据下的全变分去噪成像　(e) 49%原始数据下的全变分去噪成像　(f) 36%原始数据下的全变分去噪成像

(g) 64%原始数据下的L1-CAMP成像　(h) 49%原始数据下的L1-CAMP成像　(i) 36%原始数据下的L1-CAMP成像

(j) 64%原始数据下的本小节方法成像　(k) 49%原始数据下的本小节方法成像　(l) 36%原始数据下的本小节方法成像

图 9-16　斯阔米什地区成像结果

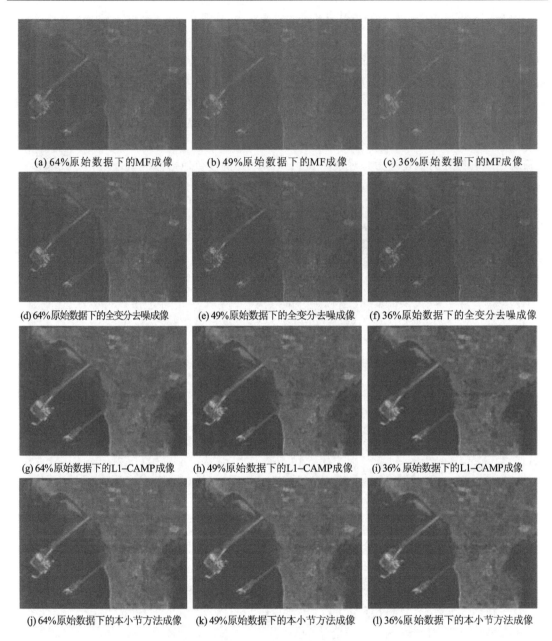

(a) 64%原始数据下的MF成像　　(b) 49%原始数据下的MF成像　　(c) 36%原始数据下的MF成像

(d) 64%原始数据下的全变分去噪成像　(e) 49%原始数据下的全变分去噪成像　(f) 36%原始数据下的全变分去噪成像

(g) 64%原始数据下的L1-CAMP成像　(h) 49%原始数据下的L1-CAMP成像　(i) 36% 原始数据下的L1-CAMP成像

(j) 64%原始数据下的本小节方法成像　(k) 49%原始数据下的本小节方法成像　(l) 36%原始数据下的本小节方法成像

图 9 - 17　航运基地成像结果

为进一步分析本小节方法的性能,图 9 - 18 给出了不同强度散射点重建能力的量化分析结果。可以看出,4 种成像方法对于强度高的散射点均有较好的重建能力,随着散射点强度的下降,重建误差增加,ACC 曲线下降。从图 9 - 18(b)和(d)中可以看出,对于含有稀疏强散射点的成像场景,L1 - CAMP 方法可以高精度地恢复强散射点幅度;如图 9 - 18(b)、(c)、(e)和(f)所示,当场景非稀疏时,L1 - CAMP 方法表现较差,其中强散射点的重建能力也受到很大影响。相比较而言,对于稀疏和非稀疏场景,所提基于全变分正则化的 CS - SAR 成像方法均可以在更大的动态范围内有效重建散射点幅度信息。

为实现图像整体质量的量化分析,表 9 - 7 记录了不同采样率下测试图像的 SSIM 和 ES-

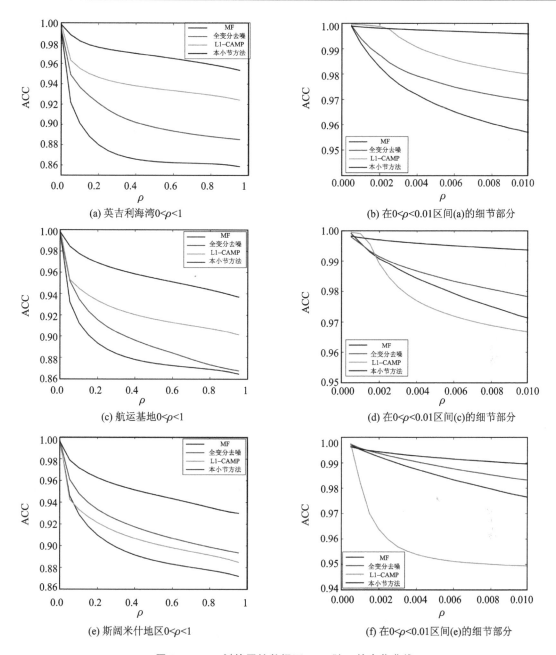

(a) 英吉利海湾0<ρ<1

(b) 在0<ρ<0.01区间(a)的细节部分

(c) 航运基地0<ρ<1

(d) 在0<ρ<0.01区间(c)的细节部分

(e) 斯阔米什地区0<ρ<1

(f) 在0<ρ<0.01区间(e)的细节部分

图 9 - 18　49% 的原始数据下 ACC 随 ρ 的变化曲线

SIM。可以看出所提方法具有最高的 SSIM 和 ESSIM,对于稀疏的英吉利海湾成像,所提方法的 SSIM 和 ESSIM 分别高于 L1 - CAMP 方法 0.05～0.11 和 0.03～0.05,高于 MF 方法和全变分去噪方法 0.11～0.15 和 0.05～0.07。对于非稀疏的航运基地和斯阔米什地区成像,所提方法的 SSIM 和 ESSIM 分别高于 L1 - CAMP 方法 0.04～0.3 和 0.05～0.14,高于 MF 方法和全变分去噪方法 0.11～0.3 和 0.1～0.14。同时可以看出,对于不同稀疏度、不同大小和不同采样率的图像,固定的正则化参数值表现出了稳定的图像重建效果。

表 9 – 7 不同成像方法和降采样率下的 SSIM 和 ESSIM

场　景	成像方法	36%		49%		64%	
		SSIM	ESSIM	SSIM	ESSIM	SSIM	ESSIM
英吉利海湾	MF	0.71	0.86	0.78	0.88	0.85	0.90
	全变分去噪	0.72	0.85	0.80	0.88	0.86	0.90
	L1 – CAMP	0.75	0.87	0.85	0.90	0.91	0.93
	本小节方法	0.86	0.92	0.93	0.94	0.96	0.96
斯阔米什地区	MF	0.58	0.73	0.74	0.79	0.85	0.85
	全变分去噪	0.57	0.72	0.74	0.77	0.85	0.84
	L1 – CAMP	0.58	0.74	0.88	0.87	0.93	0.90
	本小节方法	0.89	0.88	0.95	0.92	0.97	0.95
航运基地	MF	0.57	0.78	0.73	0.82	0.84	0.87
	全变分去噪	0.57	0.77	0.73	0.81	0.85	0.86
	L1 – CAMP	0.78	0.85	0.88	0.89	0.93	0.90
	本小节方法	0.90	0.89	0.93	0.91	0.97	0.94

9.4　本章小结

本章主要研究了稀疏采样数据下的机动平台大斜视 CS – SAR 成像方法。为解决成像参数空变的问题，9.2 节构建了基于时频域相位滤波的快速频域近似观测算子，并采用 CAMP 算法对成像场景进行重建，实现了机动平台大斜视 SAR 的稀疏成像，但 L1 范数对非稀疏的背景信息有较强的幅度衰减，不适用于非稀疏场景成像。为进一步解决 9.2 节方法无法有效地重建非稀疏场景的问题，9.3 节提出了基于全变分正则化的 CS – SAR 成像方法，该方法将 SAR 场景重建分解为一个双参量优化问题，并采用凸近似和坐标下降法进行求解。Radarsat – 1 的实测数据成像结果表明，相较于 MF 方法、全变分去噪方法以及 L1 – CAMP 方法，9.3 节方法可以有效地抑制旁瓣和伪峰，恢复强散射点信息，并保留非稀疏的背景信息，该方法在稀疏采样数据下对稀疏和非稀疏场景均有较好的成像效果。相较于 9.2 节的 L1 – CAMP 方法，9.3 节非稀疏场景成像方法在迭代过程中需要进行额外的全变分去噪和基于 CG 的矩阵求逆运算，运算量较大。因此在实际的稀疏采样成像应用中，9.2 节和 9.3 节方法应分别用于稀疏和非稀疏场景成像，这两种方法均基于频域的成像算子进行成像，具有较高的运算效率，采用高性能的 FPGA 和 DSP 可保证算法的实时性。

参考文献

[1] Fang Jian，Xu Zongben，Zhang Bingchen，et al. Fast Compressed Sensing SAR Imaging Based on Approximated Observation[J]. IEEE Journal of Selected Topics in Applied Earth Observations and Remote Sensing，2013，7(1)：352-363.

［2］ Zhang Bingchen，Hong Wen，Wu Yirong. Sparse microwave imaging：Principles and applications［J］. Science China Information Sciences，2012，55(8)：1722-1754.

［3］ Quan Xiangyin，Zhang Zhe，Zhang Bingchen，et al. A study of BP-camp algorithm for SAR imaging［C］//2015 IEEE International Geoscience and Remote Sensing Symposium (IGARSS). IEEE，2015：4480-4483.

［4］ Bi Hui，Zhang Bingchen，Zhu Xiao Xiang，et al. Extended chirp scaling-baseband azimuth scaling-based azimuth-range decouple L1 regularization for TOPS SAR imaging via CAMP［J］. IEEE Transactions on Geoscience and Remote Sensing，2017，55（7）：3748-3763.

［5］ Candes E J，Romberg J，Tao T. Robust uncertainty principles：exact signal reconstruction from highly incomplete frequency information［J］. IEEE Transactions on Information Theory，2006，52(2)：489-509.

［6］ Romberg J. Imaging via Compressive Sampling［J］. Signal Processing Magazine IEEE，2008，25(2)：14-20.

［7］ Zhao Yao，Liu Jianguo，Zhang Bingchen，et al. Adaptive Total Variation Regularization Based SAR Image Despeckling and Despeckling Evaluation Index［J］. IEEE Transactions on Geoscience & Remote Sensing，2015，53(5)：2765-2774.

［8］ Markarian H，Ghofrani S. High-TV Based CS Framework Using MAP Estimator for SAR Image Enhancement［J］. IEEE Journal of Selected Topics in Applied Earth Observations & Remote Sensing，2017，10(9)：4059-4073.

［9］ Dong Xiao，Zhang Yunhua. SAR Image Reconstruction From Undersampled Raw Data Using Maximum A Posteriori Estimation［J］. IEEE Journal of Selected Topics in Applied Earth Observations and Remote Sensing，2015，8(4)：1651-1664.

［10］ Ozcan C，Sen B，Nar F. Sparsity-Driven Despeckling for SAR Images［J］. IEEE Geoscience & Remote Sensing Letters，2016，13(1)：115-119.

［11］ Blumensath T，Davies M E. Iterative hard thresholding for compressed sensing［J］. Applied and Computational Harmonic Analysis，2009，27(3)：265-274.

［12］ Wright S J，Nowak R D，Figueiredo M AT. Sparse reconstruction by separable approximation［J］. IEEE Transactions on Signal Processing，2009，57(7)：2479-2493.

［13］ Torgrimsson J，Dammert P，Hellsten H，et al. Factorized geometrical autofocus for synthetic aperture radar processing［J］. IEEE Transactions on Geoscience and Remote Sensing，2014，52(10)：6674-6687.

［14］ Li Zhenyu，Xing Mengdao，Liang Yi，et al. A Frequency-Domain Imaging Algorithm for Highly Squinted SAR Mounted on Maneuvering Platforms With Nonlinear Trajectory［J］. IEEE Transactions on Geoscience & Remote Sensing，2016，54（7）：4023-4038.

［15］ Maleki A，Anitori L，Yang Zai，et al. Asymptotic analysis of complex LASSO via complex approximate message passing (CAMP)［J］. IEEE Transactions on Information Theory，2013，59(7)：4290-4308.

［16］ Cumming I，Bennett J. Digital processing of SEASAT SAR data［C］//ICASSP'79.

IEEE International Conference on Acoustics，Speech，and Signal Processing. IEEE，1979，4：710-718.

[17] Rudin L I，Osher S，Fatemi E. Nonlinear total variation based noise removal algorithms[J]. Physica D Nonlinear Phenomena，1992，60(1-4)：259-268.

[18] Chambolle A. An Algorithm for Total Variation Minimization and Applications[J]. Journal of Mathematical Imaging and Vision，2004，20(1)：89-97.

[19] Qin Zhiwei，Goldfarb D，Ma Shiqian. An alternating direction method for total variation denoising[J]. Optimization Methods & Software，2015，30(3)：594-615.

[20] Louchet C，Moisan L. Total variation denoising using posterior expectation[C]//2008 16th European Signal Processing Conference. IEEE，2008：1-5.

[21] Xu Yangyang，Yin Wotao. A Block Coordinate Descent Method for Regularized Multiconvex Optimization with Applications to Nonnegative Tensor Factorization and Completion[J]. Siam Journal on Imaging Sciences，2015，6(3)：1758-1789.

[22] Cumming I G，Wong F H. Digital Signal Processing of Synthetic Aperture Radar Data：Algorithms and Implementation[M]. Norwood：Artech House，2005.

[23] Cetin M，Karl W C，Castanon D A. Feature enhancement and ATR performance using nonquadratic optimization-based SAR imaging[J]. IEEE Transactions on Aerospace and Electronic Systems，2003，39(4)：1375-1395.

[24] Al-Najjar Y. Comparison of Image Quality Assessment：PSNR，HVS，SSIM，UIQI[J]. International Journal of Scientific & Engineering Research，2012，3(3)：1-5.

[25] Zhang Xuande，Feng Xiangchu，Wang Weiwei，et al. Edge Strength Similarity for Image Quality Assessment[J]. IEEE Signal Processing Letters，2013，20(4)：319-322.

[26] Wang Weiwei，Liao Guisheng，Wu Sunyong，et al. A Compressive Sensing Imaging Approach Based on Wavelet Sparse Representation[J]. Dianzi Yu Xinxi Xuebao/journal of Electronics & Information Technology，33(6)：1440-1446.

第10章　机动平台大斜视 SAR 的运动误差补偿

10.1　引　言

第 8 章和第 9 章在理想的运动轨迹下,分别研究了全采样和稀疏采样条件下的机动平台大斜视 SAR 成像方法。但在实际工程应用中,无人机载平台易受气流扰动,且所搭载的惯导设备精度有限,基于回波数据的运动补偿通常是 SAR 成像过程中必不可少的环节。本章将研究能够适用全采样和稀疏采样数据的机动平台大斜视 SAR 运动补偿方法。

问题描述　在机动平台大斜视 SAR 成像过程中,大斜视角和曲线的运动轨迹使运动误差具有明显的二维空变性,极大地增加了自聚焦难度。常规的 PGA[1]、最小熵[2] 等自聚焦方法及其改进算法[3,5],在非空变的包络误差校正和方位相位补偿等方面有显著效果。对于距离空变的相位误差,在 RCMC 后,可通过距离向分块的方法对运动误差进行逐距离单元的估计和补偿[6-7]。当运动误差同时存在距离和方位二维空变时,本章的文献[8]推导了混合坐标系下图像域和相位历程域的近似傅里叶变换关系,采用高斯拟牛顿方法估计了三维运动误差轨迹,并采用时域算法进行成像处理。本章的文献[9]在 FFBP 算法框架下,基于最大对比度准则,对双基地 SAR 成像模式下的双机三维运动误差轨迹进行迭代估计。三维运动误差轨迹的估计需要建立图像域和相位历程域的映射关系,当平台存在较大的斜视角和加速度时,这种映射关系是难以获得的,同时,运动误差的线性分量因不影响聚焦质量而难以准确估计,这将极大地影响三维运动误差轨迹的估计精度。

以上算法均是基于 MF 原理的自聚焦算法,近年来,随着 CS 理论的提出,稀疏微波成像技术得到了迅速的发展,相关的自聚焦方法也受到了广泛的关注。N. Ö. Önhon 等人在 2012 年提出了一种稀疏驱动的自聚焦方法[10],该方法将误差相位引入测量矩阵构建了一种稀疏自聚焦模型,并将模型的求解分为 SAR 场景重建和误差相位估计两步,能够校正非空变的相位误差,该方法可以用于全采样和稀疏采样数据,也被称为基于两步优化的稀疏自聚焦方法。基于两步优化的思想,杨俊刚等人提出了能够估计观测位置误差的 CS - SAR 成像方法[11],Chen Yichang 等人提出了基于参数化稀疏表示的 SAR 运动补偿方法[12],进一步提高了成像质量。以上这些方法均是基于精确观测算子在时域构建测量矩阵,当成像场景较大时,将产生巨大的运算量和内存占用量[13-14],限制了稀疏自聚焦方法的应用。为实现大场景成像,本章的文献[15]将近似观测算子引入稀疏自聚焦框架,极大地降低了内存占用,使稀疏自聚焦方法可以用于大场景成像,但其无法估计和补偿二维空变的运动误差。本章的文献[16]在近似观测算子模型下进一步扩展了稀疏自聚焦框架,提出了一种幅相误差补偿的自聚焦算法,能够实现空变运动误差的估计与补偿,但运算量极大,且不适用于大斜视的成像模式。

问题小结　机动平台大斜视 SAR 的运动误差补偿主要存在以下两个问题:

① 对于非空变的运动误差,在稀疏采样数据下,基于两步优化的稀疏自聚焦方法均采用

最大似然估计器(Maximum Likelihood Estimator,MLE)重建相位误差,当回波数据采样率较低以及重建散射点数量较多时,稀疏自聚焦方法收敛速度慢、容易陷入局部最优解,导致自聚焦失败;

② 对于机动平台大斜视模式下的空变运动误差,三维运动误差轨迹难以估计,常规的 PGA、最小熵和稀疏自聚焦等方法无法实现二维空变运动误差的补偿。

解决方案 稀疏自聚焦方法具有优异的自聚焦性能,能够同时用于全采样和稀疏采样数据,本章结合 PGA 和最小熵等基于 MF 原理的常规自聚焦方法,在稀疏自聚焦框架下,研究机动平台大斜视 SAR 的运动补偿方法,具体章节安排如下:

10.2 节研究非空变的运动误差补偿,提出基于近似观测和最小熵约束的稀疏自聚焦方法。首先,构建一种改进的稀疏自聚焦模型,在傅里叶变换域引入误差相位;然后,基于坐标下降法推导模型的迭代求解方法,在求解误差相位时增加成像场景的最小熵约束;最后,由于非空变的运动误差补偿不依赖于成像模型,采用常规机载 SAR 实测数据验证所提方法的有效性。

10.3 节研究空变的运动误差补偿,提出基于二维空变运动误差补偿的稀疏自聚焦方法。首先,基于 Keystone 变换和频域相位滤波法构建能够校正成像参数空变性的频域近似观测算子;然后,对空变的运动误差进行多项式建模,并通过重建子区域的非空变误差相位,估计空变误差相位的多项式系数;接着,通过修正频域近似观测算子实现空变运动误差的补偿;最后,采用仿真的真实 SAR 场景回波数据验证所提方法的有效性。

10.4 节对本章进行总结。

10.2　非空变的运动误差补偿

当平台携带的惯导设备精度较高时,运动误差近似认为是非空变的。本节结合传统的稀疏自聚焦模型,研究非空变的运动误差补偿方法,重点解决稀疏采样数据下常规稀疏自聚焦方法收敛速度慢、容易陷入局部最优解的问题。基于近似观测的 CS-SAR 成像方法将基于 MF 原理的常规成像方法和 CS 成像方法结合在一起,本节将基于 MF 原理的常规自聚焦方法和稀疏自聚焦方法相结合,构建改进的稀疏自聚焦模型,提出基于近似观测和最小熵约束的稀疏自聚焦方法,该方法在傅里叶变换域引入误差相位,用 PGA 提供误差相位初始解,并在迭代过程中增加最小熵约束,加快了稀疏自聚焦方法的收敛速度和稳定性。

应用稀疏自聚焦模型时,需要根据平台的运动轨迹构造近似观测算子,同 9.3 节一样,由于近似观测算子仅是一种回波观测方式,当运动误差非空变时,稀疏自聚焦算法的性能与近似观测算子的具体形式无关,即与平台的运动轨迹和斜视角无关。因此,本节基于常规的机载 SAR 实测数据验证所提方法在稀疏采样数据下的自聚焦效果。

10.2.1　传统的稀疏自聚焦模型

当 SAR 系统存在一维非空变的相位误差时,常规的基于 L1 范数正则化的稀疏自聚焦模型可写为[10]

$$\langle \boldsymbol{\Psi}, \boldsymbol{g} \rangle = \underset{\boldsymbol{\Psi}, \boldsymbol{g}}{\arg\min} \left\{ \frac{1}{2} \parallel \boldsymbol{s}_s - \boldsymbol{\Psi} \boldsymbol{\Xi} \boldsymbol{g} \parallel_2^2 + \gamma \parallel \boldsymbol{g} \parallel_1 \right\} \tag{10-1}$$

其中，$\boldsymbol{\Psi}$ 为相位误差矩阵，具体为

$$\boldsymbol{\Psi} = \mathrm{diag}\left[\underbrace{\mathrm{e}^{\mathrm{j}\phi(1)}, \mathrm{e}^{\mathrm{j}\phi(1)}, \cdots, \mathrm{e}^{\mathrm{j}\phi(1)}}_{N}, \underbrace{\mathrm{e}^{\mathrm{j}\phi(2)}, \cdots, \mathrm{e}^{\mathrm{j}\phi(2)}}_{N}, \cdots, \underbrace{\mathrm{e}^{\mathrm{j}\phi(M)}, \cdots, \mathrm{e}^{\mathrm{j}\phi(M)}}_{N}\right] \tag{10-2}$$

其中，$\mathrm{diag}(\boldsymbol{x})$ 表示将向量 $\boldsymbol{x}$ 转为对角元素为 $\boldsymbol{x}$ 的矩阵；$\phi(m)$ 表示第 m 个方位采样点的误差相位。

本章的文献[10]将式(10-1)的求解转化为两步优化问题，并采用坐标下降法进行求解，具体的求解过程如表 10-1 所列。

表 10-1　算法 1：基于精确观测的稀疏自聚焦算法

流　程	内　　容
输入	稀疏采样的回波向量 $\boldsymbol{s}_s$ 和感知矩阵 Ξ
初始化	$i=0, \boldsymbol{g}^{(0)} = (\boldsymbol{\Psi}^{(0)}\Xi)^{\mathrm{H}}\boldsymbol{s}_s$ 且 $\boldsymbol{\Psi}^{(0)} = \boldsymbol{\Psi}\mid_{\phi(m)=0}$，门限 ε
迭代过程	当 $\|\boldsymbol{g}^{(i+1)} - \boldsymbol{g}^{(i)}\|_2^2 / \|\boldsymbol{g}^{(i)}\|_2^2 > \varepsilon$ 时， ① $\boldsymbol{g}^{(i+1)} = \arg\min_{\boldsymbol{g}}\left\{\frac{1}{2}\|\boldsymbol{s}_s - \boldsymbol{\Psi}^{(i)}\Xi\boldsymbol{g}\|_2^2 + \gamma\|\boldsymbol{g}\|_1\right\}$； ② $\boldsymbol{\Psi}^{(i+1)} = \arg\min_{\boldsymbol{\Psi}}\left\{\frac{1}{2}\|\boldsymbol{s}_s - \boldsymbol{\Psi}\Xi\boldsymbol{g}^{(i+1)}\|_2^2 + \gamma\|\boldsymbol{g}^{(i+1)}\|_1\right\}$； ③ $i = i+1$，回到步骤①
输出	$\boldsymbol{g}^{(i)}$ 和 $\boldsymbol{\Psi}^{(i)}$

算法 1 中的步骤①在已知相位误差的基础上，对场景散射系数进行重建，是一个 L1 范数正则化问题，可采用 IST 等方法进行求解。步骤②在已知场景散射系数的基础上估计误差相位，可以通过最小化均方误差，利用 MLE 进行求解，则第 m 个方位采样点的误差相位为

$$\phi^{(i)}(m) = \mathrm{angle}((\boldsymbol{g}^{(i)})^{\mathrm{H}}[\Xi]_m^{\mathrm{H}}[\boldsymbol{s}_s]_m) \tag{10-3}$$

其中，$\mathrm{angle}(\cdot)$ 表示取相位运算；$[\Xi]_m$ 和 $[\boldsymbol{s}_s]_m$ 分别表示第 m 个方位采样点的观测子矩阵和回波数据。

算法 1 中的稀疏自聚焦模型需要将二维的散射场景和回波数据拉成一维向量，感知矩阵 Ξ 的维度为 $MN \times PQ$，这将产生巨大的内存占用和运算量，限制了其在大场景成像中的应用。

为降低稀疏自聚焦模型中感知矩阵 Ξ 的维度，可通过引入近似观测算子 $\Gamma^{-1}(\cdot)$ 构造如式(10-4)所示基于近似观测的稀疏自聚焦模型[15]

$$\langle\boldsymbol{G}, \boldsymbol{\Phi}\rangle = \arg\min_{\boldsymbol{G}, \boldsymbol{\Phi}}\left\{\frac{1}{2}\|\boldsymbol{S}_s - \boldsymbol{L}\circ(\boldsymbol{\Phi}\Gamma^{-1}(\boldsymbol{G}))\|_{\mathrm{F}}^2 + \gamma\|\boldsymbol{G}\|_1\right\} \tag{10-4}$$

其中，$\boldsymbol{L}$ 是仅包含 0 和 1 的二维降采样矩阵；$\boldsymbol{\Phi}$ 表示相位误差矩阵，具体形式为

$$\boldsymbol{\Phi} = \mathrm{diag}\left[\mathrm{e}^{\mathrm{j}\phi(1)}, \mathrm{e}^{\mathrm{j}\phi(2)}, \cdots, \mathrm{e}^{\mathrm{j}\phi(M)}\right] \tag{10-5}$$

式(10-4)可以采用与式(10-1)相同的求解方法。尽管式(10-4)中基于近似观测的稀疏自聚焦模型降低了内存占用量，但其采用 MLE 对误差相位进行求解，误差相位的初始值难以确定(通常默认为 0)，且求解过程中没有用到成像场景稀疏的先验信息，该模型在迭代过程中容易陷入误差较大的局部最优解。

10.2.2　基于近似观测和最小熵约束的稀疏自聚焦

1. 改进的稀疏自聚焦模型

大量研究已经表明，PGA 和最小熵等 MF 类自聚焦算法具有优异的自聚焦性能，它们能

够准确估计图像傅里叶变换域的非空变误差相位。为将 MF 类自聚焦方法引入稀疏自聚焦模型,本小节将成像算子 $\Gamma(\cdot)$ 分解为相位校正算子 $\Omega(\cdot)$ 和方位向傅里叶变换算子 $F(\cdot)$ 两部分,即 $\Gamma(\cdot) = F(\Omega(\cdot))$。

根据方位聚焦方法的不同,$F(\cdot)$ 可以为方位向傅里叶变换或逆傅里叶变换。对于在方位频域压缩的机动平台大斜视 SAR 聚束成像,式(9-37)所示的成像算子可分解为 $\Omega(\boldsymbol{X}) = F_a^H(F_a(F_r^H(F_r^H(F_a(F_r(\boldsymbol{X}) \circ \boldsymbol{H}_1) \circ \boldsymbol{H}_2)) \circ \boldsymbol{H}_3) \circ \boldsymbol{H}_4) \circ \boldsymbol{H}_5$,$F(\boldsymbol{X}) = F_a(\boldsymbol{X})$;对于在方位时域压缩的常规正侧视 SAR 条带成像,式(9-43)所示的 CSA 成像算子可分解为 $\Omega(\boldsymbol{X}) = F_r^H(F_r(F_a(\boldsymbol{S}) \circ \boldsymbol{\Psi}_1) \circ \boldsymbol{\Psi}_2) \circ \boldsymbol{\Psi}_3$,$F(\boldsymbol{X}) = F_a^H(\boldsymbol{X})$。基于 $\Omega(\cdot)$ 和 $F(\cdot)$,本小节提出了如式(10-6)所示的改进稀疏自聚焦模型。

$$\langle \boldsymbol{G}, \boldsymbol{\Phi} \rangle = \arg \min_{\boldsymbol{G}, \boldsymbol{\Phi}} \{ J(\boldsymbol{G}, \boldsymbol{\Phi}) \} \tag{10-6}$$

其中,

$$J(\boldsymbol{G}, \boldsymbol{\Phi}) = \left\{ \frac{1}{2} \| \boldsymbol{S}_s - \boldsymbol{L} \circ [\boldsymbol{\Omega}^{-1}(\boldsymbol{\Phi} F^{-1}(\boldsymbol{G}))] \|_F^2 + \gamma \| \boldsymbol{G} \|_1 \right\} \tag{10-7}$$

在式(10-6)的改进稀疏自聚焦模型中,相位误差 $\boldsymbol{\Phi}$ 在聚焦图像的傅里叶变换域引入,常规的 MF 类自聚焦方法可以用于提供误差相位的初始解。

2. 基于两步优化的改进模型求解方法

式(10-7)在聚焦图像的傅里叶变换域引入相位误差,基于两步优化的思想,本节采用坐标下降法交替求解 $\boldsymbol{G}$ 和 $\boldsymbol{\Phi}$,提出了基于近似观测和最小熵约束的稀疏自聚焦算法,算法伪代码如表 10-2 所列,主要内容包括误差相位初始解 $\boldsymbol{\Phi}_0$ 的获取,以及 $\boldsymbol{G}$ 和 $\boldsymbol{\Phi}$ 的重建方法,具体的推导过程如下。

(1) 误差相位初始解的获取

采用坐标下降法交替求解 $\boldsymbol{G}$ 和 $\boldsymbol{\Phi}$ 时,仅能保证迭代收敛到局部最优解。因此,合适的 $\boldsymbol{\Phi}_0$ 能够减少算法的迭代次数并使收敛结果更接近全局最优解。在所构建的稀疏自聚焦模型中,PGA 和最小熵等方法均可以用于提供 $\boldsymbol{\Phi}_0$。但在稀疏采样的情况下,点目标聚焦后的点散布函数会出现大量的欠采样噪声,导致图像熵值增加,因此最小熵方法不适用于稀疏采样条件下 $\boldsymbol{\Phi}_0$ 的估计。稀疏采样对强散射点的主瓣影响较小,在 PGA 方法中,随着迭代次数的增加,窗长度逐渐减小,欠采样产生的高副瓣电平可以被滤除,PGA 方法更适用于稀疏采样条件下 $\boldsymbol{\Phi}_0$ 的估计。

因此,在算法 2 中,$\boldsymbol{\Phi}_0$ 由 PGA 方法对稀疏采样数据的 MF 成像结果 $\Gamma(\boldsymbol{S}_s)$ 进行自聚焦得到。与全采样条件下的自聚焦过程相同,应用 PGA 获取初始相位误差时,仅需选取约 10% 的平均能量较大的距离单元进行自聚焦,最大迭代次数可固定为 10 次。

表 10-2 算法 2:基于近似观测和最小熵约束的稀疏自聚焦算法

流　程	内　容
输入	稀疏采样矩阵 $\boldsymbol{L}$ 和稀疏采样回波 $\boldsymbol{S}_s$
初始化	$i = 0, N_{iter}, \boldsymbol{G}^{(0)} = \Gamma(\boldsymbol{S}_s), t^{(0)} = 1, \boldsymbol{\Phi}^{(0)} = \mathrm{PGA}(\Gamma(\boldsymbol{S}_s))$

流　程	内　　容
迭代过程	当 $i < N_{iter}$ 时， Step 1：基于 FIST 的场景散射系数重建 $G^{(i+1)} = \arg\min_{G} J(G, \Phi^{(i)})$。 ① $V^{(i+1)} \leftarrow E_{1,\lambda\mu}(G^{(i)} - \mu F((\Phi^{(i)})^* \Omega((L \circ \Omega^{-1}(\Phi^{(i)} F^{-1}(G^{(i)})) - S_s))))$； ② $t^{(i+1)} = \dfrac{1 + \sqrt{1 + 4(t^{(i+1)})^2}}{2}$； ③ $G^{(i+1)} = V^{(i+1)} + \dfrac{t^{(i)} - 1}{t^{(i+1)}}(V^{(i+1)} - V^{(i)})$。 Step 2：相位误差估计 $\Phi^{(i+1)} = \arg\min_{\Phi} J(G^{(i+1)}, \Phi)$。 ④ $\phi^{(i)}(m) = \mathrm{angle}([\Omega(S_s)]_m \cdot [F^{-1}(G^{(i+1)} \circ (1 + \log|G^{(i+1)}|^2))]_m^H)$； ⑤ $\Phi^{(i+1)} = \mathrm{diag}[e^{\phi^{(i)}(1)}, e^{\phi^{(i)}(2)}, \cdots, e^{\phi^{(i)}(M)}]$； ⑥ $i = i + 1$，回到步骤①。
输出	$G^{(i)}$ 和 $\Phi^{(i)}$

(2) G 和 Φ 的交替重建

在算法 2 的 Step 1 中，利用给定的相位误差 $\Phi^{(i)}$ 来重建图像，则式（10 - 6）的优化问题可以表示为

$$G^{(i)} = \arg\min_{G} J(G, \Phi^{(i)}) = \arg\min_{G}\left\{\frac{1}{2}\|S_s - L \circ [\Omega^{-1}(\Phi^{(i)} F^{-1}(G))]\|_2^2 + \gamma\|G\|_1\right\}$$

$$(10 - 8)$$

式（10 - 8）是一个 L1 范数正则化问题，相较于 IST 方法，快速迭代软阈值（Fast Iterative Soft Thresholding，FIST）方法[17]具有更快的收敛速度，因此算法 2 结合 FIST 方法进行求解。在 Step 1 中，软阈值算子 $E_{1,\gamma\mu}$ 中参数 $\mu = 1$，γ 的选择取决于成像场景的稀疏度 K_0，取 $\gamma = |V^{(i)}|_{K_0}$，其中，$|V^{(i)}|_{K_0}$ 是矩阵 $|V^{(i)}|$ 所有元素幅度排序（由大到小）第 K_0 的幅度值。

在 Step 2 中，利用给定的场景散射系数 $G^{(i+1)}$ 来估计相位误差 Φ_i，优化问题可以表示为

$$\Phi^{(i)} = \arg\min_{\Phi} J(G^{(i+1)}, \Phi) =$$

$$\arg\min_{\Phi}\left\{\frac{1}{2}\|S_s - L \circ [\Omega^{-1}(\Phi F^{-1}(G^{(i+1)}))]\|_F^2 + \gamma\|G^{(i+1)}\|_1\right\} \quad (10 - 9)$$

在该优化问题中，$G^{(i+1)}$ 是常数，则有

$$\Phi^{(i)} = \arg\min_{\Phi}\left\{\frac{1}{2}\|S_s - L \circ [\Omega^{-1}(\Phi F^{-1}(G))]\|_F^2\right\} \quad (10 - 10)$$

基于最小方差和 MLE 求得第 m 个观测位置的误差相位为

$$\phi_i(m) = \mathrm{angle}([S_\Omega]_m \cdot [F^{-1}(G^{(i+1)})]_m^H) \quad (10 - 11)$$

其中，$S_\Omega = \Omega(S_s)$ 表示相位校正的回波数据；$[X]_m$ 表示矩阵 X 的第 m 行。

为利用更多的先验信息进一步加快求解过程中的收敛速度，本小节在重建相位误差 Φ 时增加了成像场景的最小熵约束，如 Step 2 的步骤④所示，具体推导过程见"3. 成像场景的最小熵约束"。

3. 成像场景的最小熵约束

在稀疏 SAR 成像中，成像场景中散射强度较弱的背景信息可以看作是噪声，因此 SAR 成

像场景可以看作是稀疏的。在相同稀疏度的条件下，运动误差将导致图像散焦，使稀疏 SAR 图像的熵增加。通过对重建的稀疏 SAR 场景进行最小熵约束可以进一步提高误差相位的重建精度，减少迭代次数，提高算法稳定性。

采用 MF 原理成像时，相位补偿后的聚焦 SAR 图像可以表示为

$$G = F(\boldsymbol{\Phi} \boldsymbol{S}_\Omega) \tag{10-12}$$

根据式（10-12）可得，二维散射矩阵 G 的第 m 行第 n 列元素 $G(m,n)$ 可以表示为

$$G(m,n) = \sum_{l=0}^{M-1} \boldsymbol{S}_\Omega(l,n) \exp(-\mathrm{j}\phi(l)) \exp\left(-\mathrm{j}\frac{2\pi}{M}ml\right) \tag{10-13}$$

用于估计误差相位的图像熵表示为

$$E_G = -\sum_{m=0}^{M-1}\sum_{n=0}^{N-1} \frac{|G(m,n)|^2}{P} \ln \frac{|G(m,n)|^2}{P} \tag{10-14}$$

其中，$P = \sum_{m=0}^{M-1}\sum_{n=0}^{N-1} |G(m,n)|^2$ 表示与相位误差无关的图像总能量，则式（10-14）可简写为

$$E_G = -\sum_{m=0}^{M-1}\sum_{n=0}^{N-1} |G(m,n)|^2 \ln|G(m,n)|^2 \tag{10-15}$$

E_G 对相位误差 $\phi(l)$ 的偏导数表示为

$$\frac{\partial E_G}{\partial \phi(l)} = -\sum_{m=0}^{M-1}\sum_{n=0}^{N-1} (1+\ln|G(m,n)|^2) \frac{\partial |G(m,n)|^2}{\partial \phi(l)} \tag{10-16}$$

由于图像熵 E_G 是相位误差的函数，熵值最小时，熵对每一点相位误差的偏导数为 0，即

$$\frac{\partial E_G}{\partial \phi(l)} = 0 \tag{10-17}$$

由于 $|G(m,n)|^2 = G(m,n)^* \cdot G(m,n)$，所以

$$\frac{\partial |G(m,n)|^2}{\partial \phi(l)} = 2 \cdot \mathrm{Re}\left\{G(m,n)^* \cdot \frac{\partial G(m,n)}{\partial \phi(l)}\right\} \tag{10-18}$$

根据式（10-13）可知，$G(m,n)$ 相对于 $\phi(l)$ 的偏导数为

$$\frac{\partial G(m,n)}{\partial \phi(l)} = -\mathrm{j}\boldsymbol{S}_\Omega(l,n) \exp(-\mathrm{j}\phi(l)) \exp\left(-\mathrm{j}\frac{2\pi}{M}ml\right) \tag{10-19}$$

联立式（10-16）、式（10-18）和式（10-19）可得

$$\frac{\partial E_G}{\partial \phi(l)} = -2\mathrm{Im}\left\{\exp(-\mathrm{j}\phi(l)) \cdot \sum_{n=0}^{N-1}\boldsymbol{S}_\Omega(l,n)\sum_{m=0}^{M-1}G(m,n)^*(1+\ln|G(m,n)|^2)\exp\left(-\mathrm{j}\frac{2\pi}{M}ml\right)\right\} =$$
$$-2\mathrm{Im}\left\{\exp(-\mathrm{j}\phi(l)) \cdot \sum_{n=0}^{N-1}\boldsymbol{S}_\Omega(l,n)F(G(m,n)^*(1+\ln|G(m,n)|^2))\right\} \tag{10-20}$$

令式（10-20）为 0，可得误差相位 $\phi(l)$ 为

$$\phi(l) = \mathrm{angle}\left(\sum_{n=0}^{N-1}\boldsymbol{S}_\Omega(l,n)F(G(m,n)^*(1+\ln|G(m,n)|^2))\right) =$$
$$\mathrm{angle}([\boldsymbol{S}_\Omega]_l \cdot [F^{-1}(G \circ (1+\ln|G|^2))]_l^H) \tag{10-21}$$

式（10-21）是场景散射系数最小熵约束下的 MLE 估计，对比式（10-21）和式（10-11）可以发现，在稀疏自聚焦框架中，求解误差相位时，对重建的场景散射系数 $G^{(i)}$ 乘以 $(1+\ln|G^{(i)}|^2)$ 的权系数即可实现最小熵约束，即 Step 2 中的步骤④。

10.2.3　实测数据验证

本小节通过机载 SAR 的实测数据来验证所提算法的有效性,实测数据对应的部分机载 SAR 参数如表 10 - 3 所列,成像场景对应的 Google 地图光学图像见图 7 - 12(a),采用 CSA 作为稀疏自聚焦算法中的近似观测算子。选用本章的文献[15]中基于近似观测的稀疏自聚焦方法作为参考算法,为便于比较图像的聚焦效果,所有图片的最大亮度一致,并采用图像熵来评估 SAR 图像的聚焦质量,在相同的稀疏度下,熵越小图像质量越高。为便于比较算法的收敛速度和精度,本小节算法和对比算法中的迭代次数均固定为 30。与本章的文献[15]相比,在每一步的迭代中,算法 2 需要额外进行一次用于最小熵约束的矩阵点乘运算和步骤④中用于加快收敛速度的矩阵加法运算,相对于迭代过程中近似观测算子的运算,这些附加的运算量可以忽略。因此,所提方法和参考算法单次迭代的运算量是近似一致的,算法效率可通过收敛所需的迭代次数来体现。

表 10 - 3　机载 SAR 部分参数

参　数	数　值	参　数	数　值
波长	X 波段	平台高度/m	7 500
分辨率/m	0.5	中心斜距/km	13.6
斜视角/(°)	0	速度/(m·s^{-1})	154

尽管本小节算法能够用于距离和方位二维稀疏采样回波数据的自聚焦成像,但为便于分析回波采样率对算法收敛性的影响,实验过程中仅在方位向上对实测数据进行抽取。方位向上的回波数据采样率为 ξ_a,$\xi_a=1$ 表示全采样回波数据。成像场景的相对稀疏度定义为 $\alpha=K_0/PQ$,表示重建的散射点占场景所有散射点的比例。

图 10 - 1 给出了全采样和方位稀疏采样($\xi_a=0.5$)实测数据的成像结果。对比图 10 - 1(a)和图 10 - 1(b)可以看出,在全采样数据下,PGA 可以实现理想的运动补偿。而从图 10 -1(c)中可以看出,回波数据的方位向稀疏采样使 PGA 聚焦后的图像存在大量欠采样噪声,严重降低图像质量。

(a) 无运动补偿的全采样数据成像结果　(b) 基于PGA的全采样数据自聚焦结果　(c) 基于PGA的稀疏采样数据的自聚焦结果

图 10 - 1　实测机载 SAR 数据成像结果

为同时补偿运动误差和抑制欠采样噪声,分别采用本小节方法和本章文献[15]中的稀疏自聚焦方法对该回波数据进行处理,为比较算法对场景散射点的重构能力,固定 $\xi_a=0.5$,相对稀疏度 α 分别设置为 0.1 和 0.5,自聚焦结果如图 10 - 2 所示。

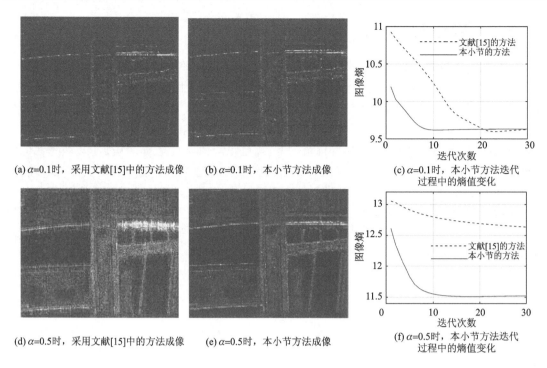

(a) $\alpha=0.1$时，采用文献[15]中的方法成像　　(b) $\alpha=0.1$时，本小节方法成像　　(c) $\alpha=0.1$时，本小节方法迭代过程中的熵值变化

(d) $\alpha=0.5$时，采用文献[15]中的方法成像　　(e) $\alpha=0.5$时，本小节方法成像　　(f) $\alpha=0.5$时，本小节方法迭代过程中的熵值变化

图 10 - 2　不同稀疏度下的成像结果

从图 10 - 2(a)和(b)中可以看出，当重建的散射点数量较少时（$\alpha=0.1$），两种算法都可以较好地估计和补偿运动误差并抑制欠采样噪声，结合图 10 - 2(c)中的熵值变化曲线可以看出，两种算法都收敛到了全局最优解，其中参考方法需要 20 次迭代，而本小节方法具有更快的收敛速度，仅需 7～8 次迭代。对于多数 SAR 图像，仅重建少数强散射点将丢失大量的图像信息。在欠采样的条件下，先验信息的利用程度将极大地影响散射点数量的重建能力，参考方法仅利用了成像场景稀疏的先验信息，当重建的散射点数量大量增加时（$\alpha=0.5$），场景的稀疏性将变弱，在欠采样的条件下重建的成像场景将有较大的误差，进而导致参考方法不能准确地估计和补偿运动误差，致使迭代结果依旧存在明显的方位散焦，如图 10 - 2(d)所示；由于利用了场景最小熵的附加先验信息，且提供了更精确的初始误差相位，本小节方法在欠采样条件下能够有效地重建更多的散射点，如图 10 - 2(e)所示。观察图 10 - 2(f)可以发现，随着迭代次数的增加，参考方法逐渐收敛到局部最优解，而所提方法则可以快速收敛到全局最优解附近。

与常规稀疏自聚焦方法相比，本小节方法在迭代求解误差相位时，采用 PGA 提供了合理的初始解，并增加了成像场景的最小熵（Minimum Entropy，ME）约束。为验证 PGA 提供初始解和 ME 约束在相位误差估计中的重要性，在仿真分析中分别构建了不含 PGA 和 ME 约束的 FIST＋MLE 算法，含有 PGA 提供初始解的 PGA＋FIST＋MLE 算法，以及含有 PGA 和 ME 约束的 PGA＋FIST＋ME＋MLE 算法，即本小节所提的算法 2。其中，FIST＋MLE 算法可近似看作文献[15]中的参考算法，但事实上，受益于 FIST 方法的高效率，FIST＋MLE 的收敛速度快于文献[15]中的 IST＋MLE 方法。图 10 - 3 所示给出了方位采样率以及相对稀疏度对 FIST＋MLE、PGA＋FIST＋MLE 和 PGA＋FIST＋ME＋MLE 三种算法收敛速度影响的实测数据分析结果。从图 10 - 3(b)和(c)中可以看出，含有 PGA 提供初始解的两种算法的初始图像熵值均明显降低，这表明在较高的采样率下，PGA 方法可以提供有效的初始解，能够减少算法所需的迭代次数。同时可以看出,在 PGA 提供初始解的基础上,随着方位采样率的升高,自聚焦所需的迭代次数迅速减小。从图 10 - 3(a)中可以看出,当采样率较低时,欠采样噪声将降低 PGA 方法对初始解的估计精度,此时自聚焦算法所需的迭代次数较多,但 ME 约束能够明显地提高收敛速度,并避免算法陷入误差较大的局部最优解。从图 10 - 3(d)~(f)中可以看出,随着场景重建散射点数量的增多,PGA＋FIST＋MLE 方法将逐渐收敛到局部最优解,而 PGA＋FIST＋ME＋MLE 方法依然可以收敛到全局最优解。这表明,当重建散射点数量较多时,PGA 提供初始解以及 ME 约束对提高算法收敛速度,避免迭代陷入局部最优解的作用非常显著。

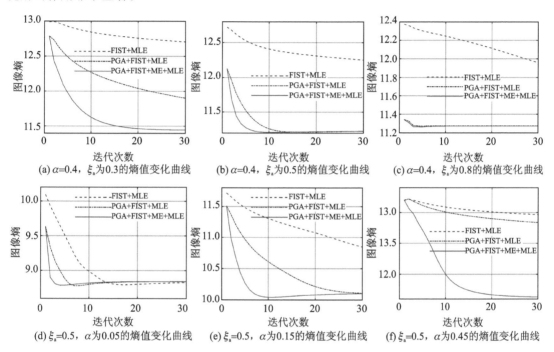

图 10 - 3　方位采样率以及相对稀疏度对算法收敛速度的影响分析

10.3　二维空变的运动误差补偿

　　10.2 节提出的稀疏自聚焦模型仅能校正非空变的相位误差,当运动误差幅度和成像场景幅宽较大时,运动误差对 RCMC 的影响将无法忽略,误差相位也将表现出明显的二维空变性。因此,本节基于稀疏自聚焦方法,提出了一种适用于机动平台大斜视 SAR 的二维空变运动误差估计与补偿方法。该方法基于 Keystone 变换和频域相位滤波法构建了一种能够校正成像参数空变性的频域近似观测算子,并对距离方位解耦后的方位时域运动误差进行高阶多项式建模,通过重建多个子区域的非空变误差相位,估计空变的运动误差多项式系数,最后通过修正频域近似观测算子中的时频域滤波系数来实现二维空变运动误差的补偿。

10.3.1　机动平台大斜视 SAR 近似观测模型

　　将第 6 章所构造的改进斜距模型 $R_{pro}(t_a; R_n, t_n)$ 在 $t_a = 0$ 处进行四阶泰勒级数展开,可得

$$R_{pro}(t_a; R_n, t_n) \approx \sum_{i=0}^{4} k_i(R_n, t_n) t_a^i \tag{10-22}$$

其中，$k_i(R_n, t_n)$ 表示第 i 阶泰勒级数展开系数。

假设雷达发射信号为 LFM 信号，则接收机收到的解调后的基带回波信号在距离频域可表示为

$$Ss(f_r, t_a; R_n, t_n) = \exp\left(-j\pi \frac{f_r^2}{K_r}\right) \exp\left[-j \frac{4\pi(f_c + f_r)}{c} \sum_{i=0}^{4} k_i(R_n; t_n) t_a^i\right] \tag{10-23}$$

为去除距离方位耦合和避免多普勒谱混叠，构造场景中心点处的 LRCMC 和去加速度函数为[18]

$$H_1(f_r, t_a) = \exp\left[j \frac{4\pi(f_c + f_r)}{c} (k_{10} t_a + k_{2a} t_a^2 + k_{3a} t_a^3 + k_{4a} t_a^4)\right] \tag{10-24}$$

其中，$k_{10} = k_1(R_{ref}, 0)$ 为场景中心点处的 LRCM 系数，k_{2a}、k_{3a} 和 k_{4a} 分别表示 $k_2(R_{ref}, 0)$、$k_3(R_{ref}, 0)$ 和 $k_4(R_{ref}, 0)$ 中与加速度相关的分量。将式（10-23）乘以式（10-24），可得

$$Ss_{De-a}(f_r, t_a; R_n, t_n) = \exp\left(-j\pi \frac{f_r^2}{K_r}\right) \exp\left\{-j \frac{4\pi(f_c + f_r)}{c} \begin{bmatrix} k_0(R_n, t_n) + d_1(R_n, t_n) t_a \\ + \sum_{i=2}^{4} (k_i(R_n, t_n) - k_{ia}) t_a^i \end{bmatrix}\right\} \tag{10-25}$$

其中，$d_1(R_n, t_n) = k_1(R_n, t_n) - k_{10}$ 为空变的 LRCM，是空变 RCM 的主要分量。

将式（10-25）进行方位 Keystone 变换，并将相位项展开至距离频率的二阶项得

$$Ss_{key}(f_r, t_a; R_n, t_n) = Ss_{De-a}\left(f_r, \frac{f_c}{f_r + f_c}; R_n, t_n\right) = \exp\left[j\left(\sum_{i=0}^{2} \phi_i(t_a; R_n, t_n) f_r^i\right)\right] \tag{10-26}$$

其中，

$$\begin{cases} \phi_0(t_a; R_n, t_n) = k_0(R_n, t_n) + d_1(R_n, t_n) t_a + \sum_{i=2}^{4} [k_i(R_n, t_n) - k_{ia}] t_a^i \\ \phi_1(t_a; R_n, t_n) = -\frac{4\pi}{c} \{k_0(R_n, t_n) - [k_2(R_n, t_n) - k_{2a}] t_a^2 + 2[k_3(R_n, t_n) - k_{3a}] t_a^3\} \\ \phi_2(t_a; R_n, t_n) = -\frac{\pi}{K_r} - \frac{4\pi\{[k_2(R_n, t_n) - k_{2a}] t_a^2 + 3[k_3(R_n, t_n) - k_{3a}] t_a^3\}}{c f_c} \end{cases} \tag{10-27}$$

式（10-27）中 ϕ_0 为方位调制项，ϕ_1 和 ϕ_2 分别为 RCM 和距离压缩项。ϕ_0 中 $k_0(R_n, t_n)$ 表示 Keystone 变换后点目标的距离向聚焦位置，方位 Keystone 变换处理后，ϕ_1 中的 LRCM 项被完全去除，可在方位时域构造如下所示的一致 RCMC 和距离压缩函数

$$H_2(f_r, t_a) = \exp\left\{-j\left[\sum_{i=1}^{2} \phi_i(t_a; R_{ref}, 0) f_r^i\right]\right\} \tag{10-28}$$

将式（10-26）乘以式（10-28），并进行距离向逆傅里叶变换，可得 RCMC 和距离压缩后的信号为

$$ss_{rc}(\tau, t_a; R_0, t_n) = \text{sinc}[\tau - 2k_0(R_0, t_n)/c] \exp[j\phi_0(t_a; R_0, t_n)] \tag{10-29}$$

RCMC 后，基于距离向聚焦位置 R_f 表示的方位调制相位 $\phi_a(t_a; R_f, t_n)$ 表示为

$$\phi_a(t_a; R_f, t_n) = \phi_0(t_a; R_n(R_f, t_n), t_n) \tag{10-30}$$

其中，$R_n(R_f, t_n)$ 的表达式同式(8-11)，不再重复给出。

为便于分析 $\phi_a(t_a; R_f, t_n)$ 的方位空变性，将式(10-30)在 $t_a = 0$ 处进行四阶泰勒级数展开，得

$$\phi_a(t_a; R_f, t_n) = \sum_{i=0}^{4} g_i(R_f, t_n) t_a^i \tag{10-31}$$

其中，$g_i(R_f, t_n)$ 表示第 i 阶泰勒级数展开系数。为便于分析和校正 $g_i(R_f, t_n)$ 的方位空变性，将 $g_i(R_f, t_n)$ 在 $t_n = 0$ 处进行如下所示的泰勒级数展开

$$\begin{cases} g_1(R_f, t_n) = g_{10}(R_f) + g_{11}(R_f) t_n + g_{12}(R_f) t_n^2 \\ g_2(R_f, t_n) = g_{20}(R_f) + g_{21}(R_f) t_n + g_{22}(R_f) t_n^2 \\ g_3(R_f, t_n) = g_{30}(R_f) + g_{31}(R_f) t_n \\ g_4(R_f, t_n) = g_{40}(R_f) \end{cases} \tag{10-32}$$

其中 g_{in} 表示 g_i 的第 n 阶泰勒级数展开系数。

采用频域相位滤波法校正方位空变的多普勒参数。首先，基于式(10-33)去除距离依赖的多普勒中心。

$$H_3(R_f, t_a) = \exp\left[-j g_{10}(R_f) t_a\right] \tag{10-33}$$

然后，采用级数反演法变换到方位频域得

$$sS_{rc}(f_a; R_f, t_n) = \exp\left\{j\left[\sum_{i=0}^{4} \varphi_i(R_f, t_n) f_a^i\right]\right\} \tag{10-34}$$

其中，f_a 表示方位频率；$\varphi_i(R_f, t_n)$ 表示第 i 阶方位频率调制系数，其距离依赖性可通过逐距离单元的方位压缩去除。为便于推导，将 $\varphi_i(R_f, t_n)$ 简记为 $\varphi_i(t_n)$，并将 $\varphi_i(t_n)$ 在 $t_n = 0$ 处进行如下所示的泰勒级数展开得

$$\begin{cases} \varphi_1(t_n) = \varphi_{11} t_n + \varphi_{12} t_n^2 \\ \varphi_2(t_n) = \varphi_{20} + \varphi_{21} t_n + \varphi_{22} t_n^2 \\ \varphi_3(t_n) = \varphi_{30} + \varphi_{31} t_n \\ \varphi_4(t_n) = \varphi_{40} \end{cases} \tag{10-35}$$

其中，φ_{in} 表示 φ_i 的第 n 阶泰勒级数展开系数。

为去除多普勒调频率的一阶和二阶方位空变性，构造如下所示的频域相位滤波函数

$$H_4(R_f, f_a) = \exp\left\{j\left[(s_3 - \varphi_{30}) f_a^3 + (s_4 - \varphi_{40}) f_a^4\right]\right\} \tag{10-36}$$

其中，频域扰动系数 s_3 和 s_4 分别为

$$\begin{cases} s_3 = \dfrac{f_c^2 \varphi_{20} \varphi_{21}}{3\pi \varphi_{11}} \\ s_4 = \dfrac{f_c^3 \varphi_{20}(3\varphi_{11}^2 \varphi_{31} - 2\varphi_{11}\varphi_{20}\varphi_{22} - \varphi_{11}\varphi_{21}^2 + 2\varphi_{12}\varphi_{20}\varphi_{21})}{6\pi \varphi_{11}^3} \end{cases} \tag{10-37}$$

频域相位滤波后，构造如下所示的方位时域 Deramp 函数

$$H_5(R_f, t_a) = \exp\left\{-j\left[\frac{\pi c}{4 f_c \varphi_{20}} t_a^2 + \frac{\pi^3 c s_3}{f_c^3 \varphi_{20}^3} t_a^3 + \frac{3\pi^4 c(\varphi_{11}^2 s_4 - f_c^3 \varphi_{20} \varphi_{21}^2)}{2 f_c^4 \varphi_{20}^4 \varphi_{11}^2} t_a^4\right]\right\} \tag{10-38}$$

Deramp 处理后，通过方位 FFT 即可实现方位压缩。最终机动平台大斜视 SAR 频域成像处理流程如图 10-4 所示。

设接收机采集的原始二维回波数据为 $\boldsymbol{S}$，根据图 10-4 中的成像流程可知，距离方位解耦

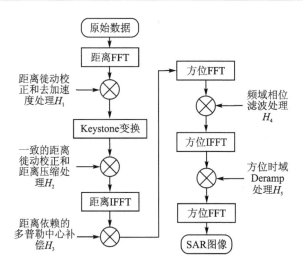

图 10-4　机动平台大斜视 SAR 频域成像处理流程

后的距离压缩回波可以表示为

$$S_{rc} = F_r^H (C_{key}(F_r(\boldsymbol{L} \circ \boldsymbol{S}) \circ \boldsymbol{H}_1) \circ \boldsymbol{H}_2) \circ \boldsymbol{H}_3 \qquad (10-39)$$

其中,$\boldsymbol{H}_i$ 表示由相位滤波因子 $\boldsymbol{H}_i$ 生成的相位滤波矩阵;C_{key} 表示方位向 Keystone 变换处理。$\boldsymbol{L}$ 表示降采样矩阵,定义同式(9-39)。

设成像场景的二维散射矩阵为 $\boldsymbol{G}$,基于距离压缩回波的成像算子可表示为

$$\boldsymbol{G} = \Gamma_{rc}(\boldsymbol{S}_{rc}) = F_a(F_a^H(F_a(\boldsymbol{S}_{rc}) \circ \boldsymbol{H}_4) \circ \boldsymbol{H}_5) \qquad (10-40)$$

在已知 $\boldsymbol{G}$ 的情况下,可通过 $\Gamma_{rc}(\bullet)$ 的逆运算 $\Gamma_{rc}^{-1}(\bullet)$ 来生成距离压缩回波 $\boldsymbol{S}_{rc}$,即

$$\boldsymbol{S}_{rc} = \Gamma_{rc}^{-1}(\boldsymbol{G}) = F_a^H(F_a(F_a^H(\boldsymbol{G} \circ \boldsymbol{H}_5^*) \circ \boldsymbol{H}_4^*) \qquad (10-41)$$

10.3.2　空变相位误差的估计与补偿

1. 基于近似观测的稀疏自聚焦

为估计非空变的运动误差相位并实现场景的粗聚焦,假设 SAR 系统仅存在非空变的相位误差 $\boldsymbol{\Phi}$,表示为

$$\boldsymbol{\Phi} = diag [e^{j\phi(1)}, e^{j\phi(2)}, \cdots, e^{j\phi(M)}] \qquad (10-42)$$

则基于近似观测的稀疏自聚焦模型可表示为

$$\langle \boldsymbol{G}, \boldsymbol{\Phi} \rangle = arg \min {}_{\boldsymbol{G}, \boldsymbol{\Phi}} J(\boldsymbol{G}, \boldsymbol{\Phi}) \qquad (10-43)$$

其中,代价函数 $J(\boldsymbol{G}, \boldsymbol{\Phi})$ 表示为

$$J(\boldsymbol{G}, \boldsymbol{\Phi}) = \left\{ \frac{1}{2} \parallel \boldsymbol{S}_{rc} - \boldsymbol{\Phi} \Gamma_{rc}^{-1}(\boldsymbol{G}) \parallel_F^2 + \gamma \parallel \boldsymbol{G} \parallel_1 \right\} \qquad (10-44)$$

其中,γ 表示正则化参数。

本章的文献[15]中基于近似观测的稀疏自聚焦方法可用于求解式(10-43),10.2 节的理论分析和实验结果表明,采用 FIST 算法重建 $\boldsymbol{G}$,以及在迭代过程中增加场景的最小熵约束可以减少迭代次数,提高稀疏自聚焦算法的稳定性。因此,本小节提出了如表 10-4 所列的算法 3 用于求解式(10-43),算法 3 的证明过程与算法 2 相同,不再重复给出。

表 10 - 4　算法 3：基于最小熵约束的稀疏自聚焦算法

流　程	内　容
输入	距离压缩回波 $\boldsymbol{S}_{rc}$
初始化	$i=0,N_{iter},\boldsymbol{G}^{(0)}=\varGamma_{rc}(\boldsymbol{S}_{rc}),t^{(0)}=1,\boldsymbol{\Phi}^{(0)}=\mathrm{diag}\,[1,1,\cdots,1]$
迭代过程	当 $i<N_{iter}$ 时， Step 1：基于 FIST 的场景散射系数重建 $\boldsymbol{G}^{(i+1)}=\arg\min\limits_{\boldsymbol{G}} J(\boldsymbol{G},\boldsymbol{\Phi}^{(i)})$。 ① $\boldsymbol{V}^{(i+1)}\leftarrow E_{1,\lambda\mu}(\boldsymbol{G}^{(i)}-\mu\varGamma_{rc}(\varGamma_{rc}^{-1}(\boldsymbol{G}^{(i)})-(\boldsymbol{\Phi}^{(i)})^{*}\boldsymbol{S}_{rc}))$； ② $t^{(i+1)}=\dfrac{1+\sqrt{1+4(t^{(i+1)})^{2}}}{2}$； ③ $\boldsymbol{G}^{(i+1)}=\boldsymbol{V}^{(i+1)}+\dfrac{t^{(i)}-1}{t^{(i+1)}}(\boldsymbol{V}^{(i+1)}-\boldsymbol{V}^{(i)})$。 Step 2：相位误差估计 $\boldsymbol{\Phi}^{(i+1)}=\arg\min\limits_{\boldsymbol{\Phi}} J(\boldsymbol{G}^{(i+1)},\boldsymbol{\Phi})$。 ④ $\phi^{(i)}(m)=\mathrm{angle}\,([\boldsymbol{S}_{rc}]_{m}\cdot[\varGamma_{rc}^{-1}(\boldsymbol{G}^{(i+1)}\circ(1+\log|\boldsymbol{G}^{(i+1)}|^{2}))]_{m}^{H})$； ⑤ $\boldsymbol{\Phi}^{(i+1)}=\mathrm{diag}\,[\mathrm{e}^{\mathrm{j}\phi^{(i)}(1)},\mathrm{e}^{\mathrm{j}\phi^{(i)}(2)},\cdots,\mathrm{e}^{\mathrm{j}\phi^{(i)}(M)}]$； ⑥ $i=i+1$，回到步骤①。
输出	$\boldsymbol{G}^{(i)}$ 和 $\boldsymbol{\Phi}^{(i)}$

采用算法 3 求解时，在所有的距离单元中仅需选取平均能量排序前 5% ~ 10% 的距离单元即可取得理想的效果，这样可以极大地降低矩阵维度，提高算法效率。

2. 空变的运动误差模型

在距离向处理中，Keystone 变换去除了运动误差中的线性分量，通常情况下，残余的非线性运动误差对 RCMC 的影响可以忽略。本小节重点研究方位压缩过程中，距离和方位空变的相位误差估计与校正。

采用稀疏自聚焦方法估计出全局非空变误差相位 $\boldsymbol{\Phi}_{inv}$ 后，可以获取成像场景的粗聚焦图像 $\boldsymbol{G}_{c}=\varGamma_{rc}(\boldsymbol{\Phi}_{inv}^{*}\boldsymbol{S}_{rc})$。在 $\boldsymbol{G}_{c}$ 中，残余误差相位是沿距离和方位向缓慢空变的，但在一个子区域中，残余误差相位可以看作是空不变的。因此，基于不同子区域的残余非空变相位误差，可采用最小二乘法实现残余空变误差相位的估计与补偿。采用稀疏自聚焦方法估计子区域残余相位误差时，子区域中应含有较多的稀疏强散射点，所选择的子区域在距离和方位向上有较大的分散性[8]。对于任一子图像 $\boldsymbol{G}_{c\_sub}$，首先恢复其距离压缩回波 $\boldsymbol{S}_{rc\_sub}=\varGamma_{rc}^{-1}(\boldsymbol{G}_{c\_sub})$，然后采用算法 3 估计子图像 $\boldsymbol{G}_{c\_sub}$ 的残余相位误差 $\boldsymbol{\Phi}_{c\_sub}$。

本小节采用的二维空变误差校正方法，是通过修正所构建的频域近似观测算子中的滤波系数来实现的。在所构建的频域近似观测算子中，斜距模型为四阶多项式模型，观察式（10-32）中多普勒参数的空变展开系数可以发现，在频域相位滤波法中，回波的方位时域调制相位需考虑多普勒中心和调频率的一阶和二阶方位空变性，三阶多普勒参数的一阶方位空变性。为便于在频域相位滤波法中校正空变的运动误差，运动误差的多项式阶数应与斜距模型一致。因此，本小节将距离压缩回波中的残余空变误差相位在距离和方位向近似为如下所示的四阶多项式模型。

$$\Delta\phi(\Delta R,t_{n})=a(\Delta R,t_{n})t_{a}+b(\Delta R,t_{n})t_{a}^{2}+c(\Delta R,t_{n})t_{a}^{3}+d_{0}(\Delta R)t_{a}^{4} \quad (10-45)$$

其中，$\Delta R = R_f - R_{ref}$，$a(\Delta R, t_n) t_a$ 为线性分量，会使聚焦后的方位频域图像产生 $f_a = a(\Delta R, t_n)/(2\pi)$ 的方位位置偏移，该偏移对方位聚焦质量的影响很小，无需估计。$b(\Delta R, t_n)$ 和 $c(\Delta R, t_n)$ 分别表示二维空变的多普勒调频率和三阶多普勒参数，$d_0(\Delta R)$ 表示距离依赖的四阶多普勒系数，具体表示为

$$\begin{cases} b(\Delta R, t_n) = b_0 + b_{a1} t_n + b_{a2} t_n^2 + b_{r1} \Delta R + b_{r2} \Delta R^2 \\ c(\Delta R, t_n) = c_0 + c_{a1} t_n + c_{r1} \Delta R \\ d_0(\Delta R) = d_0 + d_{r1} \Delta R \end{cases} \quad (10-46)$$

3. 空变误差相位的求解与补偿

假设在 $\boldsymbol{G}_c$ 中共截取 D 个子区域，其中第 i 个子区域的局部误差相位表示为 ϕ_{sub_i}。采用最小二乘法可以对 ϕ_{sub_i} 进行多项式拟合，则子区域 i 的四阶多项式拟合系数表示为

$$\boldsymbol{u}_{sub\_i} = [1, t_a, t_a^2, t_a^3, t_a^4]_{M \times 5}^{-1} \cdot [\phi_{sub\_i}(1), \cdots, \phi_{sub\_i}(M)]_{M \times 1}^T \quad (10-47)$$

其中，$(\cdot)^T$ 表示转置运算；1 表示含有 M 个元素的全 1 列向量；$t_a \in R^{M \times 1}$ 表示离散的方位采样时间序列。

所有子区域的第 i 阶多项式系数组成的向量 $\boldsymbol{\Psi}_i$ 为

$$\boldsymbol{\Psi}_i = [\boldsymbol{u}_{sub\_1}(i+1), \boldsymbol{u}_{sub\_2}(i+1), \cdots, \boldsymbol{u}_{sub\_D}(i+1)]_{1 \times D}^T \quad (10-48)$$

其中，$\boldsymbol{u}_{sub\_k}(i+1)$ 表示向量 $\boldsymbol{u}_{sub\_k}$ 中的第 $i+1$ 个元素。

根据式（10-46）可知，由子区域位置决定的第 i 阶空变多项式系数矩阵 $\boldsymbol{\Omega}_i$ 表示为

$$\boldsymbol{\Omega}_2 = \begin{bmatrix} 1 & t_{n\_1} & t_{n\_1}^2 & \Delta R_1 & \Delta R_1^2 \\ 1 & t_{n\_2} & t_{n\_2}^2 & \Delta R_2 & \Delta R_2^2 \\ & & \vdots & & \\ 1 & t_{n\_D} & t_{n\_D}^2 & \Delta R_D & \Delta R_D^2 \end{bmatrix}_{5 \times D}, \quad \boldsymbol{\Omega}_3 = \begin{bmatrix} 1 & t_{n\_1} & \Delta R_1 \\ 1 & t_{n\_2} & \Delta R_2 \\ & \vdots & \\ 1 & t_{n\_D} & \Delta R_D \end{bmatrix}_{3 \times D}, \quad \boldsymbol{\Omega}_4 = \begin{bmatrix} 1 & \Delta R_1 \\ 1 & \Delta R_2 \\ \vdots & \\ 1 & \Delta R_D \end{bmatrix}_{2 \times D}$$

$$(10-49)$$

其中，t_{n_k} 和 ΔR_k 分别表示第 i 个子区域中心点的方位和距离位置。

基于最小二乘法，第 i 阶空变多项式系数向量 $\boldsymbol{\Lambda}_i$ 可表示为

$$\boldsymbol{\Lambda}_i = \boldsymbol{\Omega}_i^{\dagger} \cdot \boldsymbol{\Psi}_i, \quad i = 2,3,4 \quad (10-50)$$

其中，"$\dagger$"表示广义逆运算，$\boldsymbol{\Lambda}_i$ 的具体形式为

$$\boldsymbol{\Lambda}_2 = [b_0 \ b_{a1} \ b_{a2} \ b_{r1} \ b_{r2}]_{1 \times 5}^T, \quad \boldsymbol{\Lambda}_3 = [c_0 \ c_{a1} \ c_{r1}]_{1 \times 3}^T, \quad \boldsymbol{\Lambda}_4 = [d_0 \ d_{r1}]_{1 \times 2}^T \quad (10-51)$$

获取误差相位的空变多项式系数 $\boldsymbol{\Lambda}_i$ 后，根据式（10-52）对式（10-32）中的空变多普勒参数进行修正，即可实现二维空变运动误差的补偿。

$$\begin{cases} g_{20}(R_f) = \tilde{g}_{20}(R_f) + b_0 + b_{r1} \Delta R + b_{r1} \Delta R^2 \\ g_{21}(R_f) = \tilde{g}_{21}(R_f) + b_{a1}, \quad g_{22}(R_f) = \tilde{g}_{21}(R_f) + b_{a2} \\ g_{30}(R_f) = \tilde{g}_{30}(R_f) + c_0 + c_{r1} \Delta R, \quad g_{31}(R_f) = \tilde{g}_{31}(R_f) + c_{a1} \\ g_{40}(R_f) = \tilde{g}_{40}(R_f) + d_0 + d_{r1} \Delta R \end{cases} \quad (10-52)$$

其中，$\tilde{g}_x(R_f)$ 表示根据惯导参数计算的多普勒参数。

最终，所提机动平台大斜视 SAR 稀疏自聚焦方法流程如图 10-5 所示。

算法 3 采用稀疏自聚焦框架估计误差相位，因此所提方法可用于全采样和稀疏采样数据下的空变运动误差估计。对于稀疏采样数据，可通过合并式（10-39）式（10-40）构造完整

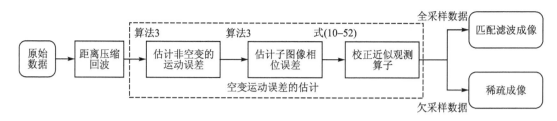

图 10 - 5　机动平台大斜视 SAR 稀疏自聚焦方法流程

的成像算子和近似观测算子,然后采用第 9 章表 9 - 1 中的 L1 - CAMP 算法进行稀疏成像。

4. 成像场景适用性分析

本小节所提基于稀疏自聚焦的空变运动误差估计与补偿方法对成像场景的适用性分析如下:

(1) 场景类型的要求

所提方法需要在成像场景的不同区域内选择若干子区域,采用稀疏自聚焦方法进行局部非空变相位误差的估计。对于高对比度的局部场景,散射强度较弱的区域可以近似为背景噪声,因此高对比度场景可近似为稀疏场景,可以采用稀疏自聚焦方法估计误差相位。因此,所提方法以最大对比度为准则进行子区域选取,要求成像场景具有一定的对比度。

(2) 场景大小的要求

对于机动平台大斜视 SAR 成像,非线性轨迹和大斜视角的存在使成像参数具有较强的空变性,所提方法基于 Keystone 变换和频域相位滤波进行成像参数空变性的校正,并通过修正频域相位滤波法的滤波系数校正运动误差产生的空变相位误差。由于运动误差的幅度远小于平台机动所造成的轨迹偏移,因此成像场景的大小主要由频域相位滤波法的空变性校正能力决定,在频域相位滤波法的有效成像区域内,所提的空变运动误差补偿方法均是有效的。

5. 运算量分析

本小节基于 Keystone 变换和频域相位滤波法,构造了机动平台大斜视 SAR 频域成像算子,在对相位误差进行估计时,所提方法仅利用了距离压缩回波 S_{rc} 及相应的频域算子 $\Gamma_{rc}^{-1}(\cdot)$ 和 $\Gamma_{rc}(\cdot)$。频域算子共包含 3 次方位向 FFT/IFFT 运算和两次矩阵点乘运算,设其运算量为 C_Γ。

算法 3 的迭代次数为 I_{max},每次迭代需要计算 2 次频域算子 $\Gamma_{rc}^{-1}(\cdot)$ 或 $\Gamma_{rc}(\cdot)$。在图 10 - 5 所示的空变运动误差估计过程中,设估计全局非空变运动误差时选用的距离单元占全部距离单元的比例为 η_1,估计子图像相位误差时,每个子图像的距离单元占全部距离单元的比例为 η_2,则空变运动误差估计所需的运算量为

$$C_{moco} = 2(\eta_1 + D\eta_2) I_{max} C_\Gamma \tag{10 - 53}$$

仿真实验表明,$I_{max} = 30, \eta_1 = 0.1, \eta_2 = 0.02, D = 8$,即可高精度地估计空变的运动误差,所需的运算量为 $15.6 C_\Gamma$。在图 10 - 4 中,实现方位压缩的成像算子 $\Gamma_{rc}(\cdot)$ 的运算量约占整个算法运算量的 1/4,因此所提方法进行空变运动误差估计的运算量约为 $15.6/4 = 3.9$ 次频域 MF 成像的运算量,在常规的 SAR 稀疏成像中仅相当于 2 次迭代的运算量,具有较高的运算效率。

10.3.3 仿真分析

机动平台大斜视 SAR 的实测数据还难以获取,本小节基于第 7 章方法模拟的真实 SAR 场景含运动误差回波数据验证所提方法的有效性。仿真采用的 SAR 系统和平台运动参数如表 10-5 所列,为表明所提方法对不同类型成像场景的适用性,选择含有大量强散射点且稀疏性较高的场景 1 和含有少量强散射点且稀疏性较低的场景 2 作为仿真场景,场景 1 和场景 2 均平行于 X 轴放置,分别如图 10-6(a)和(b)所示。根据常规机载 SAR 的惯导数据,加入如图 10-6(c)所示的三维运动误差。

表 10-5 仿真参数

参 数	数 值	参 数	数 值
载频/GHz	17	地面斜视角/(°)	60
距离带宽/MHz	300	平台高度/km	4
合成孔径时间/s	3	中心斜距/km	12
脉冲宽度/μs	5	速度/(m·s⁻¹)	(150,0,−30)
脉冲重复频率/Hz	1 500	加速度/(m·s⁻²)	(2.2,1.1,−1.8)

(a) 仿真场景1

(b) 仿真场景2

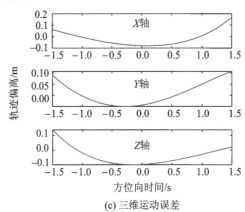

(c) 三维运动误差

图 10-6 真实 SAR 场景的回波仿真

在全采样数据下,图 10-7 给出了未进行运动误差补偿以及采用算法 3 进行全局非空变相位误差补偿后的粗聚焦结果,由于大斜视角的存在,成像结果具有明显的几何畸变。从

图 10-7 中可以看出,未进行运动误差补偿时,图像在方位向存在严重的散焦情况,采用算法 3 中的稀疏自聚焦方法进行粗聚焦后,图像质量得到了明显的改善,但空变的运动误差使图像依旧存在一定的散焦情况。

(a) 场景1无运动误差补偿

(b) 场景1粗聚焦

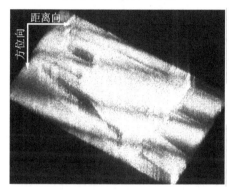

(c) 场景2无运动误差补偿

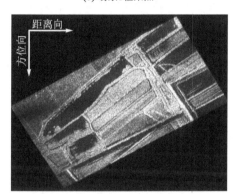

(d) 场景2粗聚焦

图 10-7　本小节方法的粗聚焦成像结果

为验证本小节所提二维空变相位误差估计与补偿方法的有效性,选择加权 PGA(Weighted PGA,WPGA)[18]和文献[15]中的稀疏自聚焦算法作为对比算法。图 10-8 和图 10-9 分别给出了全采样数据下仿真场景 1 和仿真场景 2 的成像结果,其中红色矩形框所选中的子区域,为本小节方法估计空变相位误差时所选择的子区域。

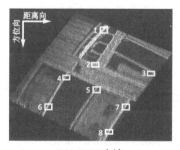

(a) WPGA方法

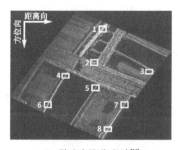

(b) 稀疏自聚焦方法[15]

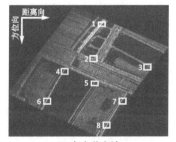

(c) 本小节方法

图 10-8　全采样数据下仿真场景 1 成像结果

从图 10-8 和图 10-9 中可以看出,由于 WPGA 方法对强散射点的依赖较强,对于强散

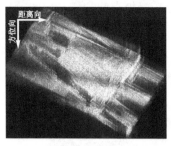
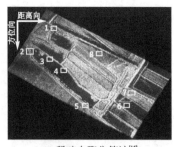
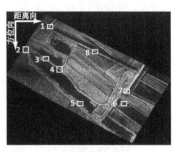

(a) WPGA方法　　　　　(b) 稀疏自聚焦算法[15]　　　　　(c) 本小节方法

图 10 - 9　全采样数据下仿真场景 2 成像结果

射点较少且对比度较低的仿真场景 2,WPGA 方法无法有效地聚焦,而稀疏自聚焦方法和本小节方法对场景 1 和场景 2 均有较好的聚焦效果。采用图像熵和对比度量化分析图 10 - 8 和图 10 - 9 中三种方法的聚焦效果,结果如表 10 - 6 所列,可以看出,对于所采用的两个测试场景,本小节方法聚焦图像的熵值最小,对比度最高,具有最好的聚焦效果。

表 10 - 6　成像结果量化分析结果

成像场景	成像方法	熵	对比度
场景 1	WPGA	13.34	3.94
	稀疏自聚焦	13.17	4.08
	本小节方法	13.05	4.19
场景 2	WPGA	14.58	3.95
	稀疏自聚焦	14.42	6.82
	本小节方法	14.31	7.02

为直观地体现本小节方法的空变误差校正效果,图 10 - 10 所示放大显示了 3 种算法的部分子区域成像结果,子区域序号对应的子区域与图 10 - 8 和图 10 - 9 中的标号一致。在图 10 - 9 中,由于 WPGA 方法的聚焦效果明显差于另两种方法,因此图 10 - 10(b)未展示 WPGA 方法聚焦后的场景 2 子区域成像结果。从图 10 - 10 中可以看出,WPGA 方法估计的误差相位是不同距离单元散射点空变误差相位叠加后的结果,聚焦效果最差;稀疏自聚焦方法可以估计全局的非空变误差相位,其聚焦效果要好于 WPGA 方法,但残余的空变误差相位降低了局部子区域的聚焦质量,而本小节方法同时估计了距离和方位向的空变多普勒系数,能够校正子区域的空变相位误差,对场景 1 和场景 2 中不同的子区域均有较好的聚焦效果。

为验证本小节方法的稀疏成像效果,抽取 36% 的仿真场景 1 原始回波数据进行成像处理,即取 $\xi_a = \xi_r = 0.6$,成像结果如图 10 - 11 所示,其中 WPGA、稀疏自聚焦和本小节方法聚焦图像的熵值分别为 15.50、12.06 和 11.95。可以看出,距离和方位向的稀疏采样使基于 WP-GA 的 MF 成像结果存在严重的欠采样噪声,本小节方法和稀疏自聚焦方法均可以有效地去除这种欠采样噪声,但由于校正了空变的相位误差,相较于常规稀疏自聚焦方法,本小节方法具有更小的熵值和更好的稀疏成像效果。

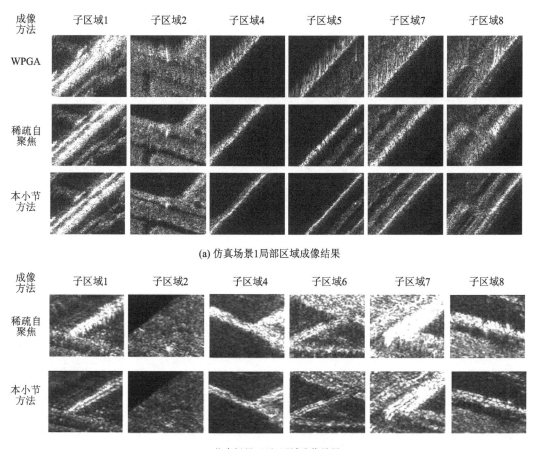

(a) 仿真场景1局部区域成像结果

(b) 仿真场景2局部区域成像结果

图 10 - 10　子区域聚焦效果对比

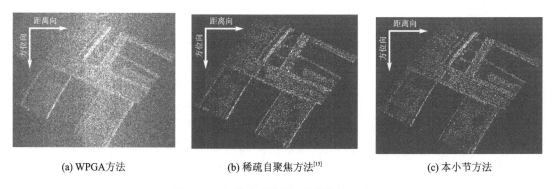

(a) WPGA方法　　　　(b) 稀疏自聚焦方法[15]　　　　(c) 本小节方法

图 10 - 11　稀疏采样数据的成像结果对比

10.4　本章小结

　　本章重点研究了机动平台大斜视 SAR 的运动误差补偿方法。当平台携带惯导设备精度较高时,此时运动误差可以认为是非空变的,针对非空变的运动误差,10.2 节构建了一种基于近似观测和最小熵约束的稀疏自聚焦模型,并采用 PGA 提供相位误差的初始解,该方法将

MF 类成像算法中常用的 PGA 和最小熵等自聚焦方法引入到 SAR 的稀疏自聚焦成像中,极大地加快了稀疏自聚焦方法的收敛速度和稳定性,实测数据成像结果验证了所提方法的有效性。当成像区域较大时,运动误差的空变性无法忽略,10.3 节在 10.2 节的稀疏自聚焦模型的基础上,提出了一种能够校正二维空变相位误差的稀疏自聚焦方法,该方法估计了距离向处理后方位时域的二维空变运动误差,可用于全采样和稀疏采样数据下的机动平台大斜视 SAR 成像。10.3 节方法需要估计多个子区域的非空变运动误差,运算量高于 10.2 节。因此,在实际应用中,根据运动误差幅度和成像区域的大小,10.2 节和 10.3 节方法应分别用于非空变和空变的运动误差估计与补偿。

参考文献

[1] Wahl D E, Eichel P H, Ghiglia D C, et al. Phase gradient autofocus-a robust tool for high resolution SAR phase correction[J]. IEEE Transactions on Aerospace and Electronic Systems, 1994, 30(3): 827-835.

[2] Fienup J R, Miller J J. Aberration correction by maximizing generalized sharpness metrics[J]. Journal of The Optical Society of America A-optics Image Science and Vision, 2003, 20(4): 609-620.

[3] Evers A, Jackson J A. A Generalized Phase Gradient AutofocusAlgorithm[J]. IEEE Transactions on Computational Imaging, 2019, 5(4): 606-619.

[4] Xiong Tao, Xing Mengdao, Wang Yong, et al. Minimum-Entropy-Based Autofocus Algorithm for SAR Data Using Chebyshev Approximation and Method of Series Reversion, and Its Implementation in a Data Processor[J]. IEEE Transactions on Geoscience and Remote Sensing, 2014, 52(3): 1719-1728.

[5] Li Yake, Siu Oyoung. Kalman Filter Disciplined Phase Gradient Autofocus for Stripmap SAR[J]. IEEE Transactions on Geoscience and Remote Sensing, 2020, (99): 1-11.

[6] 陈士超,刘明,卢福刚,等. 一种适用于双基 SAR 的改进 PGA 方法[J]. 雷达科学与技术, (4): 437-442.

[7] 张磊. 高分辨 SAR/ISAR 成像及误差补偿技术研究[D]. 西安:西安电子科技大学,2012.

[8] Liang Yi, LiGuofei, Wen Jun, et al. A Fast Time-Domain SAR Imaging and Corresponding Autofocus Method Based on Hybrid Coordinate System[J]. IEEE Transactions on Geoscience and Remote Sensing, 2019, 57(11): 8627-8640.

[9] Pu Wei, Wu Junjie, Huang Yulin, et al. Fast Factorized Backprojection Imaging Algorithm Integrated With Motion Trajectory Estimation for Bistatic Forward-Looking SAR[J]. IEEE Journal of Selected Topics in Applied Earth Observations and Remote Sensing, 2019, 12(10): 3949-3965.

[10] Onhon N O, Cetin M. A Sparsity-Driven Approach for Joint SAR Imaging and Phase Error Correction [J]. IEEE Transactions on Image Processing, 2012, 21 (4): 2075-2088.

[11] Yang Jungang, Huang Xiaotao, Thompson J, et al. Compressed Sensing Radar Imaging With Compensation of Observation Position Error[J]. IEEE Transactions on Geo-

science & Remote Sensing, 2014, 52(8): 4608-4620.

[12] Chen Yichang, Li Gang, Zhang Qun, et al. Motion Compensation for Airborne SAR via Parametric Sparse Representation[J]. IEEE Transactions on Geoscience & Remote Sensing, 2016: 1-12.

[13] Ender J. A brief review of compressive sensing applied to radar[C]//2013 14th International Radar Symposium (IRS). IEEE, 2013: 3-16.

[14] Yang Jungang, Thompson John, Huang Xiaotao, et al. Segmented reconstruction for compressed sensing SAR imaging[J]. IEEE transactions on geoscience and remote sensing, 2013, 51(7): 4214-4225.

[15] Li Bo, LiuFalin, Zhou Chongbin, et al. Phase Error Correction for Approximated Observation-Based Compressed Sensing Radar Imaging[J]. Sensors, 2017, 17(3): 613.

[16] Pu Wei, Wu Junjie, Wang Xiaodong, et al. Joint Sparsity-Based Imaging and Motion Error Estimation for BFSAR[J]. IEEE Transactions on Geoscience and Remote Sensing, 2019, 57(3): 1393-1408.

[17] Beck A, Teboulle M. A Fast Iterative Shrinkage-Thresholding Algorithm for Linear Inverse Problems[J]. Siam Journal on Imaging Sciences, 2009, 2(1): 183-202.

[18] Macedo De K, Scheiber A C R, Alberto M. An autofocus approach for residual motion errors with application to airborne repeat-pass SAR interferometry[J]. IEEE Transactions on Geoscience & Remote Sensing, 2008, 46: 3151-3162.

[19] Li Zhenyu, Xing Mengdao, Liang Yi, et al. A Frequency-Domain Imaging Algorithm for Highly Squinted SAR Mounted on Maneuvering Platforms With Nonlinear Trajectory[J]. IEEE Transactions on Geoscience & Remote Sensing, 2016, 54(7): 4023-4038.

第三部分
无人机载高机动 SAR 成像系统

第 11 章 无人机载高机动 SAR 成像处理系统

第 11 章　无人机载高机动 SAR 成像处理系统

11.1　系统介绍

无人机载高机动 SAR 成像处理实验系统用于实现经典 SAR 成像实验、机动 SAR 频域成像实验和时域成像实验等,完成相关算法验证和成像机理研究。系统包含硬件和软件两部分:硬件系统包括滑轨成像系统和八旋翼平台成像系统;软件是将前文的研究成果进行集成,可以通过界面设置成像条件,实现回波信号仿真、原始数据回访、成像处理分析等内容,为教学和科研提供更多保障条件和直观分析平台。

11.2　硬件系统

无人机载高机动 SAR 成像系统雷达原理验证样机主要包括由 MMIC 和微带天线的射频板以及以 FPGA 为主芯片的数据采集存储底板,雷达系统可搭载在滑轨系统进行直线可控运动,搭载在八旋翼平台,进行任意轨迹运动。雷达系统如图 11-1 所示。

图 11-1　雷达系统硬件图

系统的射频板使用 TI 公司官方开发套件 IWR1642BOOST,开发套件使用 IWR1642 射频芯片,该 MMIC 射频芯片为 TI 公司于 2017 年推出的 77 GHz 毫米波雷达解决方案,拥有 2 个发射通道和 4 个接收通道,配置 2 个发射通道的工作模式可以使雷达工作于 TDM-MIMO 或者 BPM-MIMO 模式,雷达最大信号带宽为 4 GHz,工作频率范围为 76～77 GHz 或者

77～81 GHz。射频芯片内部除了集成射频前端所需的模拟器件外,还集成了中频信号采集用的 ADC,可以对 4 个接收通道进行 IQ 采样,内部的处理器可以将 ADC 采集到的数据通过 LVDS 接口向外传输,传输至 FPGA 为主控芯片的数据采集板卡,处理器也可以直接在芯片内部对采样数据进行简单的处理。

数据采集存储板卡使用 FPGA 作为主控芯片,FPGA 通过 LVDS 接口与射频板进行通信,接收射频芯片的 AD 采样数据。板卡搭载的 4 片 eMMC 存储芯片用于存储雷达的采样数据,每片 eMMC 存储芯片的容量为 32 GB,组成最大 128 GB 的数据存储空间。雷达工作过程中,数据实时存储在 eMMC 芯片内,在工作结束后,可将存储的数据从 eMMC 读出,并通过千兆以太网传输至计算机,在计算机上进行数据处理。板卡预留了 12 个 I/O 接口,方便其他设备信息的输入。

雷达系统主要性能指标如下:

① 发射信号频段为 76～81 GHz;

② 通道数量为 4 个接收通道和 2 个发射通道;

③ 复采样率不小于 6.25 MSPS;

④ 发射和接收天线要求配置 2 个发射天线,其中发射天线 1 采用 8 根共 64 个阵元,探测角度在 ±15°,发射天线 2 采用 2 根共 16 个阵元,探测角度在 ±45°。

11.2.1　滑轨成像系统

在合成孔径雷达数据录取过程中,需要保证雷达按照预期的运动轨迹移动,为了在数据录取过程中使雷达进行可控运动,为本微小型 SAR 成像系统制作了一套滑轨装置,将雷达系统安装在滑轨系统中的滑台上,滑轨总长为 2.0 m,因此可以使雷达移动组成最大 2.0 m 的合成孔径。步进电机控制滑轨工作使滑台带动雷达系统以固定的速度进行移动。由于步进电机不能直接工作在直流或交流电源情况下,需要驱动器和控制器来调整脉冲个数,从而控制步进电机的转动,因此滑轨系统的组成结构主要有电源、步进电机、步进电机控制器、步进电机驱动器、步进带等部分组成。

在滑轨系统中,定好步进电机驱动器和控制器的参数后,上电使驱动器和控制器控制步进电机转动,带动步进带运动,带动滑台进行左右移动,步进电机的转动方向控制滑台的移动方向,步进电机的转速控制滑台的移动速度。

为了进行不同雷达波束指向下的实验,在滑台上安装一个可以转向的云台,再把雷达固定在云台上,通过调整云台的姿态,改变雷达的波束指向,使雷达可以进行斜侧视、前侧视、后侧视以及不同俯仰角的控制。

将数据采集存储板卡与射频板卡组成好的雷达系统安装到滑轨系统上的实物图如图 11-2 所示。

实验中,导轨带动 FMCW SAR 系统移动的速度为 0.208 8 m/s,一次滑动长度为 1.85 m,即合成孔径长度为 1.85 m。实验中 FMCW SAR 系统参数如表 11-1 所列,目标参数如表 11-2 所列。

图 11 - 2   滑轨 SAR 成像实验系统

表 11 - 1   实际场景数据录取时雷达参数

中心频率/GHz	77	信号带宽/GHz	2.56
调频率/GHz	−30 000	采样率/MHz	6
PRF/kHz	0.1	雷达速度/(m·s⁻¹)	0.208 8
雷达高度/m	0.75	斜视角/(°)	0
收发通道	1T1R		

表 11 - 2   目标参数

目标序号	地距/m	方位/m
1	8.55	0
2	11.49	−0.6
3	11.49	0
4	11.49	0.6
5	14.45	0

导轨多次往返运动后接收到的回波信号经距离向 FFT 后如图 11 - 3 所示,可以明显看出 3 个不同距离目标的距离徙动轨迹。选取方位向回波强度最大的第 363 行数据,绘制该行信号的相位,如图 11 - 4 所示,可见相位跟随导轨的往返进行周期性变化。由于 BP 算法仅能对单次运动数据进行处理,在此选取方位向 4 196∶5 070 这段数据作为原始回波进行 BP 成像处理。截取后原始回波信号幅值如图 11 - 5 所示,方位向 FFT 后频谱如图 11 - 6 所示,未见混叠。

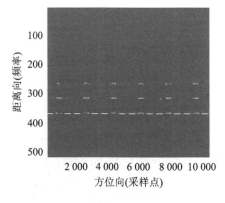

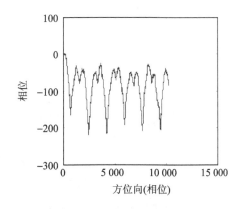

图 11 - 3   原始回波数据距离向 FFT 后结果   图 11 - 4   原始回波信号第 363 行方位切面相位图

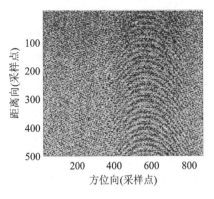

图 11-5　截取后原始信号幅度图

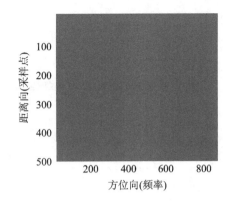

图 11-6　截取后原始回波方位向 FFT

采用距离向 FFT 对原始信号进行处理(同时进行 10 倍插值),并将频率轴转换为距离,结果如图 11-7 所示,可见距离压缩后目标轨迹位置与目标实际斜距相同,压缩正确,将 5 个目标的轨迹分别放大,如图 11-8~图 11-10 所示,可见明显的距离弯曲。

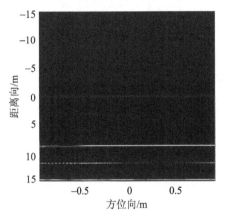

图 11-7　距离压缩后信号图

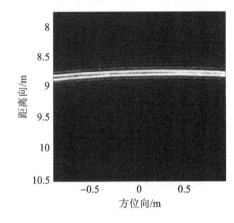

图 11-8　目标 1 距离压缩后轨迹图

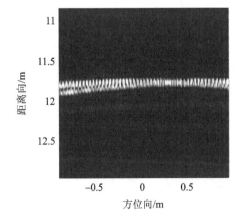

图 11-9　目标 2、3、4 距离压缩后轨迹图

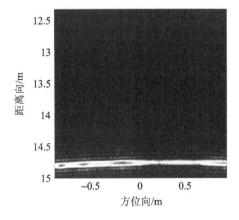

图 11-10　目标 5 距离压缩后轨迹图

网格划分采用距离向 0.05 m,方位向 0.03 m 为基准进行网格划分,方位向相位补偿后累加,结果如图 11-11 所示。可见 5 个目标均能成像,但存在拖尾,这与当前 BP 算法未进行运

动补偿有关,因此需要在成像过程中进行运动补偿。

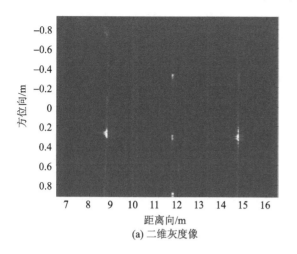

(a) 二维灰度像

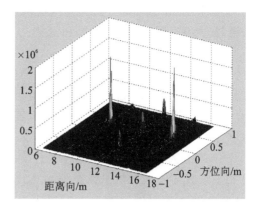

(b) 三维幅度像

图 11 - 11　BP 算法成像结果

将 5 个目标点成像结果进行局部放大后如图 11 - 12 所示。

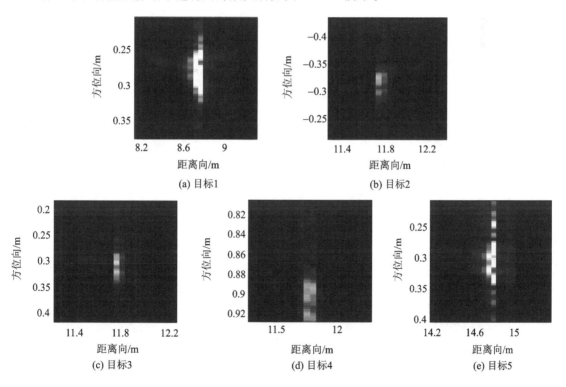

图 11 - 12　各目标局部放大图

11.2.2　八旋翼成像系统

八旋翼无人机飞行器满足以下性能指标要求:

① 无人机需要有足够的动力承载雷达系统,旋翼越多,动力越足,同时消耗能量也越高,空中作业时间缩短,因此旋翼与作业时间之间有一定的权衡,保证一次空中作业时间最短为

30 min。

② 无人机尺寸不宜过大,否则运输、操作困难,最大宽度限制在 45～60 cm 之间。

③ 无人机质量最大不宜超过 5 kg。

④ 遥控发射器接口简单,快速上手使用,有利于快速响应控制系统。

⑤ 无人机中心架应留有空间用于容纳雷达、电池等模块。

SAR 搭载在八旋翼无人机平台实飞如图 11-13 所示。无人机平台距地面飞行高度 10 m,飞行速度 2 m/s,雷达右侧视。

八旋翼基本成像与导轨成像类似,不再赘述。

图 11-13　SAR 搭载多旋翼无人机实飞图

11.3　软件系统

无人机载高机动 SAR 成像处理系统软件包括回波模拟软件和信号处理软件两部分。

11.3.1　回波模拟软件

回波模拟软件可根据设定的回波模拟参数,将只含有幅度信息的 SAR 实图像或 SAR 复图像生成 SAR 回波数据,并输出显示模拟的回波幅度图像。软件主界面如图 11-14 所示。

图 11-14　回波模拟软件主界面

（1）加载参数

单击"加载参数"按钮，可以选择加载已经保存过的机动 SAR 回波的模拟参数，系统根据文件自动填写 SAR 系统参数、平台运动参数和成像场景参数。

（2）保存参数

单击"保存参数"按钮，可以保存当前输出的机动 SAR 回波的模拟参数，包括 SAR 系统参数、平台运动参数和成像场景参数。

（3）加载 SAR 实图像

单击"加载 SAR 实图像"按钮，用于仿真仅含有幅度信息的 SAR 场景回波，如图 11 - 15 所示。

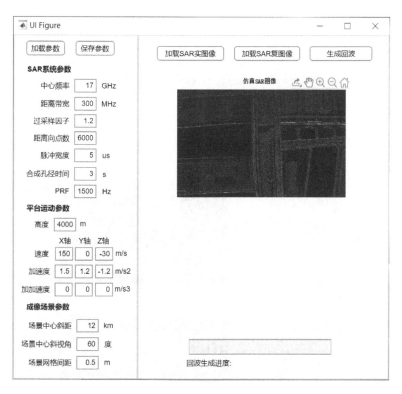

图 11 - 15　加载 SAR 图像

（4）加载 SAR 复图像

单击"加载 SAR 复图像"按钮，用于仿真幅度和相位信息的 SAR 场景回波。

（5）生成回波

根据需要设置好 SAR 系统参数、平台运动参数和成像场景参数，加载用于仿真的场景回波后，单击"生成回波"按钮，软件弹出保存对话框，如图 11 - 16 所示，可设置生成回波的名称和保存地址，回波模拟完成后软件输出模拟的回波幅度的二维图像，如图 11 - 17 所示，并按照指定名称保存到指定的路径。在回波模拟过程中，回波生成进度条用于显示回波生成的进度。

图 11-16　生成回波保存路径和名称设置

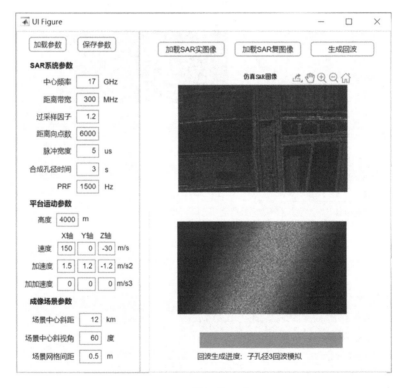

图 11-17　模拟的回波显示

11.3.2　信号处理软件

信号处理软件可对加载的机动 SAR 回波数据进行成像处理、几何畸变矫正,进行结果显示,软件界面如图 11-18 所示。

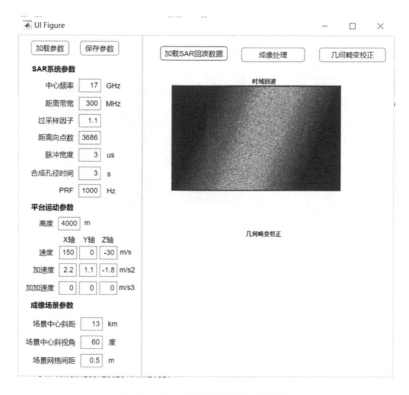

图 11 - 18　信号处理软件主界面

(1) 加载参数

单击"加载参数"按钮,可选择加载 SAR 系统参数、平台运动参数和成像场景参数。

(2) 保存参数

单击"保存参数"按钮,将软件当前界面的系统参数、平台运动参数和成像场景参数保存。

(3) 加载 SAR 回波数据

单击"加载 SAR 回波数据"按钮,可选择加载与参数匹配的 SAR 回波数据,并输出回波幅度图,如图 11 - 18 中时域回波所示。

(4)成像处理

加载参数和 SAR 回波数据后,单击"成像处理"按钮,可对加载的 SAR 回波数据进行成像处理,结果如图 11 - 19 所示。

(5) 几何畸变校正

在成像处理完成后,单击"几何畸变校正"按钮,软件将聚焦后的图像从斜距平面校正到地距平面,并数据校正后的图像,如图 11 - 20 所示。

基于滑轨的 SAR 成像系统和基于八旋翼平台的机动 SAR 成像系统,为研究提供机理验证和数据支撑,为教学提供演示示教。基于研究成果,自主开发了回波模拟软件和信号处理软件,用于完成不同机动模型下的成像条件设置、回波信号仿真、原始数据回放和成像处理分析,为教学和科研提供了更多保障条件和直观分析平台。

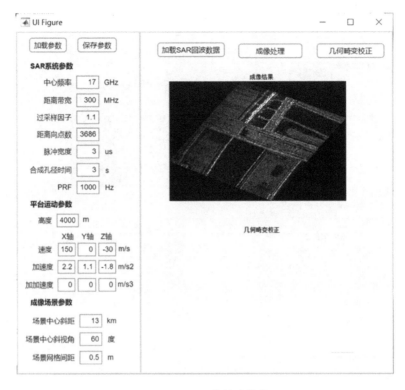

图 11 - 19　信号处理软件成像结果显示

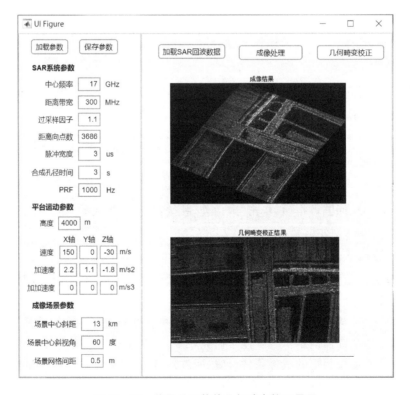

图 11 - 20　信号处理软件几何畸变校正显示

缩略语

缩　写	英文全称	中文对照
ACC	Amplitude Correlation Coefficient	幅度相关系数
ANCS	Azimuth Non-linear Chirp Scaling	方位非线性变标
BP	Back Projection	后向投影
CAMP	Complex Approximated Message Passing	复近似信息传递
CG	Conjugate Gradient	共轭梯度
CLSAR	Curvilinear Synthetic Aperture Radar	曲线合成孔径雷达
CSA	Chirp Scaling Algorithm	线性调频变标算法
CS - SAR	Compressed Sensing Synthetic Aperture Radar	压缩感知 SAR
CZT	Chirp Z Transform	线性调频 Z 变换
DFT	Discrete Fourier Transform	离散傅里叶变换
ESSIM	Edge - Strength SIMilarity	边缘强度相似度
FBP	Fast Back Projection	快速后向投影
FDP	Frequency Domain Perturbation	频域扰动
FFBP	Fast Factorized Back Projection	快速分解后向投影
FFT	Fast Fourier Transform	快速傅里叶变换
FIST	Fast Iterative Soft Thresholding	快速迭代软阈值
IDFT	Inverse Discrete Fourier Transform	逆离散傅里叶变换
IFFT	Inverse Fast Fourier Transform	逆快速傅里叶变换
IHT	Iterative Hard Thresholding	迭代硬阈值
ISLR	Integral SideLobe Ratio	积分旁瓣比
IST	Iterative Soft Thresholding	迭代软阈值
ITA	Iterative Thresholding Algorithm	迭代阈值算法
LFM	Linear Frequency Modulation	线性调频
LRCM	Linear Range Cell Migration	线性距离单元徙动
LRCMC	Linear Range Cell Migration Correction	线性距离单元徙动校正
MAM	Multiple Aperture Mapdrift	多孔径图像偏置
MDF	Maximum Doppler Frequency	最大多普勒频率
ME	Minimum Entropy	最小熵
MEA	Minimum Entropy Autofocus	最小熵自聚焦

MF	Match Filtering	匹配滤波
MLE	Maximum Likelihood Estimator	最大似然估计器
MN – MEA	Modified Newton Iterative Minimum Entropy Auto-focus	改进牛顿迭代最小熵自聚焦
MPE	Maximum Phase Error	最大相位误差
MRRCM	Maximum Residual Range Cell Migration	最大残余距离徙动
MTI	Moving Target Indicator	动目标指示
MW	Mainlobe Width	主瓣宽度
NSR	Non – Sparse Reconstruction	非稀疏重建
NUFFT	Non – Uniform Fast Fourier Transform	非均匀傅里叶变换
PA	Peak Amplitude	峰值幅度
PACE	Phase Adjustment by Contrast Enhancement	相位调整的对比度增强
PGA	Phase Gradient Autofocus	相位梯度自聚焦
PRF	Pulse Repeat Frequency	脉冲重复频率
PSLR	Peak Side Lobe Ratio	峰值旁瓣比
PVL	Peak Value Loss	峰值损失
QRCM	Quadratic Range Cell Migration	二阶距离单元徙动
RCM	Range Cell Migration	距离单元徙动
RCMC	Range Cell Migration Correction	距离单元徙动校正
RDA	Range – Doppler Algorithm	距离多普勒算法
RQPE	Residual Quadratic Phase Error	残余二次相位误差
SAR	Synthetic Aperture Radar	合成孔径雷达
SAT	Synthetic Aperture Time	合成孔径时间
SSIM	Structural SIMilarity	结构相似度
TBR	Target – to – Background Ratio	目标背景比
TOPS	Terrain Observation by Progressive Scans	循序扫描地形观测
UAV	Unmanned Aerial Vehicle	无人机
WPGA	Weighted PGA	加权 PGA